U0183241

国家领土主权与海洋权益协同创新中心

武汉大学边界与海洋问题研究丛书

湄公河水资源60年合作与治理

60 Years of Cooperation in the Management of
Mekong River Water Resources

屠 酥 著

社会科学文献出版社
SOCIAL SCIENCES ACADEMIC PRESS (CHINA)

本书为国家重点研发计划资助项目"跨境水资源科学调控与利益共享研究"（2016YFA0601600）的成果。

总　序

　　"武汉大学边界与海洋问题研究丛书"（以下简称"丛书"）终于与读者见面了。作为筹划和推动丛书编辑出版工作的总负责人，本人深感欣慰，也想借此机会向读者介绍开展这项工作的缘由以及我们在边界与海洋问题研究上的一些想法和建议。

　　边界与海洋问题关系国家的领土和主权，属于国家的核心利益。早在1907年，曾任英国外务大臣与上议院领袖的寇松勋爵（Lord Curzon of Kedleston）就指出："边界就如同剃须刀的刀锋，对各国而言，它涉及战争与和平、生与死等当代问题。"时至今日，边界与海洋问题仍然具有高度的政治敏感性，边海疆域的稳定与发展也是备受各国关注的战略性问题。此外，随着时代的变迁，在21世纪，边海问题的重心也由传统的勘界、划界、边界维护等逐步转向边界地区的治理、管理、共同开发与可持续发展。就陆地边界而言，中国已经同12个邻国签订了边界条约或协定，基本解决了边界的勘界与划界问题。但中印、中不边界划界问题尚未解决，已划界的边界地区的治理、管理与发展等对中国仍是一个长期的、艰巨的工作和任务。就海洋问题而言，中国尚未与有关国家解决东海和南海专属经济区和大陆架的划界问题。而且随着中国向海洋大国、海洋强国迈进，海洋资源的开发、海洋的环境保护、海上安全等也成为中国制定与实施海洋战略过程中必须加强研究的问题。此外，还要加强外国边海问题研究，以借鉴外国的经验为我所用。总之，中国边海问题研究任重而道远，是一项长期的科研任务。

　　为了服务于中国的边界与海洋外交事务，武汉大学在相关部门的支持下，于 2007 年 4 月成立了中国边界与海洋研究院（简称"边海院"，原称"中国边界研究院"），集武汉大学法学、历史、经济、政治、公共管理等人文社会科学，测绘遥感、地理信息、制图、资源环境、水利水电等理工学科，组成了跨文理、多学科、综合性的边界与海洋问题研究平台。经过几年的探索，边海院将研究的重点定为"中外边界与海洋政策研究""东海南海研究""陆地边界争端与边疆治理研究""跨界水资源的管理与开发研究"等国家亟需全面和深入研究的课题。在上述各领域，边海院的老师和研究生们正在扎扎实实地开展研究工作，并取得了一些成果。

为了能够与国内外学界同行及时分享边海院的研究成果，我们决定出版"武汉大学边界与海洋问题研究丛书"，并期望借助这一平台陆续推出一批高质量的具有理论和现实意义的专著、译著、研究报告与论文集等。应该说，编辑出版本丛书绝非一时之举，我们旨在着眼长远，积少成多，力争通过长期悉心经营，把丛书打造成国内外关于边海问题研究的品牌，通过丛书出版培育研究边海问题的专门人才。我相信，丛书的陆续问世，必能提升中国边海问题研究的学术水平，也能更好地服务中国的边界与海洋外交事务。

丛书的特色，关键在于其关注的问题及研究的视角和方法。考虑到边海问题的跨学科性，相关著作也多将透过多学科的视野，运用交叉学科的研究方法，发挥跨学科研究的优势，形成自身的特色。

丛书的质量，关键在于学术创新。为了保证质量，我们坚持优中选精的原则，将学术创新放在第一位，对入选的著作要求作者精雕细琢，努力打磨学术精品。

丛书的顺利出版离不开社会科学文献出版社的大力支持，离不开相关部门的指导和支持，离不开学界同行的支持和帮助，也离不开广大读者的阅评和指点。在此一并致谢！

胡德坤

2011 年 5 月于武汉大学珞珈山

目 录
CONTENTS

导　论

一　国际河流问题与中国周边水关系

苏格拉底说："在这个世界上，除了阳光、空气、水和笑容，我们还需要什么呢？"水是万物之始，生命之源，它哺育了众多古老的人类文明，也是现代文明不可或缺的命脉。地球上的水体总量约为 14 亿立方千米，其中海水占 97.5%，淡水仅占 2.5%。[①] 淡水中的 2/3 是以冰盖和冰川的形式存在，其余是以地下水和湖泊、沼泽、河流、小溪等地表水的形式存在，可供人类利用。[②] 农业、工业、市政及家庭用水分别约占地球取水量的70%、20% 和 10%。[③]

对水资源的开发和利用贯穿了整个人类文明的历史。近代，随着工业革命的开启，欧洲国家出于大规模运输商品、原材料和人员的需求，开始系统利用国际水道的航行功能，在 19 世纪早期签订了一系列条约确立自由航行原则。工业革命向前推进，出现了更快捷有效的运输工具，航运不再是唯一选择，而与此同时，工业发展和人口增长使国际水道的非航行功能，如水电开发、农业灌溉和家庭用水等的重要性增强。[④] 1921年国际联盟巴塞罗那会议通过的《国际性可航水道制度公约及规约》在确

---

① UN, *World Water Development Report 2012*, p. 250.

② UN, *World Water Development Report 2003*, p. 250.

③ UN, *World Water Development Report 2012*, p. 66.

④ Salman M. A. Salman, "The Helsinki Rules, the UN Watercourses Convention and the Berlin Rules: Perspectives on International Water Law", *Water Resources Development*, Vol. 23, No. 4, December 2007, pp. 625 – 640.

认自由航行原则的同时，认识到河流的其他用途。① 水力发电的出现，始于 1880 年前后。当时法国的塞尔美兹制糖工厂、英国的下屋化学工厂、美国的可拉矿山等都建立了小规模水电厂，作为自备的动力驱动设施。1923 年，奥地利、比利时、英国等 16 个国家在日内瓦签署《关于产生跨国影响的水利电力开发的公约》，赋予沿岸国按照自己的意愿在其领土内开发水电的权利。② 水力开发最初的 40 年，多数国家处于单目标、单个电站孤立开发、独立管理的状态。水力发电发展的第二个 40 年，以美国田纳西河流域为代表，梯级开发迅猛发展。大多数发达国家在这一时期都以开发水能作为国家能源建设的重点，地理位置优越的水电电源点大多获得了开发。

第二次世界大战（简称"二战"）结束后，全球水资源利用图景发生了巨变。一方面，欧洲分裂为东西两个阵营，自由航行因此受到了一定影响。另一方面，亚非拉一批新兴的民族国家都有着迫切的发展需求和稳定的人口增速，对河流的非航行利用急剧上升。③ 20 世纪末，全球年淡水抽取量约为 3800 立方千米，为二战结束时的 2 倍，4.5 万座水电站建成。④

随着人口增长、经济发展、城市化和工业化进程加快，人类对淡水的需求大量增加，而水资源时空分布不均衡，气候变化加剧，水源污染、浪费和管理不善等因素加剧了全球用水压力。据联合国预测，2050 年全球人口数量将达到 97 亿，⑤ 届时淡水需求量将增加 55%。⑥ 世界资源研究所2019 年的研究表明，全球近三分之一人口——26 亿人生活在"高度缺水"的国家，其中 17 个国家"极度缺水"，这些国家集中在中东和北非，养育

---

① *Convention and Statute on the Regime of Navigable Waterways of International Concern*, 1921.
② *Convention Relating to the Development of Hydraulic Power Affecting More than One State and Protocol of Signature*, Geneva, December 9, 1923.
③ L. Caflisch, "Regulation of the Uses of International Watercourses", in S. Salman and L. Boisson de Chazournes (eds.) *International Watercourse——Enhancing Cooperation and Managing Conflict*, World Bank Technical Paper No. 414, 1998, p. 15.
④ World Commission on Dams, *Dams and Development: A New Framework for Decision-making*, 2000, pp. 29, 38.
⑤ UN, *World Population Prospects 2019: Highlights*, June 17, 2019, p. 1.
⑥ UN, *World Water Development Report 2015*, p. 2.

着全球四分之一的人口。① 这意味着，随着水资源耗尽，全球四分之一的人口可能将不得不面对一系列相关问题，包括粮食供应不足、移民、卫生条件恶化导致疾病肆虐，甚至爆发冲突。

"本世纪的很多战争都因石油而起，下个世纪的战争将与水有关。"世界银行前副总裁、世界水资源理事会前主席伊斯梅尔·萨拉杰丁1995年曾做此预言。② 联合国前秘书长安南2001年3月在美国地理家协会年会上发表演讲指出："不可持续的行为已深深嵌入现代生活方式之中。土质下降威胁粮食安全，森林破坏威胁生物多样性，水污染威胁公众健康，对淡水的激烈争夺可能成为未来冲突和战争之源。环境问题将关系未来的国家安全。"③ 水资源问题已成为21世纪世界和平与发展面临的重大问题之一。

当前，全世界有276条国际河流（湖泊），占世界可用淡水资源的60%，影响全球148个国家和90%以上人口的可持续发展。④ 一方面，由于人口增长、经济发展和消费方式转变等因素，全球对水资源的需求正在以每年1%的速度增长，国际河流的水量分配成为流域国家关注的重点。⑤ 另一方面，水具有自然流动性，一国开发和利用国际河流流经本国境内的河段，可能会影响其他河段甚至整条河流的水质、水文或水生环境，由此产生流域国家之间的冲突。国际河流沿岸国家出于农业灌溉、水电开发、防洪抗旱、家庭用水、渔业发展、生态用水等多目标需求，在水量分配上竞争激烈，对水质的要求也越来越高。全球气候变化加剧了降雨量的时空

---

① 世界资源研究所计算了各地区地表水、地下水抽取的水量与可用总水量的比值。当一个地区的相关比例超过80%，就会被视为"极度缺水"；其次是"高度缺水"，比例为40%至80%。参见 Rutger Willem Hofste, Paul Reig and Leah Schleifer, "17 Countries, Home to One-Quarter of the World's Population, Face Extremely High Water Stress", August 6, 2019, retrieved from website: https://www.wri.org/blog/2019/08/17 - countries - home - one - quarter - world - population - face - extremely - high - water - stress（登录时间：2019年9月10日）。

② Scott W. D. Pearse - Smith, "Water War in the Mekong Basin?", *Asia Pacific Viewpoint*, Vol. 53, No. 2, August 2012, pp. 147 - 162, quoted from *New York Times*, August 10, 1995.

③ Address given by the United Nations Secretary General to the Association of American Geographers's Annual Meeting in New York, March 1, 2001. retrieved from website: http://www.un.org/News/Press/docs/2001/sgsm7732.doc.htm（登录时间：2015年5月1日）。

④ 水利部国际经济技术合作交流中心编著《跨界水合作与发展》，社会科学文献出版社，2018，第30页。

⑤ UN, *World Water Development Report 2018*, p. 3.

分布不均，使可用水资源变得更加难以获取。而国际水法原则具有的模糊性和内在冲突性，导致沿岸国争端难以解决，全球水安全问题凸显。①

在 276 条国际河流（湖泊）中，流经中国的有 40 多条，其中主要的有 15 条。在绝大多数国际河流中，中国处于上游位置，被称为"亚洲水塔"。20 世纪 90 年代，中国开始重视对国际河流的开发利用，并与周边国家陆续启动国际河流合作磋商。2000 年后，合作进入实质性阶段，中国与周边国家在水文信息交换、污染防控、水电开发、国际航运、引水灌溉、生态研究等领域的多边双边合作缓慢推进。有学者认为，中国国际河流合作进程与国际炒作"中国水霸权"密切相关，"中国是在被动状态下，开启跨界河流合作治理的。这种被动并非指中国缺乏合作诚意，而是缺乏合作经验，缺乏维护水安全的整体战略"。②

随着全球尤其是发展中国家对水的竞争性需求增加，国际河流问题已成为影响中国与周边国家关系的一个重要因素，并且超越双边乃至地区层面，成为大国展开外交较量的重要领域，牵动着相关各方的政治、外交和战略走向。中国与周边国家签署的国际河流合作协定主要有三类：一是为防灾减灾而开展的水文情报交换及应急处置合作；二是专门领域合作，包括水力发电、航运、漂运木材、渔业养殖等；三是共同利用与保护的全面合作。③ 总的来说，中国与周边国家的国际河流合作还处于较低层次，一体化的流域管理机制均未形成，但是合作范围比较广泛，几乎涵盖当前国际河流合作治理的所有方面。只是具体到某一河流的时候，由于受各种因素的制约，合作的侧重点与程度又有所不同。

在国际河流合作中，中国与哈萨克斯坦的合作层级最高，建立了副总理级别的会晤机制，并在水文信息、水质保护、灾害通报等领域展开了富

---

① 一些学者认为，"公平利用"和"不造成重大损害"作为国际水法的两项重要原则，由于前者有利于上游国家，后者有利于下游国家，导致这两项原则在解释和适用上存在冲突。此外，国际水法对国际水道水量分配没有给予实质性指导，未能解决共享水道国家之间的矛盾焦点。参见 Aaron T. Wolf, "Conflict and Cooperation along International Waterway", *Water Policy*, Vol. 1, Issue 2, 1998, pp. 251 – 265。

② 刘华：《以软法深化周边跨界河流合作治理》，《北京理工大学学报》（社会科学版）2017 年第 4 期，第 135 – 143 页。

③ 陈霁巍：《中国跨界河流合作回顾与展望》，《边界与海洋研究》2019 年第 5 期，第 60 – 70 页。

有成效的合作。双方还通过政治外交途径建立了国际河流水量分配基础性合作框架，亟待构建全面系统的法律机制。中国新疆和哈萨克斯坦西部都属于严重干旱地区，两国之间共有 23 条国际河流，其中最大的是伊犁河和额尔齐斯河，双方的主要争议点是水量分配、水资源保护及生态问题。自 1990 年起，为了加快新疆地区经济发展，缓解用水紧张，新疆启动了主要针对伊犁河和额尔齐斯河的大规模调水工程。中国在上游的工程建设引起了周边国家的关注，邻国与中国签署利用和保护国际河流双边协定的要求越来越强烈，处于中下游的哈萨克斯坦尤其关注中国对这两条河流的水量使用。[①] 20 世纪 90 年代中哈启动了国际河流合作磋商，2001 年两国签署了《中华人民共和国政府和哈萨克斯坦共和国政府关于共同利用和保护跨界河流的合作协定》，建立了中哈利用和保护跨界河流联合委员会机制，并在此机制下开展了卓有成效的合作，签订了跨界河流水质保护协定和环境保护合作协定，双方在汛期通报领域也展开了积极合作。2013 年 7 月 5 日，中哈在界河霍尔果斯河上共建的友谊联合引水枢纽工程投入使用，意味着两国跨境水资源合作进入了新的阶段。这个联合引水枢纽工程，设计引水流量为每秒 50 立方米，中哈双方各每秒 25 立方米。[②] 近 10 年来，中哈发表的联合宣言、联合声明和联合公报，均专门提到国际河流问题，足见该问题在中哈关系中的重要性。2018 年 6 月中哈联合声明称，"双方将力争尽早完成中哈跨界河流水量分配技术工作重点实施计划，扎实做好并尽快完成中哈额尔齐斯河、伊犁河、额敏河等主要跨界河流全流域水资源评价工作"。[③] 截至 2020 年中，双方仍在开展关于国际河流水量分配协定的草案研究协商工作。虽然中哈跨境水资源争端处在稳步推进、逐步解决的过程中，但由于水资源是国家生存和发展的命脉，尤其哈萨克斯坦是一个严重缺水的内陆国家，中国新疆地区的水资源也极度紧缺，加上气候变化、人口增长、经济发展等带来的不确定因素，水将长期成为中哈关系中重要而敏感的问题，国际河流水量分配协议的达成也将是一件颇费时日的事情。

[①] 郭延军：《"一带一路"建设中的中国周边水外交》，《亚太安全与海洋研究》2015 年第 2 期，第 81 - 93 页。

[②] 《中哈两国跨界水资源利用和保护领域合作进入新阶段》，新华社电，2013 年 7 月 6 日。

[③] 《中华人民共和国和哈萨克斯坦共和国联合声明》，2018 年 6 月 7 日。

中国与俄罗斯的水资源合作重点在跨境水体水质保护、跨境自然保护区建设、环境灾害应急联络等领域。[①] 2005 年，黑龙江支流吉林松花江化学原料污染问题引发中俄争议。2006 年，双方签署《中华人民共和国政府和俄罗斯联邦政府关于合理利用和保护跨界水的协定》，开展跨界水水文及防洪减灾方面的合作，决定共同开展科学研究，制定统一的跨界水水质标准、指标和跨界水监测办法，并设立中俄合理利用和保护跨界水联合委员会协调落实协定。[②] 在国际河流问题上，中俄双方面临不对称情况：中国东北地区工农业发达，人口密集，对水体的影响大；而俄罗斯方面人口稀少，对水体质量的影响相对较小。俄方强调协调保护水资源是当前最主要的工作，下一步才是双方联合利用。[③] 俄罗斯的水质标准在项目分类、具体评价指标方面比中国丰富，具体指标的限值要稍严于中国标准，这使得俄方对国际河流的开发利用提出了更高的要求。在中方达不到其生态环境保护要求的情况下，可能会影响中国对国际河流的开发利用；或因对中国出境水质不满而提出抗议，给中方造成较大的外交压力。[④]

在中国西南地区，中国与南亚国家共享多条国际河流，如与印度、孟加拉国共享雅鲁藏布江（印度境内称"布拉马普特拉河"，流经孟加拉国后被称为"贾木纳河"）和恒河；与印度、巴基斯坦、阿富汗和尼泊尔共享印度河。中国与印度的关系因历史、宗教和边界等问题一向复杂，水资源问题更成为两国外交争议的重要领域。两国庞大的人口规模决定了其对水和能源的依赖，根据联合国《世界人口发展报告（2019）》，到 2027 年左右印度将取代中国成为人口最多的国家，[⑤] 印度 54% 的人口生活在"高度缺水"至"极度缺水"地区。[⑥] 中印争议领土东段具有丰富的水电资源，

---

① 《中俄总理第二十二次定期会晤联合公报》，2017 年 11 月 1 日。
② 《中华人民共和国政府和俄罗斯联邦政府关于合理利用和保护跨界水的协定》，2006 年 11 月 9 日。
③ 《俄罗斯：中俄跨界水资源先保护后开发》，《水利发展研究》2007 年第 6 期，第 62 页。
④ 卞锦宇等：《中俄水质标准的差异及其对我国跨界河流开发与保护的影响》，《中国农村水利水电》2012 年第 5 期，第 68 - 71 页。
⑤ UN, *World Population Prospects 2019: Highlights*, June 17, 2019, p. 1.
⑥ Tien Shiao, Andrew Maddocks et al., "3 Maps Explain India's Growing Water Risks", February 26, 2015, retrieved from website: https://www.wri.org/blog/2015/02/3 - maps - explain - india - s - growing - water - risks（登录时间：2019 年 9 月 10 日）。

水电蕴含量 5032.8 万千瓦,占印度全国河流可开发水电总量的 33.8% 。[1]
为了获得中印国际河流水资源开发优先权,强化对争议领土的实际占有,
以便赢得未来与中国在领土划界谈判和水资源分配谈判上的有利地位,印
度自 2010 年开始加快对布拉马普特拉河及其支流的水电站开发和航道建
设,计划在中印争议领土东段地区修建 132 座水电站,其中 23 座是发电量
超过 50 万千瓦的大型水电站。[2] 计划修建的上泗昂水电站装机容量达 975
万千瓦,规模仅次于中国三峡大坝。[3] 另外,印度拟通过"内河联网"工
程,将布拉马普特拉河丰沛的水资源调到恒河流域这一粮食重要产区。截
至 2019 年,印度对布拉马普特拉河的开发利用率达 27%,[4] 而中国对上游
雅鲁藏布江的开发利用率不到 1% 。[5] 虽然中国产水量只有全流域的 14% –
30% ,[6] 但中国在上游有任何风吹草动,如山体滑坡产生堰塞湖、建设水
利水电工程等,印度国内都会掀起"中国水威胁论"。[7] 印度尤其担心中国
实施"藏水北调",将雅鲁藏布江的水调往新疆、甘肃等干旱地区。[8] 当
前,中印跨境水资源合作领域主要是水文报汛和应急事件处理。2006 年 11

①　*Review of Performance of Hydropower Stations* 2018 – 19, Government of India, Ministry of Pow-
er, Central Electricity Authority, New Delhi, August 2019.

②　Utpal Bhaskar and Padmaparna Ghosh, "Panel to Work for Stronger Prior Use Claim on Brahma-
putra", January 8, 2010, retrieved from website: https://www. livemint. com/Politics/
olETW0tPWW0 CbCEJfaZ6iJ/Panel – to – work – for – stronger – prior – use – claim – on – Brah-
maputra. html.

③　李志斐:《中印领土争端中的水资源安全问题》,《南亚研究季刊》2013 年第 4 期,第 29 –
34 页。

④　数据来自水利部国际合作司黄聿刚教授级高工 2019 年 7 月 3 日在武汉大学"2019 年中
印、中不边界问题研修班"上的报告。

⑤　中国国务院新闻办公室:《2012 年 3 月 2 日外交部发言人洪磊举行例行记者会》,2012 年 3
月 2 日,http://www. scio. gov. cn/xwfbh/gbwxwfbh/xwfbh/wjb/Document/1114670/1114670. htm。

⑥　Hongzhou Zhang and Mingjiang Li, "A Process-based Framework to Examine China's Approach to
Transboundary Water Management", *International Journal of Water Resources Development*,
Vol. 34, No. 5, 2018, pp. 705 – 731.

⑦　马笑清:《"一带一路"背景下中印跨界水资源问题研究——以印度主流英文报纸的跨
界水资源报道为例》,《西藏民族大学学报》(哲学社会科学版)2016 年第 6 期,第 25 –
29 页。

⑧　Utpal Bhaskar, "India Plays Down Diversion of Brahmaputra Water by China", September 9,
2013, retrieved from website: https://www. livemint. com/Politics/jksr4ft6Jn5wjvJAEGwD5L/
India – plays – down – diversion – of – Brahmaputra – water – by – China. html.

月 21 日《中华人民共和国和印度共和国联合宣言》称"双方同意建立专家级机制，探讨就双方同意的跨界河流的水文报汛、应急事件处理等情况进行交流与合作"。2007 – 2018 年，该机制已经召开了 11 次会议。从整体来说，双方合作水平较低、合作范围有限。

在中国东北吉林，鸭绿江和图们江组成中朝界河。图们江曾完全属于中国，是中国进入日本海的唯一通道。15 世纪之前，图们江两岸由中国的少数民族女真族所领，明王朝招抚女真族，在图们江两岸设置了地方行政机构。朝鲜李朝通过剿杀、驱赶女真部落，不断向北拓展领土，于 15 世纪中叶沿图们江南岸设置了六个镇，图们江开始成为中朝两国的界河。① 1860 年中国被迫和沙俄签订《中俄北京条约》和《中俄勘分东界约记》之后，图们江下游北岸成为沙俄势力范围。如今，在吉林省珲春城以南约 70 千米处的敬信镇防川村，中、俄、朝三国形成奇妙的交接地段——从防川向西上溯 510 千米，是中朝界河，河的北岸是中国吉林省延边朝鲜族自治州，南岸是朝鲜咸镜北道；防川以下到出海口 15 千米，是俄朝界河。吉林省是中国东北的边疆近海省份，距离日本海最近之处只有 4 千米，然而，虽然只有"一步之遥"，却不能畅饮太平洋之水。② 从中国内河到中朝界河，再到中朝、朝俄界河，图们江"身份"的变迁见证了中国封建社会走向衰落的 400 年。1991 年中苏签订《中华人民共和国和苏维埃社会主义共和国联盟关于中苏国界东段的协定》，第九条明确规定中国船只（悬挂中国国旗）可在图们江下游自由航行，使得中国从图们江进入日本海具有了法律上的保障。进入 21 世纪后，为打开国际交流合作大门，带动边疆少数民族地区发展和东北老工业基地振兴，中国更加重视图们江的出海航行恢复问题以及图们江地区的开发开放。2009 年 11 月国务院正式批复《中国图们江区域合作开发规划纲要——以长吉图为开发开放先导区》，标志着长吉图开发开放先导区建设已上升为国家战略，成为我国第一个国家批准实施

---

① 陈慧：《试析 15 世纪中叶图们江成为中朝界河》，《中国边疆史地研究》2007 年第 3 期，第 101 – 106 页。
② 李志斐编著《国际河流河口：地缘政治与中国权益思考》，海洋出版社，2014，第 48 页。

的沿边开发开放区域。① 图们江出海口位置优越，连接东北亚腹地并直通欧洲，构成欧亚大陆桥东端桥头堡，是国际客货陆海联运的最佳结合点。如今随着北极东北航道的开发，图们江入海口区域是中国距离北极东北航道的最近点，比中国东部沿海港口到达北极东北航道的航运距离要节省近1/3 的航程，其经济带动效应和战略价值更加凸显。② 然而，1950 年 6 月朝鲜战争爆发后，苏联以向朝鲜运送军事物资为名修筑的图们江铁路大桥（在朝鲜被称为"友谊大桥"），正好架在图们江出海河道上，中国虽然可以凭借水道出海，但受制于桥梁净空过低，无法通行大型船舶。

　　湄公河流域国家的水资源争端与合作也备受关注。这一方面是因为从20 世纪 90 年代初到 21 世纪初，中国相继完成上游澜沧江 6 座梯级水电站建设，下游国家担心中国在上游的开发会对下游的水量、水质、鱼类以及生态环境产生不利影响；另一方面是因为湄公河沿岸国家大多贫穷落后，曾长期处于英法日的殖民统治下，二战后这些国家虽然赢得了民族独立，但域外大国仍在一定程度上维持着插手湄公河事务的传统，西方非政府组织也继续活跃在该地区，它们出于政治和战略考虑，利用湄公河国家担心中国实施"水霸权"的心理，刻意夸大矛盾、制造分歧，对中国与湄公河国家水资源矛盾的升温起到了推波助澜的作用。2010 年以后中国与下游国家矛盾有所缓和。2010 年后，中国显示出更积极的跨境水资源合作姿态，③在周边水安全问题上谨慎发声，并用更多的实际行动展现出与下游国家真诚合作的态度，尤其是 2016 年春季澜沧江—湄公河流域各国均遭受不同程度旱灾，危及民众生产生活。中方克服自身困难，通过云南景洪水电站对下游实施应急补水。一些西方学者承认，"将中国描绘成一个完全不合作的上游霸权国是错误的、不全面的"，"中国得益于先天的地理优势和更强

---

① 王胜今：《从国家战略高度认识长吉图开发开放先导区的建设和发展》，《吉林大学社会科学学报》2010 年第 2 期，第 5 - 7 页。

② 马丹彤、董跃：《图们江入海港口开发与建设的国际法依据及分析——基于北极东北航道通航的视角》，《海洋开发与管理》2019 年第 3 期，第 21 - 27 页。

③ 韩国釜庆国立大学学者韩振熙（Heejin Han）认为，2010 年，为帮助湄公河下游应对极端干旱气候导致的旱情，中国水利部向湄委会应急提供了当时特枯情况下的水文信息，标志着中国的合作态度发生大幅转变。参见 Heejin Han, "China, An Upstream Hegemon: A Destabilizer for the Governance of the Mekong River?", *Pacific Focus*, Vol. XXXII, No. 1, April 2017, pp. 30 - 55。

的军事和经济能力，完全有可能成为上游霸权国……但事实上，中国与下游国家的合作远远超过现实主义学者的预期"。[①]

当前，周边国家是中国外交重点，湄公河次区域在中国周边外交中具有突出重要地位。2016 年 3 月澜湄合作机制正式启动，这是由中国倡导成立的首个新型周边次区域合作机制，以打造澜湄国家命运共同体为愿景，内容涵盖政治安全、经济和可持续发展、社会文化等领域。在六国领导人强有力的政治引领、高度的政治共识和旺盛的经济社会发展需求助力下，澜湄合作显示出强劲的发展势头，只用了短短两年就从培育期进入成长期。在澜湄合作框架下，水资源合作被列为五个优先领域之一，体现了中国在澜湄跨境水资源合作治理上正在逐步实现从排斥、质疑到认同、支持，最后积极参与合作规则制定的转变。然而，由于跨境水资源问题的复杂性和地缘政治的敏感性，澜湄六国虽然在澜湄合作框架下搭建起了水资源对话交流的平台，但尚未进入深层机制性的合作阶段。

总体来看，中国与周边国家的国际河流合作遵循了睦邻友好、以人为本、公平合理的原则。但现有科学技术、对自然的认知和对资源的管理跟不上中国及周边国家水资源开发的节奏，导致出现社会和环境问题以及经济结构性矛盾。此外，西方势力的介入使中国国际河流问题呈现多边化、国际化趋势，跨境水资源争端必将长期存在。未来，中国应根据周边不同流域的地理条件、自然气候、社会发展、人文历史等，实施差异化政策，从双边层面和区域层面不断调整和优化水外交，充分利用自身在地缘、经济和技术等方面的优势，积极向周边国家提供水资源类公共产品，与周边国家就构建水资源合作机制展开务实合作，从而有效缓解水资源紧张关系，提高与邻国间的互信程度，服务于周边外交整体战略。

而在制定国际河流合作政策的过程中，需要增进对"水"与"流域"概念的理解。一方面，"水"不仅仅是一种重要的自然资源，更是一种连

---

① Sebastian Biba, "Desecuritization in China's Behavior towards Its Transboundary Rivers: the Mekong River, the Brahmaputra River, and the Irtysh and Ili Rivers", *Journal of Contemporary China*, Vol. 23, No. 85, 2014, pp. 21 –43; Kayo Onish, "Reassessing Water Security in the Mekong: The Chinese Approchement with Southeast Asia", *Journal of Natural Resources Policy Research*, Vol. 3, Issue 4, 2011, pp. 393 –412.

接人类社会诸多领域的基本要素，通过人与自然共生的复杂动态关系，参与社会建构，塑造多元的族群、社会与文化；另一方面，随着人类社会的发展，"流域"不再是环境决定论意义上人类文明演进的舞台与背景，而是族群、地方、民族国家以及跨国资本话语交锋、权力博弈的场域。因此，国际河流合作问题的由来"并非只关联当下政治面向，而在更大背景下与江河文明的悠久历史、区域生态的人地关系相关，也与特定共同体关于水的地方性知识和社会实践有着密切联系"。① 只有了解流域文明、区域特征、沿岸国家开发利用河流的历史演进过程，才能展开对中国国际河流合作现况、现有矛盾及协调机制的深层探讨，从而建立公平合理的水资源合作机制。②

二　湄公河水资源冲突与合作研究综述

澜沧江是中国西南地区一条重要的国际河流，出境后被称为湄公河。湄公河先后流经缅甸、老挝、泰国、柬埔寨和越南五国，于越南胡志明市汇入南海。被称为东南亚"心脏"和"灵魂"的湄公河，不仅提供了流域6000万人口的生活所需，还是一种精神源泉。湄公河水资源合作经常被视为第三世界最成功的跨境水资源管理案例之一，其起源可追溯至1957年"下湄公河流域调查协调委员会"的成立。③ 尽管后来冷战和柬埔寨战争造成流域国家之间的分裂和敌对，但国家之间的水外交仍然通过湄公河合作机制的不断演变坚持下来，塑造了"湄公河精神"。冷战结束后，随着国际环境的缓和，湄公河国家迎来前所未有的发展机遇期，人口增长、城市

---

① 李斐：《水资源、水政治与水知识：当代国外人类学江河流域研究的三个面向》，《思想战线》2017年第5期，第20－30页。

② 1997年联合国大会通过的《国际水道非航行利用法公约》第6条列出"公平合理利用国际水道"必须考虑的7个因素。参见 UN, *Convention on Law of Non-Navigational Uses of International Watercourses*, Article 6, 1997. 而在实践中，如何实现"公平合理利用"需要沿岸国之间通过谈判达成协议。

③ 1957年，泰国、老挝、柬埔寨和越南（南越）四国成立了"下湄公河流域调查协调委员会"。1978年，由于柬埔寨的退出，"湄公河临时委员会"取代了"下湄公河流域调查协调委员会"。20世纪90年代，关于柬埔寨问题的巴黎和平协定签署后，"湄公河委员会"于1995年诞生。为叙述方便，本文一般情况下均将之简称为"湄委会"。

化和流域国家经济的快速发展，使水及相关资源处于不断增加的压力下。进入 21 世纪，老挝、柬埔寨和越南均加快了对湄公河支流的开发利用，一直被搁置的老挝和柬埔寨境内的干流水电站建设规划也被重新提上议程，非协调规划使湄公河处于无序的开发状态，流域国家之间关于水电开发跨境影响的争议也越来越大。同时，气候变化导致极端天气频发，流域面临的风险加大，水—能源—粮食—生态的纽带关联得到广泛认知，湄公河国家普遍希望加强与上游中国在水资源管理方面的合作，以应对地区水安全问题。

学界对湄公河水资源冲突与合作的研究视角，也随着地区政治局势和流域水开发图景的变化而调整。

（一）20 世纪六七十年代，"湄公河计划"被视作区域主义实践的范例

"下湄公河流域调查协调委员会"成立后不久便出台"湄公河计划"，湄公河流域进入开发建设的活跃时期。学界的研究主要集中在对"湄公河计划"的工程技术性研究、社会经济影响分析，及将之作为区域主义实践的一个范例来考察。这时期有代表性的论著包括：湄委会秘书处首任执行代表哈特·沙夫（Hart Schaaf）和美国东南亚问题政治学家罗素·菲菲尔德（Russell Fifield）于 1963 年所著的《下湄公河流域：对东南亚合作的挑战》。该书第一部分回顾了湄公河开发计划产生的政治背景，第二部分关注计划本身。[①] 1966 年联合国亚洲经济发展和规划研究所推出的《下湄公河流域国家经济发展规划框架》和 1971 年华盛顿未来资源公司推出的《湄公河流域农业发展》，关注湄公河开发中的经济因素。[②] 另外，1967 年美国智库兰德公司专家维克托·克罗赛特（Victor Croizat）所著的《湄公河开发计划》，关注湄公河计划中的地理、历史和政治考虑。[③] 1973 年纽

---

① Hart C. Schaaf and Russell H. Fifield, *The Lower Mekong: Challenge to Cooperation in Southeast Asia*, Van Nostrand, 1963.

② Vinayak Vijayshanker Bhatt et al., *A Framework for Planned Economic Development of Lower Mekong Basin Countries*, United Nations Asian Institute for Economic Development and Planning, 1966; Resources for the Future, *Agricultural Development in the Mekong Basin*, Johns Hopkins Press, 1971.

③ Victor J. Croizat, *The Mekong River Development Project*, RAND Corporation, 1967.

约城市大学黎氏雪（Le-Thi-Tuyet）的博士学位论文《东南亚区域合作：湄公河计划》，以湄委会领导下的湄公河计划为案例，研究区域合作获得成功的先决条件和必要条件。① 期刊论文中最为全面和透彻的是美国地理学家吉尔伯特·怀特（Gilbert White）和加拿大维多利亚大学地理学教授戴利克·休厄尔（Derrick Sewell）1966 年在《国际调解》杂志第 558 期上发表的论文《下湄公河流域》。② 该文考察了湄公河计划技术方面的问题，提出了一些关于湄公河开发的深刻的经济、社会和管理方面的问题。另外，戴利克·休厄尔 1968 年在《亚洲概览》杂志上发表的论文《湄公河计划：解决东南亚冲突的指导方针》，从技术层面对 1957–1968 年湄公河开发计划的成果进行了论述并给予了肯定。他认为，湄公河计划是解决东南亚经济、社会和政治问题的最成功的尝试之一，"为缓解地区政治紧张找到了一种途径"，其成功之处在于，注意到流域各国对粮食供给增加和生活水平提高的需求；将最基本的决策权留给了流域国家，并为这些国家提供了获取资金和技术援助的机会；援助以多边而非双边形式进行，减少了对任何一个国家的依赖，也降低了权力集团对该地区的影响力；鼓励了区域发展，使相关各国都能享受到经济合作带来的好处，也有望促进各国之间的相互容忍和理解。③ 加拿大维多利亚大学地理和经济学家戴维·詹金斯（David Jenkins）的论文《下湄公河计划》阐述了 1957 年获湄委会通过的湄公河开发计划的具体内容以及项目的资金筹集问题，特别提及美国和柬埔寨关系恶化后，柬埔寨特诺河水电站项目资金筹集遇到障碍一事。④

（二）20 世纪 90 年代至 21 世纪初，着重探讨湄委会机制的成败

20 世纪 70 年代中期以后，越南战争和中南半岛政治局势的恶化使湄

---

① Le-Thi-Tuyet, *Regional Cooperation in Southeast Asia：The Mekong Project*, Ph. D. Dissertation, The City University of New York, 1973.

② W. R. Derrick Sewell and Gilbert F. White, "The Lower Mekong", *International Conciliation*, No. 558, 1966.

③ W. R. Derrick Sewell, "The Mekong Scheme：Guideline for a Solution to Strife in Southeast Asia", *Asian Survey*, Vol. 8, No. 6, June 1968, pp. 448–455.

④ David Jenkins, "The Lower Mekong Scheme", *Asian Survey*, Vol. 8, No. 6, June 1968, pp. 456–464.

公河开发计划陷入低谷，学界的研究也基本停顿。冷战结束为湄公河次区域带来了期盼已久的和平，泰国、老挝、柬埔寨和越南于1995年签署新的水资源合作管理协定，成立"湄公河委员会"。从20世纪90年代到21世纪初，湄公河水资源合作管理机制（国际上一般简称为"湄公河机制"）成为学界研究的重点。很多论作涌现出来，关切点多集中于湄公河机制的演变与面临的挑战。

1996年，印度著名的环境学家阿什特·比斯瓦斯（Asit Biswas）和日本学者桥本刚（Tsuyoshi Hashimoto）编撰的《亚洲国际水资源：从布拉马普特拉河到湄公河》一书，聚焦于湄委会机制的演变，收集的论文包括《湄委会：新的发展和管理机制》《流域权威机构的转变：湄委会案例分析》《湄公河流域经济政治环境：开发及相关的交通基础设施》等。[1] 1999年，美国天普大学越南裔学者阮诗瑶（Nguyen Thi Dieu）所著《湄公河和印支国家的奋斗》一书，阐述了冷战背景下湄公河水资源合作管理机制的建立与演变。[2] 2004年瑞典乌普萨拉大学和平与冲突研究院教授阿肖克·斯温（Ashok Swain）所著的《水冲突管理：亚洲、非洲和中东》一书和2009年美国陆军工程兵团水资源所专家杰罗姆·普利斯克里（Jerome Priscoli）与美国俄勒冈州立大学地理学系教授阿朗·沃尔夫（Aaron Wolf）撰写的《水冲突管理和转化》一书，都有一个章节专门叙述了湄公河机制的演变以及当前面临的挑战。[3]

代表性的论文为美国国家科学研究委员会水资源科学与技术委员会专家杰弗里·雅各布斯（Jeffrey Jacobs）的《湄公河委员会流域开发历史和教训》，概述了1957–1995年湄委会的历史，聚焦于湄委会工作计划的调整及其对地区发展做出的主要贡献。他认为，湄委会的工作计划受到政治和社会因素的极大制约，因此而放慢步伐，但流域开发步伐的放慢也许恰

---

[1]　Asit K. Biswas and Tsuyoshi Hashimoto（eds.），*Asian International Waters：From Ganges-Brahmaputra to Mekong*，Bombay，1996.

[2]　Nguyen Thi Dieu，*The Mekong River and the Struggle for Indochina：Water，War and Peace*，Westport CT：Praeger，1999.

[3]　Ashok Swain，*Managing Water Conflict：Asia，Africa and the Middle East*，Routledge，2004；Jerome Delli Priscoli and Aaron Wolf，*Managing and Transforming Water Conflicts*，International Hydrology Series，Cambridge，2009.

好是"因祸得福"。① 他的另一篇论文《湄公河委员会：跨境水资源规划和地区安全》，论述湄公河机制演变的三个阶段，即 1957 – 1978 年的老湄委会、1978 – 1995 年的湄公河临时委员会及 1995 年后的湄公河委员会，认为湄委会机制的主要转变在于从关注对某一个项目的指导，到对现有资源的更好管理与维护。他认为，湄公河委员会面临与其前身相同的诸多挑战，如流域国家的普遍贫穷。此外，新冒出的问题如流域各国的环境资源与水需求量不断增长等，均可能影响地区安全。杰弗里·雅各布斯肯定了湄公河机制所具有的高度弹性，认为其自身能根据形势的变化做出灵活的调整。② 世界银行水资源专家格雷格·白劳德（Greg Browder）探讨了水资源管理实践、地区地缘政治以及国际开发援助的变化是如何影响湄委会机制的。③ 他还通过采访 25 名参与协议谈判的主要人员，阐述了 1995 年湄公河协议出台背后的谈判过程。④ 悉尼大学湄公河资源中心的阿比盖尔·马基姆（Abigail Makim）从 1957 – 2001 年湄公河次区域的历史背景和国际关系出发，将湄公河流域作为研究案例，探讨了资源与政治稳定的关联性。她认为，建立资源开发管理的地区机制非常重要，而具备生存及改变能力以应对极其广泛的事件的挑战，是机制成功的标志。在文章中，她评估了湄委会机制在推动水资源合作开发利用中的成败，认为尽管工程技术上的成果明显不足，但该机制在自身演变和维持上是成功的，"特别是考虑到 20 世纪后半叶东南亚地区经历的诸多动荡，以及这些动荡给维持任何一份区域性协议带来的巨大压力"。⑤ 美国南卡罗来纳大学东南亚问题专家唐纳德·韦德比（Donald E. Weatherbee）认为，自 1992 年以来，湄公河

---

① Jeffrey Jacobs, "Mekong Committee History and Lessons for River Basin Development", *The Geographical Journal*, Vol. 161, No. 2, July 1995, pp. 135 – 148.

② Jeffrey W. Jacobs, "The Mekong River Commission: Transboundary Water Resources Planning and Regional Security", *The Geographical Journal*, Vol. 168, No. 4, December 2002.

③ Greg Browder, "The Evolution of an International Water Resources Management Regime in the Mekong River Basin", *Natural Resources Journal*, Vol. 40, No. 3, 2000, pp. 499 – 531.

④ Greg Browder, "An Analysis of the Negotiations for the 1995 Mekong Agreement", *International Negotiation*, Vol. 5, Issue 2, 2000, pp. 237 – 261.

⑤ Abigail Makim, "Resources for Security and Stability? The Politics of Regional Cooperation on the Mekong, 1957 – 2001", *The Journal of Environment Development*, Vol. 11, No. 1, March 2002, pp. 5 – 52.

流域发展计划有扩展的趋势，包括 6 个 "重叠和未经协调" 的框架，即湄委会、中老缅泰黄金四角经济合作、印支半岛综合开发论坛、日本—东盟经济产业合作、大湄公河次区域经济合作和东盟—湄公河流域开发合作。他认为，对资金、人力和技术资源的合理使用需要在不同的机制之间采取一些合作和协调措施，以重复最小化投资实现效益最大化。[1] 英国政治和国际关系学家奥利弗·汉森杰斯（Oliver Hensengerth）的论文《跨境河流合作与地区公共利益》，比较了湄公河流域的 3 种合作机制——大湄公河次区域经济合作、中老缅泰黄金四角经济合作和湄委会是否产生以及如何产生地区公共利益，并指出湄委会机制存在三个问题：一是非政府组织未能参与官方进程；二是湄委会是由国际捐助方倡议推动的，没有反映各流域国政府的管理能力和发展关切；三是成员国均希望借助湄委会这一组织实现本国经济发展，而把地区公共利益放在次要考虑。[2]

20 世纪 90 年代到 21 世纪最初几年，对湄公河机制的评价总体来说是积极的。虽然有观点认为，自 20 世纪 70 年代早期以后，湄公河开发活动总是被政治冲突所扰乱和削弱，与联合国开发署等捐助方的资金和技术的高投入相比，湄公河开发的项目成果屈指可数，对流域居民生活水平的改善微不足道，因此湄公河机制应该被视为失败。[3] 但大多数专家学者认为，湄公河机制在促进流域国家之间的合作中发挥了很大作用。格雷格·白劳德分析称，越南和泰国不仅将湄委会作为解决地区水争端的途径，而且不希望水争端威胁到两国在贸易、移民、运输等问题上致力于建设地区新型友好关系的努力；柬埔寨和老挝更关注于推动湄委会的建设，期待获得经

---

[1] Donald E. Weatherbee, "Cooperation and Conflict in Mekong", *Studies in Conflict and Terrorism*, Vol. 20, Issue 2, 1997, pp. 167 – 184.

[2] Oliver Hensengerth, "Transboundary River Cooperation and the Regional Public Good: The Case of the Mekong River", *Contemporary Southeast Asia*, Vol. 31, No. 2, 2009, pp. 326 – 349.

[3] 这类观念见于 Christian M. Dufournaud, *The Lower Mekong Basin Scheme: The Political and Economic Opportunity Costs of Cooperative and Sovereign Development Strategies, 1957 – 2000*, Ph. D. Dissertation, University of Toronto, Canada, 1979; Syed S. Kirmani, "Water, Peace and Conflict Management: The Experience of the Indus and Mekong River Basin", *Water International*, Vol. 15, No. 4, 1990, pp. 200 – 205; Stensholt, B. (eds.), *Development Dilemmas in the Mekong Subregion: Workshop Proceedings*, Australia: Monash Unversity, Melbourne, 1996。

济和技术援助以及实施它们所期望的水利工程项目。① 阿朗·沃尔夫在论述为什么国家之间不会发生关于水的武装冲突的原因时，指出流域管理机构或协议通常具有"极大的弹性"，并将湄委会在越战中仍能存续作为他观点的论据之一。②

但与此同时，阿朗·沃尔夫领导的俄勒冈州立大学"流域风险"项目（Basins at Risk）确定了 20 世纪 90 年代中期以来造成湄公河流域紧张气氛和冲突风险的两个原因：一是水力开发的大规模和高速度；二是湄委会缺乏化解这些风险的机制能力。③ 在这里，"不充足的机制能力"指的是湄委会在下达指令上分量不重。湄委会仅仅是一个咨询性机构，不能阻止任一成员国采取单边行动。按照 1995 年的湄公河协定，在一个跨境干流项目实施前，仅需要所有成员国进行协商，而无须全体一致；对于支流项目，甚至连协商都不需要，只需通知其他成员国即可。芬兰学者马可·凯斯基勒（Marko Keskinen）等人认为，将湄公河视为"国际河流管理成功典范"的观点过于乐观，因为"它还面临许多限制，比如上游中、缅两国的缺席"。④

（三）2005 年以后，"湄公河水安全"成为主要议题

20 世纪 90 年代中期，中国开始在上游澜沧江建设梯级水电站，截至 2006 年已建成漫湾水电站和大朝山水电站。与此同时，下游湄公河私营化开发的步伐也在加快。学界关于湄公河水电开发的政治、经济、生态和社会影响的讨论越来越多。此外，进入 21 世纪，气候变化的影响更加显现，2005 年、2006 年、2008 年、2010 年、2011 年和 2016 年，湄公河相继发

① Greg Browder, "An Analysis of the Negotiations for the 1995 Mekong Agreement", *International Negotiation*, Vol. 5, Issue 2, 2000, pp. 237 – 261.
② Aaron T. Wolf, "Water and Human Security", *Journal of Contemporary Water Research and Education*, Vol. 118, No. 1, 2001, pp. 29 – 37.
③ Aaron T. Wolf et al., "Conflict and Cooperation within International River Basins: The Importance of Institutional Capacity", *Water Resources Update*, 125, Universities Council on Water Resources (UCOWR), 2003, pp. 31 – 40.
④ Marko Keskinen, Katri Mehtonen and Olli Varis, "Transboundary Cooperation vs. Internal Ambitions: the Role of China and Cambodia in the Mekong Region", in N. I. Pachva, M. Nakayama and L. Jansky (eds.), *International Water Security: Domestic Threats and Opportunities*, United Nations University Press, 2008, pp. 79 – 109.

生严重水旱灾害，使"湄公河水安全"成为重要议题。

随着 2010 年湄公河下游首座干流水电站——沙耶武里的建设被提上议程，以及越南和柬埔寨关于湄公河重要支流桑河（Se San）开发跨境影响的争端升级，对"湄公河水安全"的研究视野扩大到下游国家之间，湄公河委员会水资源管理能力受到严重质疑。澳大利亚国际开发署水资源领域高级专家约翰·多尔（John Dore）和凯特·拉扎勒斯（Kate Lazarus）指出，"湄委会经常缺席流域水资源开发的实质性决策或对决策保持沉默。关于上游中国对干流的水力开发以及老挝和越南对支流的水力开发，湄委会秘书处几乎不参与，获得的信息也非常有限"。他们甚至认为，"湄公河次区域需要创建一个新的水资源管理机制，以帮助就如何共享和管理水资源做出更佳选择"。[①] 澳大利亚悉尼大学地球科学学家菲利普·赫希（Philip Hirsch）和丹麦国际研究所高级分析师库尔特·延森（Kurt Morck Jensen）认为，"流域国家政治领导人缺乏承诺，严重制约了湄委会在流域的角色作用……毫无疑问，流域国家对于放弃对共享资源的主权有着天然的抵触"。[②] 俄勒冈州立大学的帕特里克·麦奎利（Patrick MacQuarrie）等人认为，湄公河国家面临的挑战是：采取与实施政策和行动，使协作规划和开发成为可能，既保护重要的生态系统又促进经济和社会的繁荣，同时确保预防、管理和缓解冲突。湄委会可通过发展战略伙伴关系、进行冲突管理培训、推动公众参与和机制建设等方式来促进地区合作。[③]

2013 年，中国政府提出"一带一路"倡议，并召开周边外交工作座谈会，强调为我国发展争取良好周边环境，推动我国发展更多惠及周边国家。2014 年，李克强总理倡导建立澜湄对话合作机制。2016 年 3 月，澜湄合作机制正式建立。国外学者敏锐地察觉到，中国可能将水外交置于更广

---

① John Dore and Kate Lazarus, "De-marginalizing the Mekong River Commission", in Francois Molle, Tiral Foran, Mira Kakonen (eds.), *Contested Waterscapes in the Mekong Region: Hydropower, Livelihoods and Governance*, Earthscan, London, 2009, pp. 357 – 382.

② Philip Hirsch and Kurt Morck Jensen, *National Interests and Transboundary Water Governance in the Mekong*, Australian Mekong Resource Centre: University of Sydney, 2006.

③ Patrick MacQuarrie, Vitoon Viriyasakultorn and Aaron T. Wolf, "Promoting Cooperation in the Mekong Region through Water Conflict Management, Regional Collaboration, and Capacity Building", *GMSARN International Journal* 2 (2008), pp. 175 – 184.

阔的周边外交战略之中。虽然不乏印度战略家布拉马·布兰尼（Brahma Chellaney）之类出于地缘政治战略目的继续叫嚣"中国水威胁论"的人，[①] 但就总体趋势而言，学界对湄公河次区域水安全的研究视角发生了明显变化，超越现实主义单一的"水霸权"理论，开始关注中国与邻国的合作事实、分析合作类型、寻求合作的背后动因，寻求构建一个理解中国行为的理论框架。比如新加坡学者张宏洲和李明江构建了一套分析中国国际河流合作行为的理论框架——第一步，建立中国行为与流域脆弱性的关联；第二步，建立中国行为与流域邻国双边关系的关联；第三步，考察次国家行为体角色。由此解释为什么中国在不同国际河流流域实施不同的合作政策。[②] 斯科特·摩尔（Scott Moore）试图考察中国国内水政治对跨境水资源政策的影响，认为国内水管理体制比较混乱，地方省市对水资源问题有较强的自主权，其利益考量会在一定程度上影响国际河流合作。[③]

（四）"利益共享"成为解决"湄公河水安全"问题的突破方向

对于7500万人口居住的澜沧江—湄公河流域而言，水是生命之源，亦是发展之基。当前，面对人口增长、经济发展和气候变化带来的流域风险增大，中国和湄公河国家无论是出于周边外交战略的考虑，还是出于国家可持续发展需求，都有开展跨境水资源合作的意愿，以保障流域水及相关资源的安全。但是，在像湄公河流域这样复杂的生态和政治体系下，寻求跨境合作和综合性解决方案不仅具有紧迫性，还具有相当难度。

湄委会在2004年度报告中首次提出"水资源综合管理"理念（IWRM），其后在世界银行等国际机构的支持下[④]明确提出将"水资源综合管理"作

① Brahma Chellaney, "China's Hydro - hegemony", Feb. 8, 2013, retrieved from website: http://www.nytimes.com/2013/02/08/opinion/global/chinas - hydro - hegemony.html（登录时间：2015年6月1日）.
② Hongzhou Zhang and Mingjiang Li, "A Process - based Framework to Examine China's Approach to Transboundary Water Management", *International Journal of Water Resources Development*, Vol.34, No.5, 2018, pp.705 - 731.
③ Scott Moore, "China's Domestic Hydropolitics: An Assessment and Implications for International Transboundary Dynamics", *International Journal of Water Resources Development*, Vol.34, No.5, 2018, pp.732 - 746.
④ *WB/ADB Joint Working Paper on Future Directions for Water Resources Management in the Mekong River Basin*, June 2006.

为实施湄委会 2006 - 2010 年战略规划的途径。湄公河 "水资源综合管理" 理念的提出及其后继实践，引起了国际学界的关注。虽然从全球视野来看，"水资源综合管理" 是最先进的管理理念，它与分裂、零碎的传统水资源管理方式相对应，强调将河流作为一个整体单元来实施 "综合管理" 和 "协调"，实现社会公平、经济有效和环境可持续性，[①] 然而这一理念难免会以牺牲流域国家的经济发展速度为代价，只有在利益相关方处于较高的发展阶段时，才能得到良好的执行，[②] 在发展不成熟时 "一味追求全流域协议和最佳一体化开发，会白费大量的努力"。[③] 瑞典戈登堡大学的斯蒂娜·汉松（Stina Hansson）等人认为，世界银行和亚洲开发银行将 "水资源综合管理" 当作追求去政治化的一种技术性的管理手段，获得成功的可能性很小，因为 "政治化的国家开发计划与去政治化的区域管理方式难以吻合"。[④]

在关于湄公河水资源开发的争论中，"利益共享" 理念扮演着越来越重要的角色。英国学者安达拉·阿拉姆（Undala Alam）等人认为，"利益共享" 强调联合开发能获得比单边开发更多的利益，将水资源谈判的焦点从水量分配转移到由水衍生出的各种收益中，如电力、粮食等商品或服务，重新界定了水权益。[⑤]

实施 "利益共享"，要回答三个方面的问题：什么利益？由谁共享？共享途径？

关于第一个问题，2002 年世界银行专家克劳迪娅·萨多夫和戴维·格

---

① Joakim Öjendal, Stina Hansson and Sofie Hellberg（eds.）, *Politics and Development in a Transboundary Watershed: The Case of the Lower Mekong Basin*, Springer, 2012, p. 3.

② Gabriel E. Eckstein, "Application of International Water Law to Transboundary Groundwater Resources, and the Slovak-Hungarian Dispute over Gabcikovo-Nagymaros", *Suffolk Transnational Law Review*, Vol. 19, 1995, p. 67.

③ John Waterbury, "Between Unilateralism and Comprehensive Accords: Modest Steps toward Cooperation in International River Basins", *International Journal of Water Resources Development*, Vol. 13, Issue 3, 1997, pp. 279 - 290.

④ Stina Hansson, Sofie Hellberg and Joakim Ojendal, "Politics and Development in a Transboundary Watershed: The Case of the Lower Mekong Basin", in Joakim Ojendal, Stina Hansson and Sofie Hellberg（eds.）, *Politics and Development in a Transboundary Watershed: The Case of the Lower Mekong Basin*, Springer, 2012, p. 11.

⑤ Undala Alam et al., "The Benefit - sharing Principle: Implementing Sovereignty Bargains on Water", *Political Geography*, Vol. 28, Issue 2, 2009, pp. 90 - 100; Seungho Lee, "Benefit Sharing in the Mekong River Basin", *Water International*, Vol. 40, No. 1, 2015, pp. 139 - 152.

雷（Claudia Sadoff and David Grey）发表的《超越河流本身：国际河流合作带来的利益》成为经典之作。文章指出，国际河流合作可以带来四种利益：河流本身得到的利益（环境领域的）——流域生态可持续性的提升；河流创造的利益（与经济直接相关的）——因水资源利用产生的效益，如灌溉、水力发电、防洪及航运等；因河流而降低成本的利益（政治领域的）——各国因河流而从矛盾冲突转向合作发展，从而避免或降低冲突产生的成本；河流之外的利益（与经济间接相关的）——因河流带来的利益，如完善的地区基础设施、市场和贸易一体化。① 他们认为，即使所有流域国家在合作中都获得了绝对利益，但相对利益分配不公也会阻碍合作，因此"利益共享"框架还需要建立利益再分配或补偿机制。韩国学者李承浩（Seungho Lee）以大湄公河次区域经济合作（GMS）为例，说明GMS创造的利益共享模式推动了中国与下游国家在社会经济、政治和能源方面的积极合作（尤其在交通基础设施建设和能源领域），增强了中国与下游国家基于水的相互依赖关系，因中国在上游建坝而产生的紧张关系不断得到缓解。但他同时指出，利益共享在湄公河流域面临两个主要挑战——减贫和生态保护，下一步是建立可持续的水资源管理机制。②

　　关于第二个问题，学界普遍强调水是一种公共利益，利益共享的主体是所有利益相关方，尤其是受影响民众。因此，不能将"利益共享"与项目决策程序和执行程序中的公众参与割裂开来，项目决策和实施过程中的公众参与是保证"利益共享"实现的重要因素。戴安娜·苏哈迪曼（Diana Suhardiman）等学者讨论了"利益共享"在湄公河下游四国的实施方式，认为"利益共享"提供了一个实现社会公平的切入点，应发挥地方政府作用，吸纳受影响社区进入决策过程，关注什么是他们的利益，并将水电开发与更广阔的发展领域如土地使用规划等结合起来进行利益分配，而不仅仅是补偿。③ 仓桥由美子（Yumiko Kura）等人调查老挝屯欣本水电站

① Claudia W. Sadoff and David Grey, "Beyond the River: the Benefits of Cooperation on International Rivers", *Water Policy*, Vol. 4, Issue 5, 2002, pp. 389 – 403.
② Seungho Lee, "Benefit Sharing in the Mekong River Basin", *Water International*, Vol. 40, No. 1, 2015, pp. 139 – 152.
③ Diana Suhardiman et al., "Benefit Sharing in Mekong Region Hydropower: Whose Benefits Count?", *Water Resources and Rural Development*, Vol. 4, October 2014, pp. 3 – 11.

扩大项目 (Theun Hinboun Expansion Project) 对中上游社区移民家庭的影响后认为，水电站及其他形式的水资源开发计划，改变了当地人的取水方式以及从水生态系统中获得的产品和服务，继而影响他们的收益和福祉，因此实施"利益共享"要更好理解当地人水资源利用方式和收益途径的改变，以便帮助他们重建移民后的生活。① 近十年，在国际农业研究磋商小组 (CGIAR) 组织协调下，湄公河次区域学者以及一些长期致力于湄公河次区域水资源研究的国外学者承担了促进湄公河水资源治理民主化的系列课题，如"M - POWER" (The Mekong Program on Water, Environment and Resilience)、"Improving Hydropower Decision-Making Processes in the Mekong" 等，并由此合作推出系列论文集，② 通过聚焦湄公河次区域水资源开发中的三个维度——开发进程和面临挑战，与生态系统、渔业、雨养农业和灌溉农业息息相关的农村人口的生存问题，一些大型项目决策中的权力分配问题，旨在促进对当前湄公河次区域转型的理解——谁是受益者、谁是风险承担者，呼吁改进湄公河次区域水资源问题上的决策机制，强调公众参与在湄公河水资源良性治理中的重要性。

关于第三个问题，克劳迪娅·萨多夫和戴维·格雷指出"利益共享达成的唯一方式就是谈判"，哪些利益可以共享，需要流域国家进行各自的成本—收益分析，通过协商谈判来解决。他们总结了利益共享的五种实现途径：直接用水给付，如市政或灌溉用水；损失补偿（如渔业损失、土地淹没、污染、上游水域管理给下游创造的生态利益等）；购买协议（如电力、农业产品）；融资或产权制度安排（如电力基础设施股权结构）；一揽

---

① Yumiko Kura et al., "Redistribution of Water Use and Benefits among Hydropower Affected Communities in Lao PDR", *Water Resources and Rural Development*, Vol. 4, October 2014, pp. 67 - 84.

② 包括 2007 年出版的论文集《湄公河次区域水资源治理民主化》[Louis Lebel, John Dore et al. (eds.), *Democratizing Water Governance in the Mekong Region*, Mekong Press, 2007]；2009 年出版的论文集《湄公河次区域竞争水景：水电、生存和治理》[Francois Molle, Tira Foran and Mira Kakonen (eds.), *Contested Waterscapes in the Mekong Region*: Hydropower, *Livelihood and Governance*, Earthscan, 2009]；2011 年出版的论文集《湄公河次区域水权和社会公平》[Kate Lazarus, Bernadette P. Resurreccion et al. (eds.), *Water Rights and Social Justice in the Mekong Region*, Routledge, 2011]；2015 年出版的论文集《湄公河次区域水电开发：政治、社会经济和环境视角》[Nathanial Matthews (eds.), *Hydropower Development in the Mekong Region*: *Political*, *Social-economic and Environmental Perspectives*, Routledge, 2015]。

子利益关联（包括电网建设、交通基础设施建设、贸易等非直接相关利益和名誉等无形利益）。[①] 路易斯·莱贝尔（Louis Lebel）等学者研究了泰国北部诗丽吉水电站（Sirikit）收益在水域居民之间分配的案例，确认了案例中出现的四种利益共享模式：移民补偿、企业社会责任、社区发展基金和生态服务付费，认为电力发展基金是一种有前景的利益分配模式，它将电力销售中获得的利润用于支持当地社区和组织提出的发展计划，实现水电利益长期共享。[②]

（五）中国学界对澜湄水资源问题研究状况

二战结束以来，投身于湄公河水资源问题研究的学者主要来自泰国、越南、美国、欧洲（瑞典、芬兰等北欧国家的学者尤为活跃）、日本、澳大利亚等流域国家和域外捐助国，以及湄委会、世界银行、联合国开发署、联合国教科文组织等地区或国际性组织，中国国际河流话语权被西方垄断。2010 年以来，国内学者对国际河流问题的研究成果明显增多，表现在：梳理国外国际河流合作经验和案例，总结跨境水资源合作治理理念和实践的发展。[③] 从国际关系、国际水法等视角展开国际河流合作机制建设的理论性研究。[④] 探讨中国周边水安全和水外交现状、趋势并提出建议。[⑤]

[①] Claudia W. Sadoff and David Grey, "Cooperation on International Rivers: A Continuum for Securing and Sharing Benefits", *Journal of Water International*, Vol. 30, Issue 4, 2005, pp. 420 – 427.

[②] Louis Lebel et al., "Benefit Sharing from Hydropower Watersheds: Rationales, Practices, and Potential", *Water Resources and Rural Development*, Vol. 4, October 2014, pp. 12 – 28.

[③] 何艳梅：《国际水资源利用和保护领域的法律理论与实践》，法律出版社，2007；孔令杰、田向荣：《国际涉水条法研究》，中国水利水电出版社，2011；水利部国际经济技术合作交流中心编著《跨界水合作与发展》，社会科学文献出版社，2018；杨朝晖等：《国外典型流域水资源综合管理的经验与启示》，《水资源保护》2016 年第 3 期。

[④] 胡文俊：《国际水法的发展及其对跨界水国际合作的影响》，《水利发展研究》2007 年第 11 期；张泽：《国际水资源安全问题研究》，中央党校博士学位论文，2009；李昕蕾：《冲突抑或合作：跨国河流水治理的路径和机制》，《外交评论》2016 年第 1 期；张长春等：《跨界水资源利益共享研究》，《边界与海洋研究》2018 年第 6 期。

[⑤] 李志斐：《水与中国周边关系》，时事出版社，2015；李志斐编著《国际河流河口：地缘政治与中国权益思考》，海洋出版社，2014；郭延军：《"一带一路"建设中的中国周边水外交》，《亚太安全与海洋研究》2015 年第 2 期；刘华：《以软法深化周边跨界河流合作治理》，《北京理工大学学报》（社会科学版）2017 年第 4 期；郑晨骏：《"一带一路"倡议下中哈跨界水资源合作问题》，《太平洋学报》2018 年第 5 期。

分析大国的水外交战略，希望"他山之石，可以攻玉"。① 在国际期刊和媒体发声的中国学者也越来越多，其中被国际学者引用比较多的观点是：中国虽然没有加入联合国《国际水道非航行使用法公约》，但是中国签署的一些国际河流双边协定或条约，体现了国际水法中的公平合理、不造成重大损害、合作等基本原则。② 《国际水道非航行使用法公约》中关于"互惠"的概念定义不明，导致上下游国家合作难以展开。只有当"互惠"是双向时，才能促进合作。③ 通过水相关领域的利益共享，取代对水量分配的关注，从而解决中国与周边国家的争端。④

具体到湄公河流域，国内较早的研究关注于流域开发利用、利益冲突和矛盾协调。比如，陈丽晖和何大明探讨了澜沧江—湄公河流域整体开发的必要性及开发路径，指出决策不应当以局部地区的需求为基础，而要以整个流域的总体利益为基础；⑤ 陈丽晖、曾尊固等学者分析了流域内各个国家的关注点，以及流域开发中存在的各种利益冲突，提出了一些化解冲突的建议。⑥ 2010 年以后，学界开始深入探讨澜湄水资源合作中的法律问

---

① 邢伟：《美国对东南亚的水外交分析》，《南洋问题研究》2019 年第 1 期；刘博：《美国水外交的实践与启示》，《边界与海洋研究》2017 年第 6 期；胡文俊等：《尼罗河流域水资源开发利用与流域管理合作研究》，《资源科学》2011 年第 10 期。

② He Yanmei, "China's Practice on the Non-navigational Uses of Transboundary Waters: Transforming Diplomacy through Rules of International Law", *Water International*, Vol. 40, Issue 2, 2015, pp. 312 – 327; Su Yu, "Contemporary Legal Analysis of China's Transboundary Water Regimes: International Law in Practice", *Water International*, Vol. 39, Issue 5, 2014, pp. 705 – 724; Liu Yang, "Transboundary Water Cooperation on the Yarlung Zangbo/Brahmaputra-a Legal Analysis of Riparian State Practice", *Water International*, Vol. 40, Issue 2, 2015, pp. 354 – 374; Chen Huiping et al., "Exploring China's Transboundary Water Treaty Practice through the Prism of the UN Watercourses Convention", *Water International*, Vol. 38, Issue 2, 2013, pp. 217 – 230.

③ Yong Zhong, Fuqiang Tian et al., "Rivers and Reciprocity: Perceptions and Policy on International Watercourses", *Water Policy*, Vol. 18, Issue 4, 2016, pp. 803 – 825.

④ Daming He, Ruidong Wu et al., "China's Transboundary Waters: New Paradigms for Water and Ecological Security through Applied Ecology", *Journal of Applied Ecology*, Vol. 51, Issue 5, 2014, pp. 1159 – 1168.

⑤ 陈丽晖、何大明：《澜沧江—湄公河流域整体开发的前景与问题研究》，《地理学报》1999 年 S1 期，第 55 – 64 页。

⑥ 陈丽晖、曾尊固、何大明：《国际河流流域开发中的利益冲突及其关系协调——以澜沧江—湄公河为例》，《世界地理研究》2003 年第 1 期，第 71 – 78 页。

题、全流域合作管理机制的建设问题和基于利益共享的多目标分配。比如，寇勇栎认为，建构新的澜沧江—湄公河流域水资源合作法律机制是解决流域水资源争端的最佳方式。一方面，那些业已存在、为各国所普遍认同的国际水法一般原则，可以为澜湄国家在开发利用水资源时所遵循；另一方面，流域内已开展的跨境水资源国际合作法治实践，为中国参与全流域水资源合作法律机制提供了基础。① 刘艳丽、赵志轩等学者基于"利益共享"理念，建立跨境流域水资源多目标分配指标体系，并结合澜沧江—湄公河流域跨境水资源利用现状及需求，提出澜沧江—湄公河流域跨境水资源多目标分配模型。② 郭延军提出要探索建立一种覆盖澜湄全流域的水资源多层治理模式，新的多层治理结构应当包含三个层次：一是区域性水资源合作机制，二是区域内国家与区域外国家的协调机制，三是非政府组织的参与机制。③ 张励和卢光盛从中国对下游国家应急补水为切入口，认为在澜湄合作机制下建立水资源合作机制具有紧迫性和必要性，并从理念、内涵、机制、国际合作、舆论宣传与互信建设等方面提出对策建议。④ 同时，有学者开始关注水资源管理中各种行为体的功能和角色。如韩叶研究发现湄公河下游非政府组织以"保护湄公河与地方居民权利"为共同信念，将对国家管理的分散性不满，转化为要求进行地方治理的集体行动，并诱发了水电发展海外投资所面临的社会风险。因此，在进行海外投资的过程中，海外投资主体须关注项目所在国地方民众以及其他利益相关者的利益诉求，承担相应的社会责任，也应重视当地非正式制度、社会关系网络对投资的影响，加强与非政府组织的沟通交流，更主动地掌控那些影响投资的风险因素。⑤

① 寇勇栎：《澜沧江—湄公河流域水资源合作的国际法视角》，《河南工程学院学报》（社会科学版）2019 年第 3 期，第 47 - 53 页。
② 刘艳丽、赵志轩等：《基于水利益共享的跨境流域水资源多目标分配研究——以澜沧江—湄公河为例》，《地理科学》2019 年第 3 期，第 387 - 393 页。
③ 郭延军：《大湄公河水资源安全：多层治理及中国的政策选择》，《外交评论》2011 年第 2 期，第 84 - 97 页。
④ 张励、卢光盛：《从应急补水看澜湄合作机制下的跨境水资源合作》，《国际展望》2016 年第 5 期，第 95 - 112 页。
⑤ 韩叶：《非政府组织、地方治理与海外投资风险——以湄公河下游水电开发为例》，《外交评论》2019 年第 1 期，第 81 - 112 页。

综观国内外学界关于澜沧江—湄公河水资源合作开发与争端研究的发展，总的来说，如同"剥洋葱"一般，从单纯探讨湄委会机制的成败和干流大规模开发有可能产生的跨境影响，向共享水资源开发过程中的公共利益实现问题、利益分配问题和民主化问题等方面层层深入，旨在探求澜沧江—湄公河水资源综合治理的途径。建立澜沧江—湄公河水资源管理机制，实现全流域水资源综合治理是未来的发展趋势，但这将是一个漫长的过程，学界的研究在以下几个方面准备尚有不足。一是从历史学和国际关系学的角度全面审视澜沧江—湄公河水资源开发争端与合作的论作一直以来都比较少，这使得未来探索全流域水资源的综合治理缺乏史学研究基础。有研究者曾指出，此现象部分是由于冷战期间，在动荡不安的湄公河流域，政治是一个敏感话题；部分是由于湄公河开发计划的发起者联合国亚洲及远东经济委员会刻意强调自身行为的非政治特征。① 还有研究者认为，这是因为湄公河水资源管理机构湄公河委员会的技术色彩较浓，其与当地政治环境的相关性容易被忽视。② 二是关于如何实现科学合理的水资源开发，以及水资源开发跨境影响评估等技术层面的研究尚存不足。虽然老湄委会自1957年成立后，一直致力于流域水文信息的收集和开发规划的制定，极大增进了对湄公河水文和生态系统特征的了解，但由于湄公河水文生态系统的极其复杂性，以及在中国、缅甸境内的上游河段未能完全实现与湄委会的信息共享，所以缺乏对澜沧江—湄公河全流域水文和生态系统的整体把握。三是关于如何解决国家主权与共享资源的矛盾、国家利益与公共利益的矛盾，迄今在理论上还没有突破。

虽然进入21世纪以来，随着中国更多参与地区一体化进程及国际河流合作的实质性推进，国外学者努力超越现实主义静态的权力理论，对于中国周边水安全的研究视角从单纯关注中国与下游国家的权力不对称（军事、经济和地理位置）逐渐转移到关注影响中国国际河流政策的多个变

① Le-Thi-Tuyet, *Regional Cooperation in Southeast Asia: The Mekong Project*, Ph. D. Dissertation, The City University of New York, 1973, p. 26.
② Abigail Makim, "Resources for Security and Stability? The Politics of Regional Cooperation on the Mekong, 1957 – 2001", *The Journal of Environment Development*, Vol. 11, No. 1, March 2002, pp. 5 – 52.

量，包括中国周边大战略、中国国内水治理体系、地方政府和开发商等中国国际河流合作中的行为体等，实地调查和访谈等研究方法也越来越多地被采用，但这些研究总的来说存在三个问题：一是未脱离现实主义根基，在潜意识中仍将中国视为地区水政治中的霸权威胁，在肯定中国善意的同时，认为中国的国际河流合作不是真诚的、长期性的，而是工具性、应激性的短期行为，中国并未完全从单边行动中抽离转为全面合作，仍会在单边行动和有选择的合作之间寻求平衡。二是在讨论水安全问题时，一味强调中国在上游的责任，忽视中国作为流域国家的水权益和自身的水安全需求，以及中国水匮乏可能给地区安全带来的影响。三是未能深刻理解湄公河流域水资源开发利用中"发展"与"安全"的辩证关系，偏重于强调水安全是地区可持续发展的保障因素，忽略了地区水安全程度取决于地区的发展程度。这导致国外学者看待中国周边水安全往往具有主观性和片面性，容易受西方政府和非政府组织的影响，自觉或不自觉带有"中国水威胁论"意识，致使建立全流域水资源治理机制的研究客观性不足。

国内学界虽然对国际河流管理的认识正在逐步加深，但与周边水外交需求尚有相当一段距离。未来国内学界的研究应该从四个方面寻求突破。一是理论框架。当前国内关于水安全和水外交研究的理论框架都是建构在国外理论的基础上，缺乏创新性。其中，使用最多的是俄勒冈大学教授阿朗·沃尔夫团队创建的全球跨境水冲突数据库和国际流域风险评估指数[1]、巴里·布赞（Barry Buzan）的复合安全体理论[2]、马克·泽图恩（Mark Zeitoun）的跨境水资源冲突与合作交汇类型分析[3]、荷马·迪克森（Homer-Dixon）的资源短缺与冲突关系图[4]及希罗米·迪纳尔（Shlomi Dinar）的水

---

[1] Shira Yoffe, Aaron T. Wolf and Mark Giordano, "Conflict and Cooperation over International Freshwater Resources: Indicators of Basins at Risk", *Journal of the American Water Resources Association*, Vol. 31, Issue 5, 2003, pp. 1109 – 1126.

[2] 〔英〕巴里·布赞：《人、国家与恐惧：后冷战时代的国际安全研究议程》，闫健、李剑译，中央编译出版社，2009。

[3] Mark Zeitoun and Naho Mirumachi, "Transboundary Water Interaction: Reconsidering Conflict and Cooperation", *International Environmental Agreement: Politics, Law and Economics*, Vol. 8, Issue 4, 2008, pp. 297 – 316.

[4] Thomas F. Homer-Dixon, "Environmental Scarcities and Violent Conflict: Evidence from Case", *International Security*, Vol. 19, No. 1, 1994, pp. 5 – 40.

匮乏程度与合作水平关系曲线①。这些框架主要是以中东水冲突为样本的定性分析或以大量新闻数据为样本的定量分析，并不完全适用于分析或解决中国跨境水资源问题。应在"人类命运共同体"理念的指导下制定符合中国周边国情、具有中国气质和文化特色的水战略。可考虑以目标为导向，对接各国发展规划和水治理目标，水安全和流域发展两手抓，循序渐进建立完善的流域水资源管理机制。二是研究方法。首先需要建立起周边水冲突与合作数据库和国际河流案例数据库。当前研究多是定性分析，缺少大样本支撑。其次需要增强对跨境流域的田野调查。如果缺乏对中国周边各个流域政治经济社会的深层理解，不明确各利益相关群体的关切之所在，就难以将理论层面的研究和实践结合，无法提出有效的解决方案。三是研究议题。气候变化、公众参与、水权交易、非政府组织、性别等是当前跨境水资源管理的关键词，也是中国跨境水资源合作研究需要拓展的议题。四是学科融合。跨境水资源问题在本质上属于高级政治问题，需要加强水电工程、水文、环境、国际水法和国际关系史等领域的研究成果对政治决策的作用。

三　相关概念及范围的界定

（一）关于"湄公河流域"与"跨境水资源"

根据布莱克威尔简明生态学百科全书的定义，河流是"将水从陆地表面输送向海洋的自然渠道"，河流流域是指"一条河流及其支流的排水区域"。② 在美国，流域一词常用"watershed"指代，在英国则常用"catchment"指代。

根据湄委会 2011 年度报告，湄公河流域是指"所有汇入湄公河的溪流和河流周围的陆地区域"。③ 联合国亚洲及远东经济委员会④以位于金三

---

① Shlomi Dinar, "Scarcity and Cooperation along International Rivers", *Global Environmental Politics*, Vol. 9, No. 1, 2009, pp. 109 – 135.

② *Blackwell's Concise Encyclopedia of Ecology*, edited by Peter Calow, Blackwell Science Ltd, 1999.

③ MRC, *Annual Report 2011*.

④ 联合国亚洲及太平洋经济社会委员会的前身。

角附近的泰国清盛县为分界点，将湄公河流域分为上游和下游。下游排水
面积为 62 万平方千米，包括老挝和柬埔寨国土面积的 85% 、泰国北部和
东北部地区、越南五分之一的国土面积。① 位于中缅境内的上游流域占流
域总面积约 20% ，人口 1500 万左右；下游流域占流域总面积约 80% ，人
口 6000 万左右。②

　　本书所讨论的跨境水资源又称国际水资源。美国两位著名的水资源专
家——美国陆军工程兵团水资源所专家杰罗姆·普利斯克里和美国俄勒冈
州立大学地理学系教授阿朗·沃尔夫在《水冲突管理与转化》一书中将国
际水资源定义为"流经两个或两个以上国家政治边界的水资源"。③

　　需要指出的是，"跨境水资源"不等同于"跨界水资源"（虽然在英
语中，两者用的都是"transboundary waters"一词），后者的定义更为宽
泛，指的是"流经任一司法或经济实体边界的水资源，包括一国境内的水
资源"。④ 跨境水资源涵盖所有的国际河流、湖泊、冰川、蓄水池和难以计
数的跨界含水土层，在本书里主要是指国际河流。

（二）关于"水资源开发"

　　本书所指的水资源开发是"河流流域水资源的开发"。新西兰奥塔哥
大学国家和平与冲突研究中心学者斯科特·皮尔斯 - 史密斯（Scott Pearse-
Smith）将湄公河流域正在进行或计划进行的水资源开发分为三种类型：水
电开发、航道疏浚和地下水抽取。其中，关注度最高，对环境破坏性最大
的是水电开发。航道疏浚和抽取地下水获得的关注度虽然总体来说较少，
但也有改变湄公河水文状况的潜在可能性。⑤ 本书关于"水资源开发"的
概念，以斯科特·皮尔斯 - 史密斯的提法为参照。

---

① 新华资料：湄公河委员会，http://news.xinhuanet.com/ziliao/2010 - 04/06/content_133
　 07978.htm（登录时间：2013 年 10 月 2 日）。
② Nguyen Thi Dieu, *The Mekong River and the Struggle for Indochina*, Praeger, 1999, pp. 3 - 5.
③ Jerome Delli Priscoli and Aaron T. Wolf, *Managing and Transforming Water Conflicts*, Cambridge
　 University Press, 2009, p. xxiii.
④ Jerome Delli Priscoli and Aaron T. Wolf, *Managing and Transforming Water Conflicts*, Cambridge
　 University Press, 2009, p. xxiii.
⑤ Scott W. D. Pearse-Smith, "'Water War' in the Mekong Basin?", *Asia Pacific Viewpoint*,
　 Vol. 53, No. 2, 2012, pp. 147 - 162.

（三）关于"冲突"

"冲突"是一个广义概念，范围包括从非暴力冲突到武装或暴力冲突，直至全面开战。联合国经济及社会理事会对冲突的定义是"至少两方之间意识到它们的利益不相融，从而表现出敌意，或者……通过损害对方来追求自身的利益"。① 美国宾夕法尼亚大学政治科学系教授弗雷德里克·弗雷（Frederick Frey）在《国际河流流域冲突与合作政治背景》一文中，对冲突的界定是"两个或两个以上的统一体，其中至少一个发现其某一目标的实现受到另一个统一体的阻碍，于是投入力量去克服这一障碍"。②

总的来说，冲突分为争执和尖锐对抗。前者是指政治、法律或经济行动导致竞争方之间非暴力的紧张关系；后者是指竞争方之间军事或暴力行动。

（四）关于"湄公河机制"

在《现代汉语词典》中，"机制"的定义是"机体的构造、功能和相互关系""泛指一个工作系统的组织或部分之间相互作用的过程和方式"。③ "机制"一词，现已广泛应用于社会现象，指其内部组织和运行变化的规律。

在国内外关于湄公河的论著中，"湄公河机制"（Mekong Regime）是一个被不断提及的词语，但鲜有学者对它进行界定。荷兰阿姆斯特丹自由大学环境研究所副教授戴夫·惠特马（Dave Huitema）等人认为，跨境水资源合作管理机制"被期待用来调解相冲突的利益，提供准外交渠道以及技术上完美、经济上适宜的解决方案……机制包括政治特性、国际法、水

---

① United Nations Department of Economic and Social Affairs（UNDESA），*Developing Capacity for Conflict Analysis and Early Response：A Training Manual*，New York：UNDESA，retrieved from website：http：//unpan1. un. org/intradoc/groups/public/documents/un/unpan011117. pdf（登录时间：2019 年 9 月 10 日）.

② Frederick W. Frey，"The Political Context of Conflict and Cooperation over International River Basins"，*Water International*，Vol. 18，Issue 1，1993，pp. 54 – 68.

③ 中国社会科学院语言研究所词典编辑室编《现代汉语词典》，商务印书馆，2009，第628 页.

协议和（或）流域组织"。① 悉尼大学湄公河资源中心专家阿比盖尔·马基姆（Abigail Makim）进一步认为，具备生存及改变能力以应对极其广泛的事件的挑战，是机制成功的明显标志。②

　　本书关于湄公河合作管理机制的论述，是围绕合作的法律框架和组织结构及它们在实践中的应变能力与协调效力等方面展开的。

（五）关于"水安全"

　　"水安全"（water security）作为一个学术术语，是在冷战结束后出现的，2000 年后相关研究文献逐渐增多，到 2010 年前后呈现学术繁荣态势。③ 近 30 年，由于不同学科和不同行业对水问题关注视角和维度不同，"水安全"没有统一的定义。影响相对较大的是国际组织"全球水伙伴"给出的一个宽泛的定义：水安全存在于从家庭到全球的各个层面，它意味着每一个人都能够以可承受的成本获得足量又安全的水，过着干净、健康和高效的生活，同时保证自然环境得到保护和改善。④ 随着水资源利用范围的扩大和多学科视角的切入，"水安全"内涵从最初的"爆发水资源冲突和军事对手或恐怖分子袭击饮用水设施产生的潜在危险"，发展为"保障人类和经济发展所需的水量和水质"，再延伸至"旨在维护人类健康所需的生物圈的水管理"，直至现在"强调人类和生态系统用水，以及资源之间的关联性"，即"水—粮食—能源"关联。"水—粮食—能源"关联的核心议题是"平衡人类和环境用水需求，同时维护重要的生态系统服务

① Dave Huitema and Gert Becker, *Governance, Institutions and Participation: A Comparative Assessment of Current Conditions in Selected Countries in the Rhine, Amu Darya and Orange Basins*, Report of the NEWater Project-New Approaches to Adaptive Water Management under Uncertainty, Institute for Environmental Studies, Amsterdam, November 2005.
② Abigail Makim, "Resources for Security and Stability? The Politics of Regional Cooperation on the Mekong, 1957–2001", *The Journal of Environment Development*, Vol. 11, No. 1, March 2002, pp. 5–52.
③ Christina Cook and Karen Bakker, "Water Security: Debating an Emerging Paradigm", *Global Environmental Change*, Vol. 22, Issue 1, 2012, pp. 94–102.
④ *Towards Water Security: A Framework for Action*, Global Water Partnership, Stockholm, Sweden, 2000, p. 12.

功能和生物多样性"。① 加拿大水资源专家克里斯蒂娜·库克（Christina Cook）等由此总结出与"水安全"研究相关的四个维度：水量和可用水量；水灾害和水设施脆弱性问题；包括获取水、粮食安全和人类发展等在内的人类需求；可持续性利用问题。②

"水安全"含义丰富、维度宽广，使得不同的行为主体可以从自身利益出发，做出不同的解读。

四　本书主要内容与篇章结构

以史为鉴，方可知今。20 世纪 50 年代即已开启的湄公河开发计划缘何兴起，因何没落，又为何重生？当前湄公河大规模开发将对当地的社会、经济、环境和政治生态带来怎样的影响？泰国、老挝、柬埔寨和越南在 20 世纪 50 年代建立的湄委会机制至今是否依然富有弹性？域外大国在湄公河水资源开发的历史和现实中扮演着什么角色？湄公河开发中相关利益群体的诉求是什么？湄公河各国与上游中国的跨境水资源合作中有哪些共同利益，又面临哪些困境？只有回答了这些问题，才能从全局的高度理解澜湄水资源冲突与合作的本源、抓住水资源问题的关键所在，从而更好地规划未来澜湄水资源合作方向、合作框架和合作路径。本书从国际关系史学视角出发，将湄公河水资源开发置于 60 年来国际形势与地区局势的大背景下，审视国际关系中政治和资源的关系，考察湄公河水资源开发各利益相关方的利益关切及权力关系，评估湄公河合作机制在追求跨国合作开发利用水资源过程中的成功与失败，旨在展开一幅湄公河流域水政治图景，并以此为基础探讨澜湄水资源合作中国方略。

第一章至第三章详细论述二战以后湄公河次区域政治局势的演变与水资源合作机制的调整适应；第四章论述近年来湄公河水资源开发中涌现出来的主要矛盾和争端，分析争端的成因，探讨社会团体的利益诉求及其影

---

① Karen Bakker, "Water Security: Research Challenges and Opportunities", *Science*, Vol. 337, August 24, 2012, pp. 914 – 915.

② Christina Cook and Karen Bakker, "Water Security: Debating and Emerging Paradigm", *Global Environmental Change*, Vol. 22, Issue 1, 2012, pp. 94 – 102.

响；第五章在梳理湄委会协调机制内容及其实践的基础上，深入分析湄委会协调机制的有效性问题；第六章论述以美日为代表的域外国家长期以来对湄公河流域开发的参与及其对湄公河水治理的影响；第七章重点探讨澜湄水资源合作问题，分析中国与下游各国在水资源合作中不同的利益需求，并在此基础上提出深化澜湄水资源合作的渐进路线。

第一章

湄公河水资源合作管理机制的建立

澜沧江—湄公河是一条干流全长约 4880 千米的河流。在藏语中，它被称为"扎曲"，意为"岩石之水"。流出青藏高原后，在西南诸省被称为"澜沧"，意为"碧水洪波"。流出国境后，被称为"湄公"，意为"众水之母"。①

澜沧江—湄公河素有"东方多瑙河"与"黄金水运通道"之称，是亚洲唯一的"一江连六国"的国际河流。自青藏高原唐古拉山发源后，从北向南先后流经中国青海、西藏和云南（在中国境内称澜沧江），缅甸，老挝，泰国，柬埔寨和越南（出境称湄公河），最后在越南胡志明市附近注入南海。其干流总落差 5167 米，是中国云南和东南亚的能源宝库。

然而，资源富饶的澜沧江—湄公河却未能给沿岸的人民带来富裕的生活，柬埔寨、老挝和缅甸都被联合国列入世界最不发达国家之列，在西方更有"富裕的贫困地区"一说。

法国殖民者在印支半岛建立殖民统治时期，曾对湄公河下游河段进行过探勘，但开发基本限于接近出海口的越南三角洲地带。直到 1957 年"下湄公河流域调查协调委员会"成立，湄公河流域水资源才开始按照国际惯例和国际水法进行广泛有组织的开发与管理。

---

① 中国社会科学院语言研究所词典编辑室编《现代汉语词典》，商务印书馆，2009，第 133、811 页。

本章将在简单回顾湄公河早期开发史的基础上，详细阐述现代湄公河水资源合作开发和协调管理机制建立的背景及过程，分析国际形势的演变对湄公河机制建立的影响及该机制背后的政治色彩。

第一节　湄公河流域社会经济特征
与水资源早期开发

　　澜沧江—湄公河干流及其支流构成了庞大的流域，流域总面积为79.5万平方千米。从西双版纳勐腊县南阿河口至南腊河口为中缅界河，南腊河口以上包括中国境内的澜沧江流域及中缅边境的那一小部分被称为上湄公河流域，约占全流域面积的20%；南腊河口以下称下湄公河流域，约占全流域面积的80%。① 在国际河流中，澜沧江—湄公河干流长度仅次于亚马孙河和尼罗河位居第三，流域面积位居第11，水量位居第4。② 大约7500万人生活在澜沧江—湄公河流域，2025年这个数字预计会上升至1.2亿，其中84%的居民生活在下游国家老挝、泰国、柬埔寨和越南。③

　　自古以来，湄公河流域的人民就依水而生、傍水而栖。这条古老而充满生机的长河，之于他们有着非同寻常的意义。而利用湄公河巨大的水资源潜能改变地区贫穷落后面貌，提高经济水平和生活质量，是他们一直以来的梦想。

---

① 何大明、冯彦：《国际河流跨境水资源合理利用与协调管理》，科学出版社，2006，第137页。

② 何大明、冯彦：《国际河流跨境水资源合理利用与协调管理》，科学出版社，2006，第137页。

③ Jeffrey W. Jacobs, "The Mekong River Commission: Transboundary Water Resources Planning and Regional Security", *The Geographical Journal*, *Water Wars? Geographical Perspectives*, Vol. 168, No. 4, Dec., 2002, pp. 354 – 364. 转引自 Kristensen J., "Food Security and Development in the Lower Mekong River Basin: A Challenge for the Mekong River Commission", Paper delivered at the Asia and Pacific Forum on Poverty: Reforming Policies and Institutions for Poverty Reduction, Manila, February 5 – 9, 2001。

一　湄公河流域概貌及特征

湄公河水量丰富，年均径流量约为 4750 亿立方米，年平均流量 15060 立方米/秒。由于大部分面积位于热带地区，流域属于季风性气候，全年降雨时空分布极不均衡，导致河流流量呈季节性变化，湿季时流量可以达到干季时的 25 – 30 倍（湿季：58000 立方米/秒，干季：2000 立方米/秒）。[1] 即使同属湄公河流域，不同的地理位置流量也有显著差别。泰国东北部的呵呖高原是流域最干旱的地区，年降雨量少至 1000 毫米，而在流域稍微湿润的地区，年降雨量可达 3 倍之多。[2] 但无论采用何种标准计量，湄公河流域都属于水量丰沛的地区。

（一）流域地理分布

尽管澜沧江段约占澜沧江—湄公河干流全长的 44%，但澜沧江出境处年均径流量仅占湄公河年均径流总量的 13.5%，其余的 86.5% 来自缅甸、老挝、泰国、越南、柬埔寨境内各支流。[3] 流域面积在六个流域国家的领土内呈现不均衡的分布态势。中国云南省 38% 的面积位于流域区域,[4] 但在整个中国版图中只占很小的一部分；缅甸也只有少量的国土位于湄公河流域内；在泰国和老挝边境，湄公河作为界河，绵延很长；由于湄公河还有相当长一段流经老挝境内，该国大部分面积都在流域内；柬埔寨几乎所有的国土都位于流域内；在越南，虽然流域面积只涵盖湄公河三角洲地

---

① Joakim Ojendal and Kurt Morck Jensen, "Politics and Development of the Mekong River Basin: Transboundary Dilemmas and Participatory Ambitions", in Joakim Ojendal, Stina Hansson, Sofie Hellberg (eds.), *Politics and Development in a Transboundary Watershed: The Case of Lower Mekong Basin*, Springer, 2012, p. 38.

② Joakim Ojendal and Kurt Morck Jensen, "Politics and Development of the Mekong River Basin: Transboundary Dilemmas and Participatory Ambitions", in Joakim Ojendal, Stina Hansson, Sofie Hellberg (eds.), *Politics and Development in a Transboundary Watershed: The Case of Lower Mekong Basin*, Springer, 2012, p. 39.

③ 《背景资料：澜沧江—湄公河流域》，新华社北京 2010 年 4 月 5 日电。

④ Ashok Swain, *Managing Water Conflict: Asia, Africa and the Middle East*, Routledge, 2004, p. 118.

区，但该地区对整个越南具有极其重要的经济价值（见表1-1）。在中、缅、老、泰、柬、越境内，澜沧江—湄公河流经区域地形地貌变化很大。

表1-1　澜沧江—湄公河流域面积和流量分布

指标	中国	缅甸	老挝	泰国	柬埔寨	越南	全流域
流域面积（万 km²）	16.5	2.4	20.2	18.4	15.5	6.5	79.5
流域面积占全国领土总面积比例（%）	1.7	3.5	85.2	35.9	85.6	19.7	—
流域面积占湄公河流域总面积比例（%）	21	3	25	23	20	8	100
平均流量（m³/s）	2410	300	5270	2560	2860	1660	15060
降雨量占全流域比例（%）	16	2	35	18	18	11	100

资料来源：*Annual Report* 1993，Interim Mekong Committee。

上游澜沧江所流经的中国境内，主要为山地峡谷地形，人口稀疏，但水资源丰富，水电开发潜力巨大。流域地势北高南低，自北向南呈条带状，上下游较宽阔，中游则狭窄。上游属青藏高原，海拔4000-4500米，区域内除高大险峻的雪峰外，山势平缓，河谷平浅；中游流经云南西北部高山峡谷地带，河谷比较狭窄，河床坡度大，形成陡峻的坡状地形；下游流经云南西南地区，分水岭显著降低，一般在2500米以下，地势趋于平缓，丘陵和盆地交错，河道呈束放状。

下游湄公河流域按地形地貌可分为5个主要部分——北部高地、呵叻高原、东部高地、南部低地与三角洲地带。

北部高地：从南腊河口开始，湄公河向西南方向流动，形成老挝和缅甸的界河。从老缅边界直到老挝首都万象，包括泰国的黎府和清莱府山区，都属北部高地，到处是崇山峻岭，只有少量的高地平原和河谷冲积台地。特别是从老缅边界到老挝琅勃拉邦的一段，河流落差很大，水电潜能丰富。

呵叻高原：在万象以南，湄公河形成老挝和泰国之间一段相当长的界河，流经呵叻高原。泰国东北部地区几乎都位于呵叻高原内。呵叻高原是个碟形盆地，受扁担山脉西南季风显著影响，是湄公河流域最干旱的地区，农业发展需要大量灌溉用水。

东部高地：东部高地是安南山脉（又称长山山脉）的组成部分，山中支流向西注入湄公河。东部高地包括越南的奇山县与柬埔寨桔井省之间的大部地段，分水岭构成越南与老挝和柬埔寨之间的边界。

南部低地：湄公河在老挝南部占巴塞省的孔恩瀑布（Khone Falls，落差 15 - 24 米，年均流量 1.2 万立方米/秒，系世界上流量最大的瀑布）"猝然一跌"流入柬埔寨。在孔恩瀑布与柬埔寨桔井省之间，急流险滩与冲积平原交错。在柬埔寨磅湛省以下，河床坡度变缓，河水流经洪泛平原上的广阔冲积地带。在柬埔寨首都金边附近，湄公河与其重要的支流洞里萨河汇合，并通过后者与东南亚最大的淡水湖、被称为"湄公河流域水生生态系统心脏"的洞里萨湖连接起来。洞里萨河源头是柬埔寨西北著名的洞里萨湖（意为"大湖"），其流向因季节而异。在汛期高峰，湄公河干流水位上升快于支流水位，洞里萨河流向逆转，洪水经洞里萨河泄入洞里萨湖这个天然水库中蓄积，这时湖面从干季时的 2600 平方千米增加到最大约 24600 平方千米。① 之后，当洪水退去时，湄公河水位下降，洞里萨河流向再次改变，洞里萨湖蓄积的水释放，朝下游东南方向流动，注入湄公河。洞里萨湖的储存容量约为 750 亿立方米，② 通过减少湿季流量增加干季流量，有助于调节进入下游湄公河三角洲的径流量。

三角洲：湄公河流经柬埔寨首都金边后，在湄公河和洞里萨河汇合处下游不远处，分成两条河：一条叫湄公河，一条叫巴塞河。到了越南南部，宽阔的河面被分为许多支流，在胡志明市以东经 9 个河口奔入南海，当地人认为这是横卧在大地上的九条龙，遂称之为"九龙江"。湄公河和巴塞河及其 9 条汊道流入南海时所形成的冲积平原，被称为湄公河三角洲。三角洲地区包括越南南部的一大部分和柬埔寨东南部，面积 4.4 万平方千米（其中 3.9 万平方千米属于越南）。湄公河三角洲是东南亚地区最大的平原和鱼米之乡，也是越南最富庶的地方。

总的来说，在从河源到河口蜿蜒漫长的旅途中，湄公河水流最平缓的一段是作为泰国、老挝界河流经的呵叻高原，以及柬埔寨部分地区和越南

---

① Arun P. Elhance, *Hydropolitics in the Third World: Conflict and Cooperation in International River Basin*, United States Institute of Peace Press, 1999, p. 195.

② Greg Browder and Leonard Ortolano, "The Evolution of an International Water Resources Management Regime in the Mekong River Basin", *Natural Resources Journal*, Vol. 40, No. 3, 2000, pp. 499 - 531.

三角洲地带，这些区域适于农业耕种。上游泰国、缅甸和老挝交汇处的"金三角"，是一个大范围的高山峡谷地带；而进入柬埔寨境内上游 120 千米处有大量急流，这些区域都适于水电开发。湄公河流域的这种地理特征既造成流域各国在水资源开发与管理上的目标差异，又使它们得以在经济发展中实现互补（这部分内容将在第四、五章详细论述）。

（二）流域社会经济特征

湄公河流域是典型的季风气候，季风气候塑造了流域的社会经济特征。每年 5 – 10 月是湿季，来自西南的季风蕴含大量水分，产生降雨，其中 9 – 10 月是雨量最大的时候。11 月至次年 4 月属于干季，降雨量很少，主要靠上游的冰山融雪来维持下游流量。干湿季节性循环对流域国家的经济生活至关重要。

人们在湄公河及其支流两岸发展洪灌农业，种植庄稼。洪水季节时，洪水将富有营养的泥沙裹挟至冲积平原地区，有利于水稻和蔬菜等农作物的生长。越南三角洲地区生产的稻米占越南年总产量的一半。[1]

渔业也是流域国家国民经济的重要组成部分。湄公河是世界上最有价值、最多产和最具多样性的渔场，鱼类有 1200 – 1700 种，其中有的濒临灭绝，如伊洛瓦底江豚、巨型鲶鱼。[2] 每年的捕鱼量高达 200 万吨，价值 25 亿美元，4000 万人口靠全职或兼职打鱼为生，流域 64% –93% 的农村家庭在不同程度上从事渔业活动。鱼类等水产资源的消费占流域居民动物蛋白摄取量的 47% –80%。[3] 渔业不但对当地的粮食安全极为重要，还提供了各种就业机会。尤其是柬埔寨。如前所述，洞里萨河具有"调节阀"功能，湿季时湄公河洪水携带大量富有营养的泥沙，覆盖洞里萨湖周边平

---

[1]　Coleen Fox and Chris Sneddon, "Flood Pulse, International Watercourse Law, and Common Pool Resources: A Case Study of the Mekong Lowlands", WIDER Research Paper, No. 2005/20, April 2005, p. 1.

[2]　MRC, *State of the Basin Report 2003*, p. 57.

[3]　MRC, *State of the Basin Report 2003*, p. 101; Rachel Cooper, "The Potential of MRC to Pursue IWRM in the Mekong: Trade-offs and Public Participation", in Joakim Ojendal, Stina Hansson, Sofie Hellberg (eds.), *Politics and Development in a Transboundary Watershed: The Case of Lower Mekong Basin*, Springer, 2012, p. 63.

原，淹没森林，为许多鱼类提供了良好的产卵环境。洞里萨湖因而成为世界上最高产的内陆渔场，维持着柬埔寨75％居民的生活，向他们提供蛋白质摄取量的75％。正如美国达特茅斯学院教授科林·福克斯和克里斯·斯内登（Coleen Fox and Chris Sneddon）所言："对于生活在流域低地（柬埔寨）的数百万居民来说，他们最关注的不是水本身，而是由每年湿季的洪水脉冲所产生的一套完整的生态系统的生存力和复杂性。这是他们最直接、最重要的价值来源。"[1]

此外，在最下游越南三角洲，有规律的洪水不仅带来肥沃的沉积土壤，还有助于冲洗酸性土壤、防止南海海水倒灌，并为鱼虾蟹提供了优良的产卵地。最后，洪水携带着大量养分泄入南海，有助于沿海渔业盛产。

因此，在正常的年份里，对于湄公河流域居民而言，洪水不是灾难而是自然的恩赐。季节性洪水使湄公河流域居民、物种和生态系统之间建立起密切的互存关系，也支撑起了流域居民的生活。然而，在有的年份，非正常性洪水会给流域国家造成巨大的生命和财产损失，因此，一直以来防洪控洪都是湄公河水资源管理中的一大任务。

二 湄公河水资源早期开发与国际化管理

江河哺育人类，也孕育了灿烂的文明和古老的文化。奔腾不息的黄河，九曲十八弯成就了源远流长的华夏文明；并行奔流的幼发拉底河和底格里斯河孕育了古巴比伦文明；印度河和恒河打开了古印度文明之门；"饱含乳汁"的尼罗河在5000年前哺育出了古埃及文明。水资源开发与管理是人类文明的构成部分，在中国、印度等古老的国度，有些水利工程历经千年，迄今仍在使用。

在东南亚中南半岛，2000年的历史长河里，虽经历了王朝的兴衰起落，权力的此消彼长，但受宗教和社会经济因素的驱动，历代君主大多重视水利开发。根据大量的浮雕、寺庙碑文和石碑记载，近代以前，东南亚

---

[1] Coleen Fox and Chris Sneddon, "Flood Pulse, International Watercourse Law, and Common Pool Resources: A Case Study of the Mekong Lowlands", WIDER Research Paper, No. 2005/20, April 2005, p. 2.

地区兴建了大量的灌溉水网、水箱、水坝和水闸等水利工程。[①] 不过，受当时技术所限，这些工程都建在山谷侧坡上，开发的是支流、小河或小溪。作为东南亚最长的河流，湄公河在 19 世纪殖民时代到来之前，一直保持着神秘的色彩，没有人成功地探勘出它的全貌，流域居民对它的认识也是碎片式的。

（一）近代以前湄公河流域的水资源开发

进入公元后，湄公河流域相继或同时出现过许多王国，有的转瞬即逝，湮没在历史的尘烟中；有的持续了数百年，势力延伸至整个湄公河流域，如扶南、真腊（有着灿烂文明的吴哥王朝是真腊王国的极盛时期）；还有的王国虽然版图不大，相对而言形成较晚，但民族国家存在至今，如暹罗（泰国旧称）和越南。印度和中国文化对这些王国有着深刻的影响，体现在政治制度、社会结构、经济和艺术等各个方面。但当地人民对外来文化并非全盘吸收，而是融合了本地元素，进行同化和改造，其中最突出的例子当数水利技术。如今流域内散布的水利工程的遗迹显示，湄公河流域民族对水资源管理有着悠久的历史，包括家庭用水储存、洪水控制、排涝和灌溉。

老挝　老挝是一个多山的内陆国家，境内 70% 的地区是山区。[②] 东边以安南山脉为界与越南为邻，西边以湄公河为界与泰国为邻（由法国殖民者划分）。老挝 85% 的国土面积都在湄公河流域内。湄公河的上游末段和中游从北到南贯穿老挝，沿途流经狭窄的岩廊、汹涌的瀑布和一望无垠的沙洲，一路"行程艰险"。老挝北部山顶，稀疏地居住着藏缅语族人，他们被称为"老松族"或"高地老挝人"，采用刀耕火种的方式种植玉米、稻谷和鸦片。沿湄公河而下，居住着孟—高棉语族的"老听族"人，他们又被称为"山坡老挝人"，靠培育旱稻、玉米、烟草和棉花，过着自给自足的生活，并与低地的商人进行商品交易。再下游的平原和山谷，人口密度增大，泰老语族人沿着老挝和泰国边界狭窄而富饶的湄公河河岸生活，

---

① Nguyen Thi Dieu, *The Mekong River and the Struggle for Indochina: Water, War and Peace*, Praeger, 1999, p. 7.

② Ashok Swain, *Managing Water Conflict: Asia, Africa and the Middle East*, Routledge, 2004, p. 116.

他们又被称为"老龙族"或"平原老挝人",有着固定的居住地,形成了村落文明,靠种植水稻、捕鱼和沿河贸易为生。平原老挝人和山地老挝人(包括高地老挝人和山坡老挝人)的差别表现在各个方面,包括对河流的利用。山地老挝人很少利用河水来栽培稻谷,种植的多是旱稻,他们对河流的改道分流也只是小规模地进行。平原老挝人的灌溉技术则比较娴熟,湄公河及其支流的季节性洪水导致泥沙沉积,提高了土壤的肥沃程度,全年水稻栽培主要靠灌溉。但在近代之前,老挝的灌溉活动仅限于村社一级,缺乏像柬埔寨吴哥王朝那样由政府控制的、集中管理的宏大灌溉和排水工程。即使1353年法昂国王建立了老挝历史上第一个统一的国家——澜沧王国,试图学习吴哥王朝建立水管理系统,也未能成功。这源于老挝"一盘散沙"式的政治结构——老挝地形狭长,境内山多,中央政府鞭长莫及,难以管理,从北部山地、中部峡谷到南部平原,分布着不同的种族和互相抗衡的小诸侯国,政治权力分散,缺乏统一的官僚体系。18世纪初,随着澜沧王国的没落,老挝又出现诸侯争霸的格局,直至19世纪中叶法国殖民者入侵。某种程度而言,地理条件阻碍了老挝中央集权制的发展和水利设施的集中建设。此外,澜沧王朝的国王们主要关切的是湄公河的防御功能而非经济潜能。

泰国 与老挝不同,泰国只有小部分国土面积位于湄公河流域内,即地处呵叻高原上的东北部地区。在巴利语和梵语中,泰国东北部被称为"伊善"。在柬埔寨真腊王国时期,泰国东北部地区居住的主要是高棉人,城邦国家受高棉文明影响较深。13世纪素可泰王国和14世纪阿育陀耶王国的崛起,削弱了吴哥王朝的力量,强化了泰民族的存在。但老挝澜沧王国建立后,与阿育陀耶王国之间爆发战争,最后获得胜利,势力范围沿湄公河谷向上扩展,占据了呵叻高原。法昂国王下令2万户老挝家庭移居至呵叻高原北部和万象附近。如今生活在呵叻高原上的大部分居民是老族人,在语言和文化上都有别于泰国中央平原的泰族人,与隔湄公河相望的老挝的主体民族是同一民族。17世纪末18世纪初,随着澜沧王国的衰落和分裂,暹罗王国中央政府加强了对东北部地区的控制。

在古代,伊善地区的农民们自发在湄公河的两条主要支流栖河(Chi river)和蒙河(Mun river)附近修建了一些水渠和大圆形壕沟为干季时家

42

庭消费储水。他们还利用这些水渠和壕沟进行交通运输、种植水生蔬菜、养鱼或在岸边种植果树。前湄委会农业部主任、水利专家万·里拉（W. J. Van Liere）认为，伊善地区早期兴修的复杂的大型灌溉网络不是出于农业种植的需要，而是为了储水蓄水，保证终年水供应。因为农民们大多只在冲积平原上种稻，不需要灌溉，只需在洪水泛滥时撒种即可。[①]

柬埔寨　湄公河离开老挝流入柬埔寨境内后，在上游 120 千米长的一段有大量急流，之后流域地势变得平坦。[②] 在柬埔寨人的生活中，湄公河具有极其重要的地位。水，构成了柬埔寨历史不可分割的一部分。数百年来，农业水利构建了柬埔寨经济繁荣和政权稳定的基础。

在柬埔寨，水资源开发和管理有很长的历史，反映了低地居民对环境的适应能力。在 1 - 6 世纪的扶南王国时代，在湄公河三角洲平坦的冲积平原上，农业水利技术已经有了很大发展——兴建了河渠网络，用于排干沼泽地的水、防止海水倒灌并灌溉农田。这些河渠还作为连接泰国湾和南海的水道，缩短了商人和朝圣者来往印度和中国的路程。随着 6 - 8 世纪真腊王国的兴起，王朝中心向柬埔寨北部更高处迁移，这里更为干旱和贫瘠。此时的统治者关心的不再是防洪控洪和防止海水入侵，而是获得水，满足终年的农业和家庭用水需求，因此在湄公河支流附近挖了巨大的壕沟作为干季水库之用。

8 世纪末，真腊王国衰落，被爪哇人短暂占领。802 年，真腊前王子阇耶跋摩二世建立吴哥王朝，至 1181 年阇耶跋摩七世发展至顶峰，版图包括今天整个柬埔寨以及泰国、老挝、缅甸和越南的一部分，可谓盛极一时。1432 年素可泰王国入侵，吴哥城陷落，后被洪水淹没，在森林中埋没 400 多年，直至 19 世纪中叶才重见天日。

阇耶跋摩二世曾经在水利建设经验丰富的爪哇国居住过，他登上王位后，开始在王国兴修水利。9 世纪末，雅输跋摩一世创建了吴哥城，修建了 800 多个人工水泉，为吴哥水利系统的形成打下了基础。雅输跋摩一世

---

① W. J. Van Liere, "Traditional Water Management in the Lower Mekong Basin", *World Archaeology*, Vol. 11, No. 3, *Water Management*, February 1980, pp. 265 - 280.

② Ashok Swain, *Managing Water Conflict: Asia, Africa and the Middle East*, Routledge, 2004, p. 116.

在位时，建起的巨大运河网和水库贯穿暹粒河地区。在吴哥城东北建造的巴莱湖水库，长7千米宽2千米，能蓄4000万立方米的水，定期灌溉周边的稻田。水利专家万·里拉认为，这些水利工程是神权政治的产物，既是给天神的献礼，又象征着国王的权力和慷慨。[①] 雅输跋摩一世的继任者们进一步扩大、改造或合并水网系统，并且在都城的东北和西南都兴建了巨大的人工水库。到12世纪末13世纪初阇耶跋摩七世统治时期，农村和城市水利系统建设达到顶峰，大型村庄或商贾驿站的周边都建有巨大人工湖，能在干季池塘和溪流都干涸时调节水稻灌溉系统，并给当时的"交通工具"——大象和水牛提供洗澡之地。这些从吴哥城中心延伸至周边乡村的水利工程，既给城市带来饮用水，排走污水，又便利了吴哥城内外的交通，保护吴哥城不受洪水侵害。当时，吴哥平原的灌溉面积达到5000公顷，农业作物广泛栽培。

中国有位叫周达观的使节，曾于1296年抵达吴哥，且住了很久，最后写成《真腊风土记》，详细记载当时吴哥农业特征：

> 大抵一岁中，可三四番收种。盖四时常如五六月天，且不识霜雪故也。其地半年有雨，半年绝无。自四月至九月，每日下雨，午后方下。淡水洋中水痕高可七八丈，巨树尽没，仅留一杪耳。人家滨水而居者，皆移入山后。十月至三月，点雨绝无。洋中仅可通小舟，深处不过三五尺，人家又复移下，耕种者指至何时稻熟，是时水可淹至何处，随其地而播种之。耕不用牛，耒耜镰锄之器，虽稍相类，而制自不同。又有一等野田，不种长生，水高至一丈，而稻亦与之俱高，想别一种也……[②]

然而，对水利的重视，既缔造了灿烂的吴哥文明，又埋下了其日后衰

---

① W. J. Van Liere, "Traditional Water Management in the Lower Mekong Basin", *World Archaeology*, Vol. 11, No. 3, *Water Management*, February 1980, pp. 265 – 280.

② （元）周达观原著《真腊风土记校注》，夏鼎校注，中华书局，2006年重印版，第136 – 137页。文中的月份皆为阴历；淡水洋指洞里萨湖；别一种水稻指的是浮稻，栽培于洪水定期泛滥地区，稻子随着水位的升高而升高。

落的种子。吴哥王朝的经济几乎全依赖于对水利系统的日常维护,无论是政府修建的大水库还是村社自行修建的小水渠,都需要经常疏浚以防淤塞。土坝和围堰也需不断加固。但吴哥王朝疏忽了对水利系统的维护,造成淤泥堵塞。再加上东面越南陈朝(领地在今越南北部)的骚扰和西面暹罗的攻击对水利工程的破坏,吴哥王朝再难抵洪水的连续袭击,于14世纪中叶衰落并最终消亡。考古学家伯纳德·菲利普·格罗里埃(Bernard Philippe Groslier)甚至将吴哥王朝的没落原因部分归结于水利系统的过度开发:一方面,吴哥王朝将原本森林覆盖的土地开辟为水田和城市,导致生态失衡;另一方面,灌溉系统几乎完全依赖河流,携带着大量泥沙的河水,流经坡度平缓的平原地区时淤积下来,缺乏流动性导致河两岸疟疾盛行。①

越南 湄公河经 9 条汊道流入南海时所形成的冲积平原,被称为湄公河三角洲,是越南第一大平原。早在高棉人和越南人相继到来之前,湄公河三角洲定居着马来亚—波利尼西亚语族和孟—高棉语族族群。有些族群并入扶南和真腊王国,有些还保持着独立。吴哥城被暹罗占领后,吴哥王朝迁往金边续存,高棉人也随着向金边附近迁徙,其中有些人继续向东南行进抵达湄公河三角洲。与此同时,15 - 16 世纪,越南后黎朝征服了占婆国(领地在今越南中部),势力直逼湄公河三角洲。1623 年柬埔寨吉哲塔二世国王迎娶了越南阮朝的一位公主,这位公主向夫王讨得了这片沿海土地,准许越族难民进入普利安哥(西贡旧称,现为胡志明市),躲避越南内战。② 此系越南人在此大批定居之始。

衰弱的柬埔寨王国无法抵挡逐渐增多的难民,渐渐地,普利安哥变成了越南人的土地,此地亦开始被称为西贡。1689 年,越南阮朝显宗阮福淍派大臣阮有镜为经略使,直接统治东浦一带(今越南南部东区)。阮朝在

---

① Bernard Philippe Groslier, "La Civilisation Angkorienne et la Maitrise de l'eau", *Etudes Cambodgiennes*, No. 11 (1967): 23; Bernard Philippe Groslier, "La Cite Hydraulique Angkorienne: Exploitation ou Surexploitation du Sol?", *Bulletin de l'Ecole Francaise d'Extreme-Orient* 66 (1979): 161 - 202.

② 16 世纪末越南处于南北分裂时期,控制北部的郑氏家族和控制南部的阮氏家族之间不断争战,造成死伤无数,并对越南北部红河三角洲的灌溉系统造成严重破坏。越南农民开始背井离乡,往南迁移,寻找生机。

这里设置了嘉定府（今胡志明市），又设立了镇边营（今边和地区）和藩镇营（今嘉定地区），驻兵镇守。这次扩张使越南斥地千里，得户逾4万。至18世纪中叶，富饶的湄公河三角洲正式被纳入越南的版图。阮朝在三角洲修建了很多河渠，主要用作交通动脉而非排水或灌溉。此外，农民们也自发修建了水利渠网。不过，由于三角洲土地极其肥沃，径流量和洪水期比较有规律，再加上人口密度低，越南三角洲农业水利系统需求的迫切性小于柬埔寨。农作物栽培主要靠雨水。

转入近代。在19世纪英法殖民者入侵中南半岛前，半岛存在的两支主要力量是暹罗和越南，老挝早已四分五裂，有的小公国被纳入暹罗或越南的版图，有的则成为附庸国，柬埔寨也差不多被肢解。19世纪二三十年代，暹罗军队洗劫了老挝万象王国，将6000多户家庭带回暹罗，并实施将老挝城镇迁至泰国东北部的移民政策，湄公河谷完全被暹罗控制。与此同时，越南也从安南山脉另一侧蚕食老挝，将川圹王国和甘蒙王国置于其监护之下。脆弱的琅勃拉邦虽然勉强得以幸存，但要向两方缴纳贡物。湄公河上中游河谷成了暹罗和越南对抗的缓冲带。

（二）法国殖民时期湄公河流域的水资源开发

19世纪五六十年代，就在暹罗和越南为争夺中南半岛的霸权而穷兵黩武之时，西方殖民者进入了该地区。占领中国市场是当时西方列强的重要远东战略之一，而湄公河被视作进入中国南部的通道。[①]

欧洲人在殖民征服初期，对湄公河源头、流经地区、流域自然资源和民族构成等都知之甚少。法国自然学家亨利·穆奥（Henri Mouhot）从1858年开始，四次旅行泰国、柬埔寨和老挝，是第一个对中南半岛及湄公河上游民族进行详细考察的西方人。他的第四次旅行是1860年10月中旬至1861年11月，其间到达呵叻高原，并继续向北行至老挝琅勃拉邦。他留下了一些对洞里萨湖和柬埔寨境内湄公河河段的描述，并称越往上游走越困难。他写道："越往北走，水流奔腾得越快……到达（柬埔寨）老挝

---

① Le-Thi-Tuyet, *Regional Cooperation in Southeast Asia: The Mekong Project*, Ph. D. Dissertation, The City University of New York, 1973, p. 64.

边界处，就开始遇到急流和瀑布了。当地人都将独木舟和行李一样系在背上登岸而行。"① 1861 年 11 月，穆奥在琅勃拉邦去世。作为第一个尝试探勘湄公河全貌的西方人，穆奥被湄公河的雄壮深深打动，他写道："它在高耸的山中奔腾，发出像海一样的怒吼，如洪流般躁动，似乎想摆脱河床……北礼和琅勃拉邦之间有很多急流。"② 其他法国探险家不久也追寻穆奥的脚步而来。为了抗衡英国在缅甸的势力，不让其捷足先登打通进入中国南部的通道，法国对湄公河探险有着强烈的动力。

　　1866 年，在法国占领西贡 7 年、成为柬埔寨保护国 3 年后，法国殖民当局制订了湄公河探勘计划，派出由法兰西护卫舰舰长拉格里领导、法国海军军官加尼尔等协助的一支探勘队，从西贡出发，探索是否可以通过湄公河进入中国南部。1866 年 6 月 5 日，这支探勘队从西贡出发，直至 1868 年 6 月 29 日返回，行程 1 万多千米，最终到达云南，其中 4000 多千米是靠脚走的。1868 年，拉格里在云南去世。加尼尔后来对这次艰辛的旅程做了如下阐述：

　　　　这条河流，由岩石间大量的支流汇聚而成。这些小河没有任何出口，彼此间由无法通行的小瀑布相连。因此，我们的小船经常迷失方向，每次都要回头寻找干流河床；但在干流处，水势汹涌，为了绕过去，我们必须使用绳索。在最狭窄的河段，波涛澎湃，必须下船将船拉上上游。大家背着行李，穿过一个又一个岩石，越过急流之后再卸下来。③

　　探勘队刚出河道平缓的柬埔寨国境，就发现了航行的复杂艰巨性。加尼尔描述道：

---

① Henri Mouhot, *Travels in Siam, Cambodia and Laos, 1858 – 1860*, Vol. 1, Singapore：Oxford University Press, 1989, p. 231.
② Henri Mouhot, *Travels in Siam, Cambodia and Laos, 1858 – 1860*, Vol. 2, Singapore：Oxford University Press, 1989, p. 135.
③ Francis Garnier, *Voyage d'exploration en Indochine*, Paris：Editions La Decouverte, 1985, pp. 81 – 82.

头一天我还高兴地幻想着沿这条巨大的河流进行商贸，将中国与西贡连接起来是多么容易的事。但现在，这个梦想遭到沉重的打击。[1]

法国人相信，湄公河是一条变幻莫测的河流，一年中有一半的时间完全无法通航。他们意识到，将湄公河开辟为通达中国的"商业快道"是不可能实现的。这让他们感到失望。法国探勘队开始考虑开辟另一条通往中国的水路——红河，并对从越南东京（河内旧称）到中国云南的红河上游河段进行了考察。

法国人在这次探勘途中，还注意到暹罗人在老挝的扩张。1893年，法国强迫暹罗签约，老挝沦为法国保护国，成为印支联邦一部分。暹罗将湄公河左岸割让给法国，曾作为暹罗附庸国的老挝万象王国和琅勃拉邦王国转而成为法国附庸国，湄公河右岸25千米内设置"无人区"，允许自由通行。法国人探勘了湄公河上游直至中缅边境，并且在湄公河河谷两岸之间往来穿行，积累了关于湄公河流域的丰富资料和详细地图集。对于法国来说，占据湄公河两岸具有重要的价值，因为这条河是连接法国越南殖民地和其保护国老挝、柬埔寨之间的通道，将法兰西帝国在印支半岛的势力范围串联起来。

法国殖民当局对湄公河的开发利用与管理主要表现在三个方面。

1. 签订国际化管理协定

历史上，许多著名国际河流的国际化管理都是从航运开发开始的，湄公河也是如此。在法国殖民统治时期（1862 - 1949年），由法国殖民者代表其所控制的印支三国（越南、老挝、柬埔寨）和作为独立国家的暹罗之间签订了一系列通商航行条约。[2]

1856年，法国与暹罗签订条约，确认法国在湄公河航行上享有最惠国

---

[1] Francis Garnier, *Voyage d'exploration en Indochine*, Paris：Editions La Decouverte, 1985, p. 39.

[2] 1907年，法国和暹罗签署协定，暹罗将柬埔寨西部的暹粒省和马德望省交给法国，换取法国对暹罗主权的承认。但关于湄公河的使用权问题仍然悬而未决。法国意欲"独揽"湄公河，暹罗则坚持认为沿岸国家都有平等使用权。

待遇，法国船只免交若干项税。当柬埔寨成为法国的"保护国"之后，1867 年法国又与暹罗签订《友好通商航海条约》，规定法国在洞里萨湖及泰国与法国"保护国"之间的界河河段上拥有自由航行权。1925 年，法国与暹罗签订新的《友好通商航海条约》，再次确认了法国在湄公河的自由航行权。1926 年 8 月，双方签订关于实现暹罗与印支国家关系正常化的法国—暹罗国际协定，提出新的边界解决方案：将湄公河最深谷底线作为河流边界线，在有岛屿的河段，则将岛屿与暹罗河岸间的河道作为河流边界线。湄公河非军事化管理区扩大至湄公河左岸法属印支领土内。双方建立了法国—暹罗湄公河委员会，负责制订必要的规则，保证边境地区的航行、卫生和安全。

二战结束后，面对全球兴起的反殖民主义浪潮，1949 年 11 月，法国宣布越南、老挝和柬埔寨在法兰西联邦内实行自治。在法国的主导下，三国签署了《湄公河河流和海上航行及通往西贡海港水道航行协定》，规定法兰西联邦国家可在湄公河全河段自由通航，非联邦国家只能在从芹苴至金边一段自由通航。该协定还成立了临时湄公河委员会。1954 年日内瓦协议签署，法国承认越、老、柬三国独立，同年 12 月，越、老、柬三国成立了"湄公河委员会"，并在巴黎签订了《湄公河通航公约》，规定凡与缔约国有外交关系的国家均可在湄公河上自由航行，规定各缔约国承担其境内航道的维护、不得修建碍航设施。但《湄公河通航公约》和"湄公河委员会"都将泰国排斥在外，阻碍了对湄公河流域实施有效的开发与管理。

2. 三角洲地区渠网建设

法国在中南半岛建立殖民政权后，出于自身利益考虑开始开发殖民地土地。对湄公河的开发重点是三角洲地区。

首先，法国人利用机器疏浚，使被废弃的河渠得以再利用。长年洪水肆虐与疏于管理，使三角洲地区大量土地被淹，沦为沼泽，无法使用。法国殖民当局于 1894 年制订了一个广泛的河渠疏浚计划，目的之一是排干长期被淹没的土地，之二是将农产品运往港口出口。这些河渠将湄公河支流互相连接起来。

其次，从 1900 年开始，法国殖民当局建设和扩建了一批农业水利工程，扩大了河网，用于排涝和灌溉，并沿湄公河及其支流修建了防护堤用

49

于防洪控洪。这个河网包括总长 1375 千米的主渠，22 米宽、2 米多深。次级河渠总长 1000 千米，宽度和深度各不相同。[①]

湄公河三角洲的疏浚工作将荒乱和芦苇丛生之地变成了稻田。1880 – 1930 年，稻田面积增长 6 倍，从 35 万公顷增至 240 万公顷。[②] 随着耕地面积增加的是人口数量。与此同时，疏浚工作不断地向内陆延伸。在修建河渠之后，法国殖民当局开始修建道路，与河渠平行。

在 1929 年世界经济危机来临之前，湄公河三角洲的稻米出口每年增加 2 万吨。1915 – 1924 年，越南成为仅次于缅甸的世界第二大大米出口国，年均出口大米 120 万吨。人工河渠、河流和天然小溪形成了一个特别稠密的航行网络，用于运输重要农产品，尤其是将大米和玉米运往越南南部西贡堤岸区进行加工，然后运往西贡港口出口。

3. 开发下游航道促进通航

虽然将湄公河打造为连接印支联邦南北大通道的梦想难以实现，但法国殖民当局仍对部分河段进行了改造。19 世纪末 20 世纪初，它对柬埔寨金边港口进行现代化改造，清理阻碍河段通航的暗礁，疏浚河床。湄公河因此成为金边主要的商业通道，向西贡港口运送出口产品。5000 吨级的船只全年均可无障碍地从湄公河入海口向上游航行 320 千米至金边。然而，从桔井省开始，河道变得越来越难以航行了，必须将商品转移到小船上。在柬埔寨桔井省和老挝孔恩瀑布之间，柬埔寨松博瀑布的存在使航行大为减速，孔恩瀑布以上，支流无数，转运成本高昂。而在老挝境内，虽然湄公河连接南北，但商业航运量很少。一方面是因为这部分河段内有很多天然障碍物，不利于通航；另一方面是因为老挝经济发展仍处于较低水平阶段。

总的来说，法国殖民当局对印支半岛的统治重心是越南，其把开发湄公河的主要精力放在三角洲一带。水网不仅提高了灌溉面积和水稻产量，还带动了河道运输的发展，港口城市西贡成了"整个印支联邦实际的经济首都"。从客观上来说，法国采用西方技术、先进的经济和融资手段，给

---

① P. Cordemoy, "L'Amenagement Hydraulique de la Cochichine", *Bulletin de l'Agence Economique de l'Indochine*, No. 5 (March 1932): 85.

② P. Cordemoy, "L'Amenagement Hydraulique de la Cochichine", *Bulletin de l'Agence Economique de l'Indochine*, No. 5 (March 1932): 84.

河流开发带来更广阔的视野。殖民统治淡化了原有各国的政治边界，第一次建立了在全流域背景下对湄公河进行整体开发的概念。

　　然而，由于技术水平不足、政治环境不稳定、缺乏开发迫切需求，无论是前殖民时期还是殖民时期，湄公河无限的资源潜能都未能得到充分开发。湄公河流域国家在国际组织和众多捐助国的帮助下对湄公河进行大规模合作开发，是 20 世纪 50 年代之后的事情。

第二节　湄公河水资源合作管理机制建立的时代背景

　　二战结束后，法国企图重建殖民制度，但第一次印支战争把法国经济拖进灾难的深渊，美国伺机卷入东南亚政治局势之中，在中南半岛①的影响力逐渐超越法国。湄公河被美国视为发展中南半岛地区经济和取得在中南半岛战略地位的一个重要资源，其地缘战略价值由此凸显。另外，日内瓦协议签署后获得和平的湄公河下游四国，尽管历史上一直存在冲突和对抗，但此时都需要集中力量发展经济，维护社会稳定。在联合国亚洲及远东经济委员会的主导下，流域四国泰、老、柬、越决心合作开发和利用湄公河水资源。事实上，有着巨大的发电、灌溉、航运和防洪控洪功能的湄公河也是四国获得广阔经济前景的唯一共同资源。

一　二战后国际河流开发热潮

　　二战结束后，新独立的民族国家如雨后春笋般涌现，但一些国家边界的划分没有考虑到水资源的分配和管理，形成国界与水界不一致的情况，埋下日后水资源争端的种子。②

---

　　①　二战后中国称"印支半岛"为"中南半岛"。
　　②　20 世纪 90 年代，苏联和南斯拉夫等国的解体使国家和边境的数量再次大量增加，国际河流的数量从 1978 年的 214 条增加到 1999 年的 263 条，这进一步加剧了跨境水资源开发和利用的复杂性。

为了发展经济或应对水资源短缺问题，各国政府普遍采取三种方法：修建大水坝（即储存水）、河流改道（即开凿运河将水流从一个地方改道到另一个地方）和抽取地下水。20世纪见证了大坝建设迅猛加速的历程（见图1-1和图1-2）。据统计，1900年全世界的大坝有数百座，其中大部分用于蓄水和灌溉；到1945年，大坝数量增加到5000座，其中四分之三位于工业化国家；到20世纪末，大坝数量超过4.5万座，遍布全球140多个国家。从时间上来看，二战后，世界大坝数量显著增加的态势一直持续到20世纪70年代。1970-1975年更是建坝高峰期，近5000座大坝就是在此期间建成的。自20世纪80年代以来，建坝速度显著地下降，尤其在北美和欧洲，这是因为大部分在技术上适宜的建坝地址都已被开发。[1]

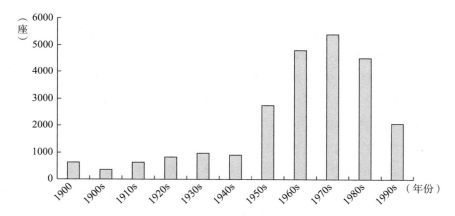

图1-1　1900-2000年每十年世界水坝建设数量（不含中国水坝数量）

　　资料来源：WCD，*Dams and Development*：*A New Framework for Decision-Making*，The Report of the World Commission on Dams，Earthscan，2000，p.9。

无论是兴建水坝还是改道河流（抽取地下水问题不在本书中涉及），都具有正负两方面效应。一方面，建设多功能水坝不仅能提供足够的灌溉水，增加农业产量，还能增加电能，刺激工业发展。沿着干流和主要支流建设水坝，既能克服洪水问题，又能促进航道进一步向上游延伸，带动水上贸易的发展。另一方面，建坝会改变河流的自然流向和特征，改变现有

---

[1]　*Dams and Development*：*A New Framework for Decision-Making*，The Report of the World Commission on Dams，Earthscan，2000，pp.8-9.

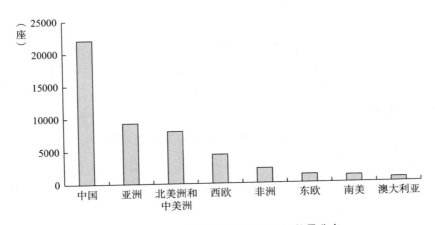

图1-2　截至20世纪末地区大型水坝数量分布

资料来源：WCD，*Dams and Development*：*A New Framework for Decision-Making*，The Report of the World Commission on Dams，Earthscan，2000，p. 8。

的水资源分配结构，产生移民问题，并对下游的社会生活和环境产生重大影响。在若干国家共有水资源的情况下，一个国家如果从本位主义出发，制定忽视全流域生态系统和下游国家利益的水资源开发战略，势必会造成与下游国家之间的紧张关系，并且对全流域的社会经济可持续性发展产生负面影响。

二　流域国家有强烈的水资源开发需求

几乎全部的柬埔寨人口和老挝人口、将近一半的越南南部人口和近1/3的泰国人生活在湄公河流域。与约旦河、尼罗河等国际河流不同，湄公河流域既不存在明显的水短缺，也不存在公开的水冲突。二战后，越南、老挝和柬埔寨相继宣布独立；1954年日内瓦协议的签署，"结束了（法国）在印度支那三国的敌对行动，肯定了印支三国的独立和主权，给各交战方的人民带来了和平"。[①] 获得地区和平之后，泰国、老挝、柬埔寨和越南为促进国内经济发展和政治稳定，对湄公河水资源的利用需求都大

---

① 方连庆、刘金质、王炳元主编《战后国际关系史（1945－1995）》（上），北京大学出版社，1999，第208页。

幅上升。

泰国东北部（伊善地区）位于湄公河流域，湄公河充当了该地区与老挝之间的边界。该地区人口2300万，占泰国总人口数的1/3以上，但由于前述的历史原因，人口组成与泰族占主体的中部平原不一样。北伊善地区的人民同老挝人民有着十分紧密的亲缘关系，南伊善地区的人民则与柬埔寨人休戚相关，多数人操着泰国其他地区的人很难听懂的高棉话。伊善地区不但同中部平原存在文化与意识形态上的差异，而且是全泰国最贫困的地区。这里受呵呖高原盆地地形影响，降雨量小，气候干燥，可耕地较少，加上人口增加过快，造成粮食紧缺。

对于老挝和柬埔寨而言，湄公河及其支流构成了国家的"心脏"。老挝贡献了整个湄公河流量的35%，逾85%的国土面积位于流域内。对于老挝而言，湄公河几乎就是生命线，除了1/4的人口居住在山区，其余都沿湄公河及其支流定居。老挝人与下游其他国家的人民一样，在湄公河流域的冲积平原上培育水稻。老挝重要城市，如王室首都琅勃拉邦[1]、政治首都万象等，也都是沿着湄公河及其支流发展起来的。除了农业和渔业，湄公河对于老挝还有重要的交通意义。老挝是个内陆国家，由于经济落后，境内陆路和铁路都很少，"湄公河是沿岸密集居住的人们出行的主要交通渠道……特别在湿季，道路无法通行，而航班又很不规律，河上交通使琅勃拉邦这个王室首都不至于沦为孤岛……"。[2]

柬埔寨将近86%的国土位于湄公河流域，其首都金边位于湄公河及其主要支流洞里萨河的汇合处。大量的人口居住在湄公河和洞里萨河以及洞里萨湖附近，居民用水、灌溉、农业和航运都靠湄公河系统支撑。"水政治"为柬埔寨政权所大力强调。1966年4月，在印度召开的联合国亚洲及远东经济委员会大会上，柬埔寨代表强调，"昔日，我们缔造了强盛的吴哥王朝，其经济的繁荣归功于设计巧妙的灌溉基础设施。如今，柬埔寨处于西哈努克亲王的领导下，'水政策'重新成为治国之本。柬埔寨每个国

---

[1] 琅勃拉邦曾是澜沧王国的国都，后澜沧王国分裂，成为小公国琅勃拉邦王国的国都。1945-1975年，老挝王国定都万象，琅勃拉邦仍为王都。

[2] UN, *Development of Inland Navigation in the Lower Mekong Basin*, TAA/AFE/10, January 1958, p. 3.

民，无论是城市市民、军职人员还是农民，都致力于修建新的水库、水坝、水渠和水塘……"。①

越南地形狭长，被形象地比喻为"一根竿子，两头各挑一筐水稻"，两个装水稻的筐子，分别代表着北方富饶的红河三角洲和南方富饶的湄公河三角洲。这两个三角洲地带滋养了高度密集的人口，而红河和湄公河这两条重要的河流自古以来一直是越南政治、经济和文化发展的命脉。1954年，越南按照日内瓦协定，以北纬17度为界，分裂为北越和南越。北越的权力中心是河内，南越的权力中心则是位于湄公河三角洲的西贡。当时，湄公河下游四国电力均严重短缺，尤其是南越，电价极其昂贵，甚至高于美国，其结果是工业生产难以快速发展。

综上所述，二战后湄公河及其支流塑造了中南半岛政治经济和商业中心，对流域国家的经济发展、政治稳定和粮食安全有着至关重要的意义。在流域各国工业化水平很低、资金短缺、专业技术人员有限的情况下，需要通过区域合作促进经济良性发展，而拥有巨大天然资源和水力潜能的湄公河，正是湄公河下游四国实现区域合作的唯一驱动力。它用一种不可分割的方式，将四个国家联系了起来，使它们坐在同一条船上。

二战后，泰国选择了西方阵营，担心越盟和老挝巴特寮的存在会煽动伊善地区分裂主义运动；老挝王室政府面临左翼民族主义集团巴特寮的冲击；柬埔寨奉行民族主义。这三个国家关于组建一个佛教的非共产主义集团以对抗"中国化越南"的想法一致。1954年1月，泰国和老挝就共同面对的"共产主义威胁"举行了高级别会谈，得出的解决方案之一就是派老挝皇家部队的军官前往泰国接受现代战争技术的培训。而在经济方面，会谈认为，与泰国结盟能给老挝和柬埔寨带来众多利益，其中包括打开通向海洋的运输通道。老挝和柬埔寨都是沿湄公河水陆和陆路经越南抵达南海的，转走泰国湾这条线路，可以减少它们对越南的依赖。1954年3月，泰国提出联合开发湄公河用于水电、灌溉和交通运输的倡议，并且表示它愿意应老挝和柬埔寨两国要求，向它们派出农业、森林和渔业专家。

---

① *Report of the 30th Session of the Mekong Committee*，E/CN. 11/WRD/MKG/L. 168 Rev. 1，18 A-pril 1966，p. 39.

三 美国冷战需要

二战结束初期，美国的遏制政策主要是在欧洲实施。当时，苏联正努力控制东欧国家，并把影响力扩张到地中海东岸和中东，对美国利益造成威胁。而在世界其他地区，包括亚洲、非洲和拉丁美洲，共产主义对"自由世界"的威胁较轻，因此处于美国外交战略关注的边缘。美国"冷战之父"乔治·凯南确定的全球5个对美国至关重要的国家和地区是：北美、英国、中欧、苏联和日本。①

然而，到了20世纪40年代末，美国遏制战略的重心延伸至东亚和东南亚，这主要是因为中国共产党在中国内战中胜利，"被一些美国决策者视为亚洲大陆落入了苏联手里"。② 与此同时，法国重建法属印度支那联邦的企图遭到当地人民的强烈反抗。虽然美国支持印支国家独立的愿望，希望终结东南亚的殖民体系，打通美国进入该地区市场的通道，但担忧共产主义扩散问题。

正是出于这种担忧，20世纪50年代早期，美国决定在印支问题上奉行双重路线——一方面向法国提供经济和军事援助，对抗印支共产党领导的武装斗争；另一方面向法国施压，促使其逐步稳定地赋予印支国家新政府更多的自治权。③

美国出于对共产主义会在这一地区夺取胜利继而影响美国安全和繁荣及其在"自由世界"领导地位的担忧，形成了对该地区的外交政策。美国决策者认为，该地区的命运完全依靠于美国对非共产主义国家实施保护的程度和有效性。要保护这些国家的独立、稳定，不让它们在政治经济上依附于共产主义集团，只能通过满足它们的经济社会要求和走西方的经济发展模式来实现。为了帮助这些国家实现经济发展，美国需要提供技术和经

---

① William J. Duiker, *U. S. Containment Policy and the Conflict in Indochina*, Stanford University Press, 1994, p. 1.

② William J. Duiker, *U. S. Containment Policy and the Conflict in Indochina*, Stanford University Press, 1994, p. 1.

③ *A Report to the NSC by the Executive Secretary on United States Objectives and Courses of Action with Respect to Southeast Asia*, NSC – 124/1, June 19, 1952.

济援助，而且这类援助"必须考虑其他自由世界国家和国际组织提供的经济和技术援助，在适当情况下与这些国家和组织进行协调"，除美国外，"联合国机构、其他科伦坡计划国家、其他友好国家应该提供可用资源促进东南亚经济增长……东南亚国家应该在自由世界的指导下确定其经济发展方向……主要依赖于非共产主义市场和资源供给，促进贸易、技术、基本发展和原子能发展"。① 1956 年 8 月，美国国务院东南亚事务主管肯尼斯·杨（Kenneth Young）在南加州大学国际关系学院夏季论坛上发表《亚洲对美国政策的挑战》演讲时指出，"建立在区域基础上的联合在各方面都是有用的。我们已与湄公河流域四国发起适度形式的湄公河流域地区经济合作。没有相互间的紧密支持，亚洲小国将难以抵抗外来势力的入侵"。②

　　正是在这种政策的主导下，美国积极推动湄公河的开发。而中南半岛的人民在经过近百年的抗争将英法殖民主义者赶出家园后，又陷入美苏两大阵营的意识形态之争所带来的撕裂和动荡之中。

四　全球区域主义的发展与亚远经委会的成立

　　二战后，区域性国际组织迅速发展，国际组织在促进区域合作和发展中国家区域一体化中所发挥的作用越来越为人们所重视。对发展中国家而言，多边援助附带的政治条件较少，受捐国在援助资金的使用上也更为自由。对捐助国而言，多边援助可以掩盖其政治目的，使它们在发展中世界显示出"低姿态"。

　　1947 年，联合国亚洲及远东经济委员会③（英文缩写为 ECAFE，以下简称"亚远经委会"）成立，开始关注湄公河流域的开发。而像湄公河开发这样的宏大计划，需要国际机构以中立的立场将各参与方召集起来，既充当捐助者又充当协调者的角色，这是任何单一捐助国都办不到的。在湄

---

① *U. S. Policy in Mainland Southeast Asia*，NSC 6012，July 25，1960.
② Kenneth T. Young，*The Challenge of Asia to the United States Policy*，Address at the University of Southern California，School of International Relations，Summer Forum，Los Angeles，August 13，1956.
③ 1987 年改称"亚洲及太平洋经济与社会委员会"，英文缩写为 ESCAP。

公河开发计划上，联合国亚远经委会是发起者，也是主要行动者和主导者。它通过自己的秘书处、洪水控制局及其他机构，给湄公河开发行动提供持续性的帮助。

（一）区域主义的发展

按地理空间，国际组织可分为全球性国际组织和区域性国际组织两大类。区域性国际组织，是指"在相同的地域内的国家或者虽不在相同的地域内，但以维护区域性利益为目的的国家组成的国际组织或集团"。[①] 区域一体化主义理论家厄恩斯特·哈斯（Ernst Haas）认为，"区域合作"是一个模糊的术语，它涵盖"国家间的比全球参与程度要低一点的任何旨在满足共同需求的行为"。[②]

区域性国际组织在国际关系中萌芽已久。早在 1890 年，美国和拉丁美洲国家成立了美洲共和国国际联盟，开创了区域性国际组织先河。二战结束前夕，以联合国的诞生为标志，一大批全球性和区域性国际组织如雨后春笋般簇拥而出。根据国际协会联盟统计，20 世纪初，各类国际组织只有 213 个，到 1956 年，总数已多达 1117 个，而其中绝大多数是区域性国际组织。[③]

出现这样的现象是因为：一是二战的毁坏程度极其严重，以至于每个国家依靠自身力量的"碎片式复兴"难以实现；二是追求全球均衡发展，需要通过世界不同地区的社会和经济共同发展来实现；三是冷战将全球分裂为美苏两大集团，双方的影响力竞争不仅表现在对地理空间的竞争上，还表现在国际组织这个舞台上——承认某个国家政权的合法性、给予财政预算拨款、制订特别发展计划，是美苏拉拢或强迫尽量多的国家进入各自阵营的常见手段。而与此同时，发展中国家迫切需要经济、技术的援助和资本的投入，用来建设或重建其国内经济。

---

① 叶宗奎、王杏芳主编《国际组织概论》，中国人民大学出版社，2001，第 155 页。
· ② Ernst Haas, "The Study of Regional Integration: Reflections on the Joy and Anguish of Pretheoeizing", *International Organization*, Vol. XXIV, No. 4, Autumn 1970, p. 611.
③ 饶戈平：《全球化进程中的国际组织》，北京大学出版社，2005，第 2 - 3 页。

（二）联合国亚远经委会的成立与成员国问题

正是国际组织的迅速发展、谋求共生共存的区域主义的出现，以及冷战向全球扩展这些因素的共同"催化"，使湄公河从睡梦中醒来，被赋予了一个雄心勃勃的计划——湄公河开发计划。[①] 从根本上讲，湄公河开发计划是在亚远经委会的推动下出台的。

1947 年 3 月，在亚洲和拉丁美洲代表的要求下，承担战后地区重建任务的联合国经济及社会理事会不仅成立了欧洲经济委员会，还成立了拉丁美洲经济委员会和亚远经委会。这些委员会负责各自地理区域内的国家的重建任务。

按照联合国的一般性原则，只有联合国会员才有资格成为亚远经委会的正式成员。而在当时，满足这一条件的亚洲国家很少，只有中国、菲律宾、印度和泰国。法国、荷兰和英国，反倒成为亚远经委会成员，这是因为二战结束后不久，东南亚地区实际上仍在它们的统治之下。美国和苏联在亚远经委会中也占有"一席之地"，则可以用"它们的世界领导权及其军事力量在亚洲的存在"来解释。[②]

亚远经委会负责监管的大多数东南亚国家却不能成为其成员，这引发了各方质疑。美国及其亚洲盟友泰国提交的一份修正案被亚远经委会所采纳，该修正案规定殖民地的宗主国可以提出代表权要求，但如果该宗主国认为不能控制所管辖的非自治领土的政治命运，可以选择不支持其加入亚远经委会。

1947 年 11 月，在亚远经委会第二次大会上，仍控制着印支地区的法国支持老挝、柬埔寨和越南成为成员国。结果老挝和柬埔寨获得通过，而越南未获通过，因为会议认为其政治前景仍不明朗。[③] 与此同时，1945 年

---

① 按照美国湄公河水资源研究专家杰弗里·雅各布斯所述，"湄公河开发计划是下湄公河流域调查协调委员会、湄公河临时委员会以及湄公河委员会（以下一般情况均简称"湄委会"）关于湄公河开发的规划和行动的统称"。参见 Jeffrey W. Jacobs, "The United States and the Mekong Project", *Water Policy*, Vol. 1, No. 6, 1998, p. 589。

② Nguyen Thi Dieu, *The Mekong River and the Struggle for Indochina*, Praeger, 1999, p. 50.

③ Lalita Prasad Singh, *The Politics of Economic Cooperation in Asia: A Study of Asian International Organizations*, University of Missouri Press, 1966, p. 35.

9 月 2 日诞生的越南民主共和国为了寻求国际社会的承认，希望获取在亚远经委会的代表席位，却遭遇西方国家的阻挠，西方封锁胡志明政府的态度十分强硬。1949 年，法国扶持的保大政权建立越南国（南越）后，在美国、英国和澳大利亚的许可下，法国决定支持越南（南越）加入亚远经委会。1954 年日内瓦协议签署后，新独立的老挝、柬埔寨和越南（南越）成为联合国成员，从而也成为亚远经委会正式成员——1954 年柬埔寨和越南（南越）加入，1955 年 3 月老挝加入。

亚远经委会的组成反映了西方国家对国际组织的主宰。亚远经委会管辖的是一个动荡的地区，这里的独立斗争持续活跃，共产主义思潮的影响也不断扩大。在冷战背景下，亚远经委会成立的理由原本是"帮助战后重建"，却因为美苏冲突而充满政治色彩。通过富于技巧的政治操纵，西方集团成功地按自己的意愿决定了亚远经委会成员组成：选择由反共势力掌权的国家参与、拒绝将社会主义国家吸纳进来，等等。

关于亚远经委会的目标问题，西方国家和地区本土国之间发生了碰撞。在欧洲经济委员会的成员国看来，致力于东南亚国家重建的亚远经委会将夺走一些原本应给予欧洲的资金。它们担心东南亚的重建规模会如同 1947 年的马歇尔计划。亚洲国家则都对亚远经委会寄予了高度期望，想象它能有效帮助本国重建和长期发展，使本国经济从以农业为主转向以工业为主。然而，东南亚国家的工业化目标遭到西方国家否决，认为这将威胁它们战后经济的恢复。美国屈从于西方盟友的要求，通过其驻亚远经委会代表表示，"如果亚远经委会准备在该地区国家的重建中发挥积极作用，就推翻了其最初目标"。[1] 因此，亚远经委会的章程规定，它的使命只是确定和分析亚洲的经济问题，鼓励成员国之间直接合作，帮助成员国制定完善的政策和推进政策实施所需要的基础设施建设。[2]

（三）亚远经委会工作重点：从洪水控制到水资源开发

从一开始，亚远经委会就聚焦于水资源及相关领域问题，如洪水控制

---

① United Nations, Documents E/CNII/SR 48 – 49, ECAFE, 4th Session, November 1948.

② Lalita Prasad Singh, *The Politics of Economic Cooperation in Asia*: *A Study of Asian International Organizations*, University of Missouri Press, 1966, p. 77.

和灌溉。由于该地区大多数国家都会遭遇季节性洪灾，亚远经委会成立了"洪水控制局"（之后于 1949 年改名为"洪水控制和水资源开发局"，以下简称"洪控局"）。该机构的工作就是研究关于洪水控制和水资源开发的技术问题，并应成员国政府要求提供建议。

20 世纪 50 年代，建坝在发展中国家非常流行，洪控局从关注与洪水相关的问题，转至将防洪控洪作为一个更广泛的、多功能的流域规划中的一部分。1951 年 1 月，联合国发起的"洪水控制技术区域会议"在新德里召开，会上确立了一些基本性原则，将洪水控制确定为流域开发的一个内在部分，认为洪水控制和水资源利用对于一国的经济发展都很关键。几个月后，在拉合尔举行的亚远经委会第七次大会上，决定扩大洪控局的职责范围，将国际河流也囊括进来。当时，洪控局寻求在亚远经委会管辖区的重要河流中，选出一条来实施流域多功能规划这一理念。黄河、长江、印度河和湄公河都在考虑范围之内。尽管中国拥有庞大的水道网络，但出于对新中国政权的敌视，中国境内的河流被视为不合适的开发对象。印度和巴基斯坦的紧张关系阻碍了对印度河流域的任何探勘工作的开展。最后，征得湄公河下游四国老挝、泰国、柬埔寨和越南（南越）的同意，洪控局决定对湄公河流域进行探勘，但不包括位于上游中国和缅甸境内的流域，因缅甸当时尚未独立。

1952 年 5 月，在柬埔寨和泰国专家的协作下，亚远经委会出炉了《对国际河流湄公河洪水控制和水资源开发相关技术问题初步报告》。[1] 该报告强调了湄公河开发在电能、灌溉和洪水防治等方面存在巨大潜力，提出了一些积极建议，包括抽调湄公河干流水源对泰国东北部地区实施灌溉、在老挝琅勃拉邦和万象之间的河段修建水电站，以及促进干流航运等。然而，由于第一次印支战争的爆发，亚远经委会没能采取进一步的行动。只有泰国继续推动对泰老边界河段的探勘，尤其关注抽取湄公河水灌溉其东北地区的可能性。[2]

1955 年 4 月，在日内瓦协议签署后召开的首届亚远经委会大会，即在

---

[1] *Preliminary Report on Technical Problems Relating to Flood Control and Water Resources Development of the Mekong: An International River*, ECAFE, New York: United Nations, 1952.

[2] ECOSOC, *Annual Report*: 2/15/1953 – 2/18/1954, New York: United nations, 1954.

东京举行的亚远经委会第十一届大会上，亚远经委会再次表达了对国际河流开发的兴趣，特别建议对湄公河进行探勘。美国政府在 20 世纪 30 年代创办田纳西流域管理局的思路和管理模式让亚远经委会受到很大启发。1955 年，亚远经委会发布一份流域规划指南，明显以美国及田纳西流域管理局为指导。指南称："亚远经委会职责区域内的两个多功能的流域开发计划……或多或少都借鉴了田纳西模式。"这份指南还提及美国其他水资源计划，包括俄亥俄州的"迈阿密流域规划"和加利福尼亚州的"萨克拉门托流域规划"，以及美国地质调查局的一些研究成果。指南还谈及由美国总统水资源政策委员会倡导的流域规划原则——"水资源政策的基本原则，应该是使河流对人们的安康幸福不断做出建设性贡献。以下列出的基本原则框架，从根本上而言是遵循了美国总统水资源政策委员会 1950 年的阐述"。①

总的来说，开发湄公河水资源既是战后湄公河下游国家发展所需，又是美国在东南亚实施冷战政策的组成部分，并且与联合国亚远经委会实现流域多功能规划的宏伟目标相契合。最后，在亚远经委会的热情推动、美国的大力赞助和流域国家的积极响应下，下湄公河流域调查协调委员会顺势而生。

第三节　下湄公河流域调查协调委员会的建立

湄公河下游四个国家虽然种族不同、语言各异，传统习惯不一样，还实行不一样的政治体制，但这些都未能阻碍它们之间的合作。事实上，湄公河开发计划经常被视为国家间跨越历史对抗、政治仇恨，进行经济合作的成功典范，是"解决湄公河流域国家贫困与政治不稳定问题的一把钥匙"。② 1957 年 9 月，在亚远经委会的主导下，负责促进、协调、监督和控

---

① Jeffrey W. Jacobs, "The United States and the Mekong Project", *Water Policy*, Vol. 1, No. 6, 1998, pp. 587 - 603.

② Sewell W. R. Derrick and Gilbert F. White, "The Lower Mekong", *International Conciliation*, No. 558, May 1966.

制湄公河水资源开发计划规划和调研的流域权威管理机构"下湄公河流域调查协调委员会"① 成立。它的独一无二之处在于,"代表了联合国第一次直接参与一个持续性的国际流域规划和开发计划的成果。这种规模迄今在世界上其他地方是没有的"。②

一　亚远经委会主导地位的确立

亚远经委会主导湄公河宏大开发计划的雄心,在一开始曾遇到美国的阻碍。日内瓦协议签署后,美国卷入中南半岛地区事务的程度不断加深,出于自身政治利益的考虑,美国希望由自己主导湄公河开发。1955 年初,美国政府获得了国会对实施湄公河计划行动经费的拨款。1955 年 6 月 30 日,在提交给国会的一份半年来的共同安全计划报告中,艾森豪威尔总统指出了"美国政府支持下的"对湄公河水资源潜能进行合作调查的重要性。③ 美国认为应由自己而非亚远经委员会来主持对湄公河的野外探勘计划,亚远经委会每一份相关提案都遭到美国代表的反对。④

1955 年 11 月,美国独自与泰国、老挝、柬埔寨和越南举行了关于扩大五国在湄公河区域经济合作的首次磋商,决定由美国共同安全署⑤帮助安排关于湄公河流域开发可行性和必要性的调研工作。会后,四国与美国签订了由美国垦务局承担湄公河勘测调查任务的协议。1956 年 1 – 2 月,美国垦务局的一支专家先遣小组被派往湄公河次区域执行为期数周的勘测

---

① 称"下湄公河流域调查协调委员会"是因为根据湄公河委员会的划分,中国境内的澜沧江河段和缅甸境内的湄公河河段称"上湄公河",老挝、泰国、柬埔寨和越南境内的湄公河河段称"下湄公河"。上下湄公河河段以缅甸、老挝和泰国交界处(著名的"金三角")划分,大致以泰国清盛水文站为界。

② Pachoom Chomchai, *The United States, the Mekong Committee and Thailand*: *A Study of American Multilateral and Bilateral Assistance to North-East Thailand since the 1950s*, Bangkok: Institute of Asian Studies, Chulalongkorn University, 1994, p. 172.

③ *The President's Report to Congress on the Mutual Security Program for the 6 Months Ended June 30, 1955*: *A Cooperative Survey of the Development Potentialities on the Mekong River*, U. S. Department of State, Washington, DC: U. S. Government Printing Office, 1956.

④ David Wightman, *Toward Economic Cooperation in Asia*, Yale University Press, 1963, p. 187.

⑤ 美国共同安全署(Mutual Security Agency)1957 年改称国际合作署(International Cooperation Administration),1961 年改称国际开发署(Agency for International Development)。

调查任务。亚远经委会表达了参与的愿望，却遭到美国的拒绝。美国非常希望在湄公河复制田纳西流域管理局的奇迹，并且坚持排他性控制对湄公河流域的探勘任务。1956年3月，《下湄公河流域勘测报告》（*Reconnaissance Report-Lower Mekong River Basin*）出炉。美国垦务局的先遣小组调查了流域现有状况，提出了湄公河航行的一些改进建议，并推荐了四个流域国家境内可开发的一些支流项目。报告敦促尽快对河流的开发实施联合管理，指出流域开发所需数据几乎全是空白，强调需要出台一个数据收集与整理的方案并加以实施。①

1956年2月8日，就在美国垦务局的报告正式出炉前一个月，美国共同安全署欲召集流域四国讨论报告草案的建议及其最终实施，但柬埔寨拒绝参加此次会议。柬埔寨的缺席意味着美国支持下的四国合作即使勉强进行，也是难以持续的。柬埔寨衷心拥护湄公河计划，但倾向于走国际化、多边化的水资源开发道路。而美国则试图说服四个流域国家在其监管下各自单独开发。② 柬埔寨认为，美国对湄公河开发的监管会不可避免地将流域国家拖入冷战之中。柬埔寨成功地说服老挝选择更具中立性的国际机构亚远经委会的支持，之后又说服泰国和越南联合成立一个关于湄公河水资源利用与开发的协调委员会。与此同时，美国催促柬埔寨加入东南亚条约组织，西哈努克亲王予以拒绝，以示其不与美国合作的立场。③ 正是由于柬埔寨的反对，美国提倡的单独开发计划落空。

这表明，在二战后中南半岛处于深刻的动荡变迁这一特殊时期的现实背景下，湄公河流域国家只接受由一个带有非政治动因并具有国际威望的中立机构来主导湄公河开发计划。在流域四国政府眼中，亚远经委会是"最能被接受的湄公河计划主导者"。④ 美国主导湄公河流域合作开发的愿

① Jerome Delli Priscoli and Aaron T. Wolf, *Managing and Transforming Water Conflicts*, International Hydrology Series, Cambridge, 2009, pp. 217 – 218.

② Roger M. Smith, "Some Remarks on Cambodia's Attitude toward U. S. Foreign Policy in Southeast Asia and the American Role in the Development of the Lower Mekong Basin", SEADAG Paper No. 28, Washington DC: Southeast Asia Development Advisory Group, 1968.

③ Malcolm Caldwell and Lek Tan, *Cambodia in the Southeast Asian War*, New York: Monthly Review Press, 1973, XIII, p. 98.

④ Le-Thi-Tuyet, *Regional Cooperation in Southeast Asia: The Mekong Project*, Ph. D. Dissertation, The City University of New York, 1973, p. 222.

望虽然落空，但美国垦务局 1956 年早期完成的这份历史性报告，促使湄公河开发计划在不久之后出台。

1956 年 4－5 月，亚远经委会不顾美国的反对，组织了一个由来自法国、荷兰、印度和日本的四名科学家组成的团队执行探勘任务，勘查了从洞里萨湖到上游万象长达 1300 千米的干流河段，并于当年年末形成初步报告《下湄公河流域水资源开发》（*Development of Water Resources in the Lower Mekong Basin*）。该报告在 1957 年 3 月亚远经委会第十三届大会上被提交。之后，该报告与美国垦务局的调查结果整合在一起，1957 年 11 月仍以《下湄公河流域水资源开发》的名称由亚远经委会出版发行。尽管亚远经委会报告采纳了美国垦务局的一些建议，但不赞同美方报告提出的逐国开发建议，而是认为四个流域国家应整体开发。亚远经委会报告将湄公河流域视为"一个单一的动态和有机系统"，并且假定"水资源优化利用和保护规划应覆盖全流域范围，包括干流及其支流"。① 报告建议，全部河段位于一国境内的支流项目由该国全权负责，但是干流项目须在湄公河流域开发框架内进行协调和兼容。② 报告强调湄公河开发计划中"国际管理"的必要性，建议成立一个国际协调权威机构主持开发事宜。

《下湄公河流域水资源开发》总结了下游四国的水资源开发状况。报告指出，在航运方面，水上交通对柬埔寨和越南南部都很重要，其境内都有庞大的运河网络。在洪水控制方面，老挝和柬埔寨以及越南三角洲地区已经建造了一些小规模的洪水控制工程。在灌溉方面，诸如水坝和水库之类的工程在泰国东北部③和柬埔寨较为普遍，在老挝和越南南部则为数不多，促进双季水稻种植和多样化种植（棉花、大豆和甘薯等作物种植）的灌溉尤其需要。在水电开发方面，湄公河流域尚无水电工程，但当地的水电需求巨大，因为火力发电成本需用硬通货支付，费用太高，对于一个消耗量迅速增长而经济又不发达的地区而言难以承受。报告还认为，流域国

---

① "Development of Water Resources in the Lower Mekong Basin", Bangkok: United Nations, 1957, p. 42.

② "Development of Water Resources in the Lower Mekong Basin", Bangkok: United Nations, 1957, p. 42.

③ 泰国东北部的水利项目主要是美国援助建设的。

家的水电潜能并不均衡,泰国东北部不具备建造水电站的条件,因为雨量稀少地势平坦;而老挝水电潜能较大,因为它属于多山地区,具有良好的水文地理优势;柬埔寨西南部的豆蔻山—大象山山脉链水电潜能也较大。

报告还为湄公河整体开发建议了5个潜在的开发地址:万象上游30千米处老挝和泰国边界的巴蒙(Pa Mong);泰国东北部边境,木恩河和湄公河汇合处上游14千米处的肯马拉瀑布(Khemmarat);老挝和柬埔寨边境北部的孔恩瀑布(Khnoe);柬埔寨松博急流(Sambor)和洞里萨湖(Ton-le Sap)。报告建议将这5个项目作为一个整体进行研究和实施。

报告呼吁国际合作,强调有必要为促进信息交流和项目协调创建一个区域性组织,并制订统一的项目建设规范,以避免某个流域国对支流的开发对上下游邻国产生负面影响。

不过,报告承认,当前最重要的任务是对流域地理、自然、生态等信息的收集,具体项目要待信息收集完备后才能实施。报告强调寻求地区整体开发的重要性和国际援助的必要性,并认为四个流域国家之间强有力的合作是湄公河开发计划成功的必要条件。

二　法律机制和组织机制的确立

在湄公河流域发展史上,1957年3月在泰国曼谷召开的亚远经委会第十三届大会具有里程碑的意义,因为这次大会为湄公河合作开发计划的最终出台和湄公河流域管理机构——下湄公河流域调查协调委员会的成立奠定了基础。

如亚远经委会以前的会议一样,水资源开发议题被写入第十三届大会议程。不同的是,这次,成员国被要求就亚远经委会秘书处准备的一份特别文件发表意见,而这份文件就是在《下湄公河流域水资源开发》报告的基础上形成的,被列为 ECAFE/L.119 号文件。当这份文件被提交讨论时,受到普遍热烈的反响,得到一致通过。会议最后,老挝梭发那·富马亲王宣读了由柬埔寨、泰国、越南授权的一份联合声明:"下湄公河流域国家代表团研究了主题为'下湄公河水资源开发'的联合国亚远经委会 ECA-FE/L.119 号文件,……考虑到此项研究对流域国家的发展能带来现实的利益，……我们认为这类研究计划应由流域四国联合完成以获取更多具体信息，更好地确定在什么样的方式下，水电开发、航运、灌溉、旱涝防控等各类计划项目能作用于流域四国。"越南代表陈黎光强调在湄公河流域开发中四国互相依存的重要性，并提出了几项合作开发的基本原则，如：上游工程不能影响下游流量，否则将加重南海海水倒灌进湄公河三角洲的程度，危害水稻生产；有必要委托一个共同认可的权威机构进行流域探勘，流域开发计划必须依照一个总体行动方案进行；确定开发项目实施的优先顺序，任何一个流域国家都不得草率实施河流开发的单边行动。柬埔寨和泰国代表也表示赞同联合行动。柬埔寨呼吁在亚远经委会的支持下将流域调查研究继续下去，泰国希望亚远经委会洪控局能和美国国际合作署建立更密切的关系。

鉴于当时中南半岛紧张的政治局势，流域四国之所以能如此罕见地团结起来，是基于以下几个原因。首先，湄公河开发与流域各国的经济发展需求相契合。四个国家里有三个是新独立的国家，泰国是需要援助的不发达国家，所以它们对合作都持积极态度，希望通过灌溉、水电和防洪控洪方面的更优化管理，解决国内的经济和政治难题。正如泰国派驻湄委会代表团代表布偌德·宾森所说的，"从湄公河计划中增加的电力和农业产量将惠及整个国家，既有直接的——电力和粮食，又有间接的——带动整个经济增长，包括出口。泰国东北部800万人口，对经济增长最为渴望"。[1]其次，湄公河开发计划强调流域国家间的互相依赖，流域国家要想获得成功必须合作。最后，法国和美国在中南半岛的争夺和对抗，使法国积极支持亚远经委会主导下的湄公河计划。

值得一提的是，在亚远经委会第十三届会议上，美国的立场发生了180度的转变。美国宣布，它愿意提供技术援助，还可能从其亚洲发展基金中提供资金援助，这主要缘于"美国将此合作看作非共产主义国家维护其地区利益的一种方式"。[2]法国、印度和日本也立即联合发表了支持湄公

[1] Naho Mirumachi, "Domestic Water Policy Implications on International Transboundary Water Development: A Case Study of Thailand", in Joakim Ojendal, Stina Hansson, Sofie Hellberg (eds.), *Politics and Development in a Transboundary Watershed: The Case of Lower Mekong Basin*, Springer, 2012, p. 93.

[2] Ashok Swain, *Managing Water Conflict: Asia, Africa and the Middle East*, Routledge, p. 120.

河计划的官方声明。

根据亚远经委会第十三届大会上发表的联合声明，亚远经委会于当年5月20-23日在曼谷组织了流域国家专家联合会议，详细讨论了《下湄公河流域水资源开发》报告。会议再次强调下湄公河流域整体开发中协同合作和联合行动的必要性，建议在联合国的支持下，成立一个调查协调委员会代表四个下游流域国家。会议选择了湄公河干流上的3个地址准备做进一步的建坝研究，它们是老挝巴蒙、柬埔寨松博和柬埔寨洞里萨。[1]

巴蒙项目：位于老挝首都万象上游24千米处。在此处，湄公河形成了老挝和泰国的边界。该项目计划在湄公河干流及南旺河（Nam Mong）和南利河（Nam Lik）两个支流上建造水坝，储存860亿立方米的水，装机容量480万千瓦，灌溉面积达到4.3万公顷（其中老挝约1.1万公顷，泰国约3.2万公顷）。项目预计耗资11.6亿美元。

松博项目：位于柬埔寨北部桔井省，距柬埔寨首都金边约250千米。该项目计划建设一个径流式的电站，装机容量为87.5万千瓦，成本约3.58亿美元。如果与上游巴蒙项目和湄公河支流南俄项目（Nam Ngum）的水量调节功能连接起来运行的话，装机容量将扩大至210万千瓦，建设成本约4.775亿美元。

洞里萨项目：该项目计划在洞里萨湖与金边之间的柬埔寨磅清扬省建造一个跨洞里萨湖的带闸水坝，能在湿季削弱洪峰，在干季向湄公河排水以便金边到南海一段来往远洋船只的通行。与巴蒙和松博一样，洞里萨是一个多用途项目，不仅防洪控洪，而且利于航行、灌溉和防止海水入侵。

成立一个调查协调委员会的建议得到四国政府的批准。很快，在联合国法律事务署的帮助下，来自流域国家的代表和亚远经委会敲定了即将建立的下湄公河流域调查协调委员会的地位、组织机构和成员组成。从1957年9月16日开始，由四国代表组成的预备委员会在曼谷召开了三天的会议。

[1] ECAFE, *Cambodia, Laos, Thailand and Vietnam Joint Meeting on the Lower Mekong Basin, 20-23 May 1957: Conclusions and Recommendations*, UN Document, ECAFE/WRD/1, Bangkok: United Nations, 1957.

根据联合国法律事务署起草的《下湄公河流域调查协调委员会章程》①，成立了下湄公河流域调查协调委员会（Committee for the Coordination of Investigations of the Lower Mekong），目的是更深入地研究和开展湄公河流域有关水电、航运、灌溉、排水及控制洪水等项目，以促进各国发展。

（一）组织机制

下湄公河流域调查协调委员会（以下简称"湄委会"）从诞生之初便具有双重属性：一方面，它要向成员国负责；另一方面，它"作为联合国亚远经委会的一部分应运而生"，必须对亚远经委会并通过亚远经委会向联合国负责。②

湄委会由成员国大会和两个附属机构——执行代理局和咨询委员会（1958 年成立）组成。四个成员国各派由一名具有技术知识和政治外交经验的全权大使率领的代表团参加成员国大会，其任务是"促进、协调、监督和控制下湄公河流域水资源开发计划的规划和调查"。1959 年 11 月，联合国秘书长达格·哈马舍尔德任命美国人沙尔夫为湄委会执行代理局首任执行代理。此前，沙尔夫曾于 1949 - 1954 年担任亚远经委会助理执行秘书。他与美国国务院、联合国以及亚远经委会都有关系，这有助于协调湄委会、亚远经委会、联合国和美国之间的关系。执行代理不仅对湄委会负责，还兼任联合国官员，因此具有双重使命：一方面，他必须与亚远经委会执行秘书处保持联系，接受总体政策方针；另一方面，他必须就湄公河流域开发中涉及的管理和技术协调问题向湄委会及成员国提供建议。

最初，亚远经委会只给执行代理办公室设了 4 个全职岗位。到 1970 年末，执行代理办公室已经发展成为拥有 66 个全职岗位的秘书处。秘书处的工作人员，一半来自成员国，另一半来自地区外国家。这 66 个岗位中，50

---

① ECAFE, *Statute of the Committee for the Coordination of Investigations of the Lower Mekong Basin Established by the Governments of Cambodia, Laos, Thailand and the Republic of Vietnam in Response to the Decision Taken by the United Nations*, October 31, 1957, Bangkok: United Nations, 1958.

② Jeffrey W. Jacobs, "The Mekong River Commission: Transboundary Water Resources Planning and Regional Security", *The Geographical Journal*, Vol. 168, No. 4, *Water Wars? Geographical Perspectives*, December 2002, pp. 354 - 364.

个岗位的薪金由联合国教科文组织特别基金提供，5 个由亚远经委会提供，剩下的 11 个由联合国儿童基金会（1 个）、福特基金（1 个）、美国（3 个）、荷兰（5 个）、比利时（1 个）提供。岗位薪金（包括执行代理的工资）由不同的国家或组织来支付，这是为了确保湄委会在经济上和政治上的客观性。秘书处承担着流域数据资料收集和工程项目调研的任务，还负责提供技术帮助，为湄委会计划的实施筹资。

咨询委员会由来自联合国不同机构或世界银行的国际专家组成。其任务是向湄委会和执行代理提出建议，对主要项目的报告和研究进行修正，以及实地勘测。

（二）法律机制

《下湄公河流域调查协调委员会章程》于 1957 年 9 月 17 日在曼谷召开的预备委员会上，被四个成员国政府所接受；10 月 31 日在金边召开的湄委会第一届大会上经修改获四国最终通过。章程中最受人关注的方面如下。

1. 湄委会地位问题

根据章程第 3 条，下湄公河流域调查协调委员会"须服从、响应联合国及亚远经委会的决定"。第 4 条规定"下湄公河流域调查协调委员会的职责是促进、协调、监督和控制下湄公河水资源开发计划的规划和调研。为了完成这些目标，下湄公河流域调查协调委员会可以：（a）向成员国政府准备和提交实施协调研究、调查或勘测的计划；（b）代表成员国政府提出资金和技术援助要求，并且接受和分别管理资金和技术援助，并对联合国、特殊机构、友好国家政府或其他组织在技术援助项目下提供的财产拥有所有权；（c）为了这条重要河流的水资源开发利用，向成员国政府起草和提出使用的准则；（d）代表成员国政府雇佣人员帮助调查协调委员会执行职责"。

从该章程可以看出，下湄公河流域调查协调委员会不是一个独立的国际机构，它只是一个协调组织，没有决策权，也没有协议签署权，对正在实施的工程项目的监督也没有得到明确授权。

2. "一致同意"条款

起初，联合国的法律专家在撰写草案时，没有设置关于"一致同意"

的条款。1957 年 10 月 31 日，在金边召开的湄委会第一届大会上，四国代表坚持要加上两个基本性约定：一是"下湄公河流域调查协调委员会大会须流域全体参与"，二是"下湄公河流域调查协调委员会任何决定须经四个成员国一致同意"。

"一致同意"原则，旨在：（a）将四个成员国不分大小、人口和资源，平等看待；（b）强调流域整体发展中的相互依赖；（c）尊重各成员国主权和国家利益。这样从理论上讲，四个成员国之间的密切合作成为湄委会有效运作的一个必要前提。

确定"一致同意"原则而非"多数同意"原则，有助于维护所有成员国的独立、平等与主权，尊重它们对任意事项的决策权。这是流域四国同意成立湄委会的基础。然而，"一致同意"原则是把双刃剑，它既可能加速湄委会的工作进程，使该组织具有强有力的执行力，又可能因为各国达不成妥协而毫无执行力。但至少在湄委会成立之初，"一致同意"原则有利于创造各方平等、互信的氛围，从而促进合作。

3. 议事规则

根据条例，湄委会每年举行三次常规大会，由四个成员国按照字母顺序轮流担任主席国；在一个或多个成员国或亚远经委会执行秘书长的要求下，随时可以举行特别会议。除非另有决定，所有的会议都是闭门会议。

自此，湄公河水资源开发计划揭开序幕。根据章程，湄公河开发计划旨在"为了流域全体人民的利益，不分国籍、宗教信仰或政见，寻求在水电生产、灌溉、防洪控洪、排涝、促进航运、分水岭管理、水供给及相关方面的湄公河干流和支流水资源综合开发"。该计划的参与方众多，包括联合国及其专门机构、国际组织、非政府组织（如亚洲基金会、未来资源公司）、多国政府（包括成员国和身为联合国会员国的捐助国）以及私营基金和私营公司（如福特基金、日本电气公司、壳牌公司）。

第四节　宏大的湄公河开发计划

下湄公河流域调查协调委员会的历史，可谓"大型水坝的规划史"。

71

湄委会成立前后，设想了宏伟的湄公河干、支流开发计划。然而，鉴于当时关于流域的信息严重缺乏，在 1965 年之前湄公河开发计划的实施主要是以数据收集、探勘调查和可行性研究为主。可以说，湄公河开发计划是国际上第一次将对一个国际流域的系统性研究置于工程建设之上。而在开发资金的筹集上，科伦坡计划捐助国扮演了重要的角色。

一 三次流域调查活动与湄公河开发框架的确定

湄委会成立后，设想将湄公河开发计划分为"技术调研和规划→支流项目→干流项目"三个阶段实施，它们彼此之间有着承接和递进的关系。首先是基本数据的收集，包括干流和支流的航空地图，水文测量网点的建立，以及全流域支流探勘。其次是将新收集的信息整合起来，形成一套综合性的流域开发方案。再次是对干流和支流项目进行可行性研究和规划。最后是水电项目的建设、运营和管理。这个开发框架的确定，可以说是基于以下三次流域调查活动而得。

（一）联合国怀勒调查团提出的宏大开发计划

1957 年 10 月 31 日至 11 月 1 日，湄委会第一届大会在柬埔寨首都金边举行。大会做出的决议之一，就是批准成立由美国陆军工程兵团退休中尉雷蒙德·怀勒（Raymond Wheeler）率领的联合国调查团，对湄公河流域再进行一次高水平调研，以便能提出一个方案，对流域进行有序而迅速的开发，包括对 1957 年 5 月流域国家专家联合会议上选择的湄公河干流上的 3 个坝址——老挝巴蒙、柬埔寨松博和柬埔寨洞里萨进行具体研究。怀勒将军曾担任美国陆军工程兵团首席工程师，也曾担任世界银行官员，具有丰富的大坝及其他公共工程建设经验，曾负责 1956 年阿以战争后苏伊士运河的维修工作。此次他参与湄公河探勘任务，可以被部分解释为"美国政府改变了之前反对由亚远经委会发起湄公河计划的立场，转而参与其中"。[1]

---

① Nguyen Thi Dieu, *The Mekong River and the Struggle for Indochina: Water, War and Peace*, Praeger, 1999, p. 89.

调查团里，除了怀勒和另一名专家来自美国陆军工程兵团外，其他四名水资源开发方面的专家来自法国、日本、加拿大、印度。[1]

怀勒调查团于 1957 年 11 月中旬从曼谷出发，1958 年 1 月完成调查任务。一个月后，他们提交了一份名为《下湄公河流域综合开发研究和调查计划》的报告，也被称为怀勒报告。这份报告确认了湄公河的巨大开发潜能并指出：①人们已掌握的关于下湄公河流域的基本数据还不足以进行综合或明确的项目规划；②马上要进行数据收集；……⑤基本数据收集优先权应给予具有开发前景的河段，如巴蒙、松博和洞里萨；……⑦一旦掌握了重要的数据，具有重要性和前景的河段的初步规划应立即开始实施；⑧在对各种具体河段规划进行仔细的协调整合后，应着手进行为湄公河流域综合规划做准备的调查和研究工作。[2]

怀勒报告给出的主要建议是：湄公河水资源开发潜能巨大，如果开发得当，湄公河将成为东南亚自然资源最丰富的地区，但研究数据的缺乏，要求一系列具体的水文研究必须先于工程建设。报告建议专门对湄公河水文情况进行为期 5 年的研究，预算近 900 万美元。在 3 年内应开始为干流项目制定初期规划，在第 5 年年末应制定主要支流项目的规划。届时，一个湄公河水资源综合开发总体规划将出炉。怀勒报告还建议，在湄公河下游建造 10 个多用途的大坝，用于水力发电、控制洪水、灌溉、促进航运和旅游。这些建议被当作地区合作与发展的重要途径为湄委会采纳。

美国负责对外援助的部门——美国国际合作署也强调湄公河开发前期规划阶段的长期性和数据收集的绝对必要性，它确信流域四国在缺少必要信息的前提下启动这些项目将导致不可避免的失败，浪费财力和物力。[3]

（二）日本对湄公河支流的考察

怀勒调查团虽然认识到寻求一个全面综合性的开发方案和信息收集最

---

①　ECAFE, *Annual Report 29/3/1957-15/3/1958*, New York: United Nations, 1958, p. 17.

②　United Nations, *Program of Studies and Investigations for Comprehensive Development Lower Mekong Basin*, Bangkok: United Nations, 1958, p. 35.

③　David Wightman, *Toward Economic Cooperation in Asia*, Yale University Press, 1963, p. 187.

大化的必要性，并且强调干流建坝的重要性，但认为流域国家的经济发展需求迫切，如果开发步骤减慢，将使它们失去热情。怀勒报告写道，"不用说，这些国家只会在一个合理的时间内持续进行有益于本国发展的湄公河计划"。鉴于此，怀勒调查团虽然很重视湄公河干流项目，但还是提出在初期规划阶段制定一些支流项目，以鼓励流域国家合作。

还有一些专家认为，如果湄公河计划过于宏伟，将超出流域国家的承受能力，像巴蒙、松博和洞里萨这样的干流项目，虽然能为湄公河次区域的经济和社会状况带来可观的变化，但实现起来特别困难，不仅需要大量的数据收集和可行性调研，而且耗资数十亿美元。他们主张支流项目先行。如戴利克·休厄尔和吉尔伯特·怀特所言，"亚远经委会提出的流域整体开发模式……实现起来很困难，特别是在发展中国家……在很多时候，支流项目能为流域国家日后在大型（干流）项目建设上的合作打下基础"。①

而在对湄公河主要支流的考察上，日本做出了重要贡献。日本是最早对湄公河计划表现出兴趣的国家之一，它决定承担怀勒调查团提出的建议之一——湄公河主要支流的勘测工作。1959 年，在科伦坡计划背景下，由日本政府出资，派出一支日本勘测队，赴湄公河流域执行为期两年的湄公河支流勘测任务。勘测结束后，日本提出了 16 个支流项目选址，到 20 世纪 70 年代初已有 4 个项目处于运营状态、4 个项目在建设中。建成的水电站包括泰国境内的南彭水电站（Nam Pung）和南邦水电站（Nam Pong），它们分别于 1965 年和 1966 年建成；老挝境内的下硒洞水电站（Lower Se Done）和南俄水电站（Nam Ngum），分别于 1970 年和 1971 年建成。建设中的水电站包括老挝的南栋水电站（Nam Don）、泰国的兰敦内水电站（Lam Dom Noi）和南篷水电站（Nam Phrom），以及柬埔寨的特诺河水电站（Prek Thnot）。

（三）吉尔伯特·怀特领导的流域社会经济特征研究

20 世纪 60 年代，湄公河开发计划的工作规划逐渐扩大。正如加拿大

---

① W. R. Derrick Sewell and Gilbert F. White, "The Lower Mekong", *International Conciliation*, No. 558, 1966, p. 5.

维多利亚大学地理学教授戴利克·休厄尔和美国地理学家吉尔伯特·怀特1966 年所言："在过去 9 年里，湄公河计划的概念一直在演变。刚开始，它被设想成一个多目标的水资源开发计划，旨在促进水电开发、灌溉、排涝、航运及防洪控洪。这些主要通过建坝和其他控制性工程来完成。如今，湄公河计划还被看作是实现经济和社会转变的手段。它不仅包含工程项目建设，还包含各种各样的辅助性计划。"①

湄公河计划的范畴之所以发生这种演变，源于 1962 年怀特使团的调查任务。

无论是怀勒调查团还是日本勘测队，都侧重于对流域自然属性和工程领域的调查。1961 年，湄公河开发计划工作规划打开一个新视角——湄委会请求福特基金会帮助，对流域经济和社会情况进行调查，以确定湄公河开发将对四国的经济和社会结构带来怎样的影响。1962 年，在福特基金会的赞助下，美国地理学家吉尔伯特·怀特领导一个由社会科学领域专家组成的调查团，展开了湄公河流域的社会经济特征研究。怀特代表团的报告，提出了 14项具体建议，包括"单个项目开发必须有序进行，在付出最少成本获得最大收益的原则上确定项目开发的优先顺序""先搞支流项目建设，再上干流项目。因为小型项目准备得更充足，并且可以提供一种从未有过的促进流域经济发展的经验……"② 该报告提出的许多建议被湄委会第一个五年计划（1962 – 1967 年）采纳，对湄委会政策产生了重要而深远的影响。比如，湄委会推迟了湄公河干流巴蒙水电站的建设，转向小规模的支流工程。

二　确定开发项目的优先顺序

在地区合作中，单个国家的利益是应被纳入考虑范畴的一个重要因素。国家之间，无论合作、竞争，还是冲突，都是"利"字当头。因此，

① W. R. Derrick Sewell and Gilbert F. White, "The Lower Mekong: An Experiment in International River Development", *International Conciliation*, No. 558, 1966, p. 63.

② Jeffrey W. Jacobs, "The Mekong River Commission: Transboundary Water Resources Planning and Regional Security", *The Geographical Journal*, Vol. 168, No. 4, *Water Wars? Geographical Perspectives*, December 2002, pp. 354 – 364.

在湄公河开发中，开发项目的选择及融资是影响成员国之间关系的两个敏感问题，每个成员国都努力争取自己的利益。

湄委会自成立伊始，一直未能就项目优先选择的标准达成共识。在调查勘测阶段，问题还不是很尖锐，因为这一阶段不涉及具体的项目。但到了项目的选择确定阶段，不得不考虑该项目的经济价值及其对加强地区合作的贡献值。

湄委会对优先项目的选择并不具有一贯性，有时偏向经济利益，有时又出于减少成员国之间冲突的政治目的。1959年，湄委会将老挝南俄水电站和泰国南邦水电站这两个单一国家境内的支流项目，确定为两个优先开发的项目。在一些分析人士看来，这种决定更多考虑的是心理因素，而非经济因素，主要是为了迎合成员国急于见到成效的心理，维持它们对湄公河计划的兴趣。虽然从技术上讲，选择这两个项目，能实现老挝和泰国两国的电力交换（在第二章详述），有助于推进地区合作，但世界银行对南俄项目进行初步研究后认为，从经济适宜性的角度考虑，"（老挝）最好还是使用火力发电。大约5年之后，再考虑南俄水电站的建设问题"①。而干流巴蒙水电站这一项目的选择，则更多地考虑到泰国的国内政治需求——通过泰国东北部的发展，抵抗共产主义势力的蔓延。

虽然湄公河流域开发计划总体规划和支流项目列表是由湄委会提供的，但是最终选择什么项目实施完全由支流所在国政府决定。比如，建设南邦和南彭水电站的决定，完全是由泰国政府做出的。在水电站的建造、开发和管理阶段，也是由泰国政府而非湄委会担负总责，包括对项目所在地地区安全、项目的经济前景，以及诸如库区人口移民等社会问题负责。

三 国际组织和流域外国家的捐助

尽管对一些人而言，湄公河计划显得过于宏大，但它在初期并未遭遇到筹资困难。资金来自流域内外。

① Le-Thi-Tuyet, *Regional Cooperation in Southeast Asia: The Mekong Project*, Ph. D. Dissertation, The City University of New York, 1973, p.136.

四个成员国对湄委会运作经费的投入不断加大。到 1960 年 6 月，流域国家对湄委会出资总计 128.4 万美元，占湄委会运作经费的 15%；到 1965 年，出资占 1/3；到 1969 年底，出资占 45%；到 1971 年底，出资 9317 万美元，占 43%。[①]

流域外捐助国、私人基金、联合国机构和其他组织是湄委会运作经费的主要来源。在湄委会成立后的第一届大会上，亚远经委会秘书长纳拉辛汉就宣布，法国从 1957 年度财政预算中拨款总计 12 万美元（6000 万法郎），对湄公河流域调查研究提供资金支持。[②] 获得法国的捐助后，湄委会开始在干流和支流上建立水文站和气象站。新西兰在科伦坡计划背景下，也对湄公河流域调查研究提供了 10 万美元的资金。

1958 年，美国向湄委会捐助 200 万美元，这是湄委会当时收到的最大一笔捐助，它既表明了美国对湄公河计划的兴趣和承诺，又标志着美国在湄公河计划筹资中的重要地位。

作为亚远经委会的成员国之一，苏联表达了参与湄公河计划的愿望。在 1959 年 3 月澳大利亚举办的亚远经委会第十五届大会上，苏联宣布对湄公河项目的规划和建设提供技术援助。但是，泰国和越南由于害怕受到共产主义的渗透，拒绝了苏联的援助。[③]

联合国大部分专门机构也同样参与湄公河计划，尤其是在准备、调查、探勘的最初阶段，如联合国"技术援助扩大计划"[④] 主动组织了一个研究小组，调查矿产资源、当地航运和能源市场状况；联合国粮农组织负责对灌溉、土壤、森林和渔业的初步调查；世界气象组织派出一名专家研究水利和气象问题。[⑤] 联合国特别项目基金承担了初期阶段经费的大部分，包括资助最初选出的四个支流项目（每个成员国境内各一个：泰国南邦、

---

① Le-Thi-Tuyet, *Regional Cooperation in Southeast Asia: The Mekong Project*, Ph. D. Dissertation, The City University of New York, 1973, p.104.

② ECAFE, *Annual Report*, 15/2/1956 – 28/3/1957, New York: United Nations, 1957, p.36.

③ ECAFE, *Summary Records*, May 11, 1959, Bangkok: United Nations, 1960, p.195.

④ 联合国开发计划署是 1966 年由两个各自独立的机构——1949 年成立的"技术援助扩大计划"和 1959 年成立的特别基金合并而成。联合国特别基金从 1959 年开始资助湄公河项目，一是资助下湄公河流域调查协调委员会秘书处的运作，并提供"制度建设"援助；二是资助一些项目的可行性研究及调查。美国是联合国开发计划署的最大捐助国。

⑤ ECAFE, *Annual Report*, 16/3/1958 – 19/3/1959, New York: United Nations, 1960, p.13.

老挝南俄、柬埔寨特诺河、越南湄公河三角洲地带的美顺大桥）的可行性研究，以及在这四个支流项目河段搞试验示范农场规划、泰国东北部和老挝的矿产资源调查等。截至 1971 年底，联合国开发计划署对湄委会承诺提供的资金援助达 1593.2 万美元。

世界银行的前身——国际复兴开发银行则根据自己的"经济优先性和技术可行性"标准，仔细研究了湄公河流域不同的项目，指出国际开发署这类机构应参与其中，提供长期贷款或捐助，以缓解庞大经费的筹集问题。1957 年，国际复兴开发银行派出一个调查小组前往泰国，对其经济前景进行研究调查并于 1959 年发布报告，提到湄公河尤其是巴蒙河段的开发利用问题，指出泰国东北部是泰国最穷困的地区之一，其经济增长"也许会通过湄公河开发成为可能"。[1] 报告谈及泰国东北部日益严重的干旱问题，建议建造巴蒙大坝，分流湄公河的水用于泰国东北部的灌溉，从而缓解旱情。泰国政府也对修建巴蒙水电站表示出浓厚的兴趣。泰国派驻湄委会代表团代表布偌德·宾森称，修建巴蒙水电站是泰国东北部地区发展的"根本需求"。[2] 湄委会的一份报告中描述道："像巴蒙这样的水电站，能提供巨大的廉价电力满足（泰国东北部发展）根本需求，每年能节约 1 亿美元的能源支出……更重要的是，随着东北部人口的持续增长，只有库存在干流大坝里的湄公河河水能维持地区的灌溉需求。"[3]

不过，世界银行（简称"世行"）对湄公河计划的最初态度是谨慎的，就像一名富有的银行家不愿意拿他的名誉和金钱去冒险，除非他对结果感到确定。出于安全原因，世行一直青睐小规模项目，反对在湄公河次区域建造大型水电站。直到 1969 年，世行对湄公河项目的参与还是非正式、非

[1] IBRD, *A Public Development Program for Thailand*, Baltimore, Johns Hopkins University Press, 1959, p. 19.
[2] Naho Mirumachi, "Domestic Water Policy Implications on International Transboundary Water Development: A Case Study of Thailand", in Joakim Ojendal, Stina Hansson, Sofie Hellberg (eds.), *Politics and Development in a Transboundary Watershed: The Case of Lower Mekong Basin*, Springer, 2012, p. 93.
[3] Naho Mirumachi, "Domestic Water Policy Implications on International Transboundary Water Development: A Case Study of Thailand", in Joakim Ojendal, Stina Hansson, Sofie Hellberg (eds.), *Politics and Development in a Transboundary Watershed: The Case of Lower Mekong Basin*, Springer, 2012, p. 93.

直接的。除了咨询性的帮助外，世行没有提供任何贷款、捐赠或技术援助。1964 年 1 月湄委会第 23 届大会上，情况发生了改变，湄委会确认"通过由世行协调的某些形式的集中安排"获得所需资金援助的必要性。当年 9 月湄委会第 25 届大会上，湄委会请求世行承担老挝南俄水电站项目实施中的资金管理者角色。10 月，湄委会请求世行负责南俄项目的初步研究，世行报告于 12 月完成，称从经济最佳期角度而言，该项目最好等到 5 年后再考虑实施。1965 年，应时任联合国秘书长吴丹的请求，世行勉强同意担任南俄项目基金管理者。1966 年 3 月 4 日，世行、老挝、泰国及 7 个合作国签署了《南俄开发基金协定》，规定由各合作国出资设立特别基金，交由世行管理。到 1969 年，世行开始更多地参与湄公河开发计划，对湄公河流域农业示范项目给予指导和支持。

一些私营公司也对湄公河计划做过贡献，如亚洲基金会为旅游项目融资、福特基金支持流域社会经济研究、未来资源公司支持能源市场调查。随着湄公河计划的进展，这些私营公司的贡献不断增加。到 1958 年末，地区内外提供的探勘合作和研究建议如此众多，以至于湄委会不得不专门将它们整合起来，安排进下一年度的工作规划。

总的来说，湄公河计划的实施所需要的巨额资金、专业知识、经验和技术手段是流域国家所不具备的，需要国际援助。而国际援助是以双边形式（从捐助国向受益国直接转移资本或技术）或多边形式（由国际或地区经济和技术援助组织）提供。其中，资本援助是以赠与（物资或现金）或低息、长期、优惠贷款的形式给予，被受益国用作项目经费。技术援助包括提供专业人员、设备、培训当地人员，由捐助国包揽。就湄公河开发计划而言，其在初期阶段没有遇到难以逾越的资金困难，相反，难以计数的援助大量涌入。湄公河计划两个阶段——工程规划和可行性研究与工程建设在融资方式上存在区别。在第一阶段，湄委会直接收到的来自非流域国家和国际组织的捐赠资金被用作调查研究经费；在第二阶段即建设阶段，使用贷款融资方式。湄委会在 1966 年的年度报告中写道：

任何一个水电站或其他水资源开发装机设备，只能在详细的可行性研究证明收益将会超过成本时，才能开始建设……任何水资源开发项目所需资金一般来说都非常庞大——有时是投资前的调查和规划阶段的 50 甚至 100 倍。因此，较少的经费可以找到捐赠，而较多的花费则需要靠贷款。①

四　湄公河计划的政治色彩

在湄公河计划实施的第一个十年内，科伦坡计划捐助国在筹资中扮演了重要的角色。湄公河开发计划所有的参与国家或地区中，除了法国、中国台湾和伊朗外，其余都是科伦坡计划的成员。正是在科伦坡计划的框架下，这些国家提供了帮助和无偿援助。

科伦坡计划是一个同意在经济上和技术上合作的非社会主义国家的松散联合。它是由英国于 1950 年在英联邦内部倡导的一项援助南亚及东南亚落后地区的计划。英国发起科伦坡计划的原因主要有三点：一是希望通过该计划促进南亚和东南亚地区的发展，该地区经济的发展对于其自身的社会稳定和自由制度的巩固必不可少，同时也有利于远东地区乃至整个世界的政治稳定和经济增长；二是帮助该地区的国家尽快摆脱贫困，以"抵制共产主义的吸引"，平衡新中国成立后对这一地区的巨大影响力；三是希望科伦坡计划有助于加强英国在英联邦国家中的地位，扩大其在整个南亚和东南亚地区的影响。② 然而，二战使英国元气大伤，因此英国和澳大利亚等英联邦国家极力拉拢美国加入该计划，希望美国能够承担更多的资金援助责任。1951 年 2 月美国正式加入科伦坡计划。

美国加入科伦坡计划后，实际上发挥了主导作用，向科伦坡计划地区国家提供了 90% 的资金援助。③ 比如 1958 – 1959 财政年度，科伦坡计划成员收到的全球援助总共达到 6 亿美元，其中 5.66 亿美元是由美国在共同安

---

① Mekong Committee, *Annual Report* 1966, Bangkok: United Nations, 1967, pp. 101 – 102.
② 孙建党:《科伦坡计划及其对战后东南亚的经济发展援助》,《东南亚研究》2006 年第 2 期, 第 20 – 25 页。
③ Daniel Wolfstone, "Colombo Plan Issues", *Far Eastern Economic Review*, November 2, 1962, p. 268.

全计划（即 480 号公法）下，以赠与、贷款和技术援助等方式提供的。在科伦坡计划实施的第一个 10 年期间，由主要 6 个施援国提供的援助超过 60 亿美元，其中美国单独提供的援助约为 56.6 亿美元。①

　　柬埔寨、老挝和南越于 1951 年加入科伦坡计划，泰国于 1954 年成为科伦坡计划成员国。泰国和菲律宾曾一度犹豫，害怕美国对它们的双边援助会因此而削减，后在美国的坚持和一再保证下，它们才加入该计划。在科伦坡计划框架下，湄公河国家获得了美国的巨额援助，约占援助总额的 50%。②

　　湄公河流域位于科伦坡计划覆盖的地理区域内，又是一个动荡地区，其政治形势走向关系到地区乃至全球的安全。通过发展经济实现该地区的社会和政治稳定是科伦坡计划的目标之一。1957 年 10 月，在科伦坡计划咨询委员第九次会议上，亚远经委会秘书长纳拉辛汉提到，湄公河开发计划是湄公河流域国家政府间合作的一个充满希望的典范。他强调该计划短期和长期的巨大资金需求和捐助国慷慨援助的必要性。1958 年 11 月，美国总统艾森豪威尔在西雅图召开的科伦坡计划咨询委员会第十次会议上发表讲话称"美国认识到科伦坡计划联盟是促进这一地区（指湄公河次区域）经济发展的主要手段……美国准备全力参加这一十字军改革运动，实现自由世界的持续壮大"。③ 西雅图大会甫一结束，美国、日本和新西兰就对湄公河计划给予了技术和经济援助。之后，越来越多的科伦坡计划成员向湄公河计划提供捐助，它们同时还向印度河流域开发基金提供捐助。1958 - 1964 年，湄公河计划最重要的援助来自科伦坡计划成员，达到总计 1139.8233 万美元援助中的约 905.4893 万美元。

　　不同于科伦坡计划"多边框架、双边实现"的传统模式（即由多个成员国组成，在施援国和受援国签署协议后以双边实施为基础实现），科伦坡计划成员国给予湄公河计划的援助遵循的是彻底的多边途径——开始

---

① Russell H. Fifield, *Southeast Asia in United States Policy*, Frederick A. Praeger Inc., 1963, pp. 276 - 277.

② Creighton L. Burns, "The Colombo Plan", *The Year Book on World Affairs*, No. 14, 1960, pp. 183 - 184.

③ *Toward a Common Goal: A Program for Economic Development*, an Inaugural Address by President Eisenhower at the 10th Meeting of the Colombo Plan Consultative Committee, November 19, 1958.

时，由有意愿的各方进行接触，最后赠与资金从几个国家转向地区组织即湄委会，湄委会被四个流域国家赋予全权，根据项目和需求，并考虑各方利益以及所有成员国的共同利益来决定资金的分配。

在国际政治中，经济援助通常被作为国家外交政策的工具，带有附加条件。在科伦坡计划这种多边主义的表象下，湄公河开发计划似乎摆脱了与双边援助相关联的政治和经济压力。然而，对湄公河开发计划筹资机制进行深入研究就会发现，实际上援助更具有双边性——尽管湄委会负责提供计划实施的工程项目、勘查行动或研究规划清单，并且负责寻求资金，但最后捐助哪个国家的决定完全由捐助国做出。①

作为主要捐助国的美国，在科伦坡计划框架内选择予以捐助的湄公河开发项目有其自身利益的考虑。比如，它捐资了关于巴蒙项目的研究，该项目当时处于老挝王室的统治管理下；它在越南境内实施了湄公河水道测量研究，以及下湄公河流域自然资源存量调查，理由是这与美国自身的政策、战略及在该地区的利益更为相关。② 法国和日本也怀着各自的心思选择某个国家的特定项目进行捐助。

在科伦坡计划的帐幕下，湄委会尽管被看作是援助接受者，并且以四个流域国家代表的名义管理资金，其实只不过是捐助国与受惠国之间的中介，负责给捐助国与受惠国搭桥，提出方案和相关建议，但不能做出任何最终决定。

一些呈交给美国国会的报告称，美国对湄公河开发计划的捐助是在科伦坡计划的框架内进行的，不应该被视为美国继续向流域国家双边援助的一部分。那么，为什么美国对湄公河计划的援助要走两个渠道呢？

一份1958年9月美国国务院呈交给艾森豪威尔总统的机密文件，针对总统即将于11月参加西雅图科伦坡计划咨询委员会会议提出建议："您的发言应着力强调我们对科伦坡计划的重视……科伦坡计划是一个极好的工具，我们可以通过它寻求在该地区的部分目标。由于这个组织完全由自由

---

① Henry Simmon Bloch, "Regional Development Financing", *International Organization*, No. 1, Spring 1968, p. 192.
② Nguyen Thi Dieu, *The Mekong River and the Struggle for Indochina: Water, War and Peace*, Praeger, 1999, p. 67.

世界国家组成、先于共产主义的经济攻势受到亚洲人民高度尊重并将之看作他们自己的组织，所以通过科伦坡计划加强亚洲国家与自由世界其他地区的联系是有可能的。尽管科伦坡计划官方所称的大部分援助来自美国，但受惠国很少将它们从美国获得的援助与科伦坡计划联系起来……强调我们加强这种地区联合的愿望，在亚洲国家面前将更坚定地树立起我们与它们结成伙伴关系，致力于它们经济发展的立场。"[1]

美国通过所有直接和间接援助，[2] 实际上控制并影响湄公河计划，希望通过湄公河国家的经济发展，将该地区打造为抵抗包括中国和苏联在内的共产主义的堡垒。

美国对湄公河开发计划控制的结果是，破坏了流域国家刚开始的自治或独立的努力。流域国家不得不屈从于资金需求，以至于美国在当地的存在渐渐地但是明确地取代了法国之前的"保护国"地位。不过，在20世纪60年代初期，美国对湄委会施加压力时相对谨慎，因为当时湄公河计划在它的外交政策中尚未被视作一个决定性的因素。直到越战爆发，湄公河开发计划才突然升级为美国对东南亚政策的核心。

总的来说，从形式上看，湄公河计划所提供的援助不带任何附加条件，这无疑对流域国家具有很大吸引力。因为这些国家在独立后，一方面迫切需要外来的资金和技术援助；另一方面在长期遭受殖民统治后，普遍对西方国家提供援助的真正动机表示怀疑，对西方援助的附加条件以及自身可能付出的政治代价感到不安。湄公河开发计划则以"多边"表象减少了流域国家的怀疑和不安。然而，表象的背后，隐藏着西方国家企图将之作为一种有利于实现其在东南亚整体战略目标工具的政治动机。湄公河开发计划在实施中，不可避免地带有政治的烙印。正如美国政治学家罗杰·史密斯（Roger Smith）所言，捐助国从未像对湄公河开发计划一样，捐助一个多边计划时抱有这么清晰的真实动机。在致力于区域主义和多边主义

---

[1] *Memorandum for the President, Subject: Your Attendance at the Colombo Plan Conference in Seattle on November* 1958, U. S. Department of State, The Declassified Documents Reference System, Retrospective Collection, No. 734D.

[2] 所谓间接捐助就是通过同为美国援助国的地区盟国进行捐助。比如像巴基斯坦和中国台湾这样的发展中国家和地区，也对湄公河计划给予了捐助，并指定它们的援助仅仅给予泰国和越南（南越）境内的项目。

的外表下，隐藏着它们想获得与流域国家双边关系最大化这一更为真实的目的。"澳大利亚、加拿大、法国、日本、荷兰、美国、联邦德国和其他捐助国的代表很清楚……最吸引他们的是与流域国家的双边关系。这些参与国可以宣称它们会致力于地区发展，但到真正给予捐助时，这些国家更关心它们的捐助会换来多少回报"，"6 位数或更多的捐助是值得的，可以为它们今后从这些流域国家赢得数百万美元的建设合同……这些目标当然最好是在与单个国家，而不是与一个国际机构的交往中实现"。[1]

小　结

美国麻省理工大学社会心理学家穆沙菲尔·谢里夫在对组织内部冲突和合作的研究中总结出："经历共同的困境更能将冲突双方捆绑在一起。"[2]这可以用来解释为什么老挝、泰国、柬埔寨和越南四国虽然有着长期争端的历史，彼此之间互不信任，但仍能在湄公河开发计划上展开积极合作。共同面临的经济社会发展困境将它们绑在了一起——二战结束后，四国政府都亟需发展国内经济，维护政权稳定，抵御 20 世纪 50 年代"共产主义的扩张威胁"，而湄公河是它们可以共同利用的重要资源。但流域国家的积贫积弱使它们无法依靠自身力量规划和实施一个宏大的开发计划；国家之间的历史矛盾，也使它们无法自发组建一个区域合作组织。与此同时，以美国为首的西方国家认为该地区的普遍贫穷是各流域国家共产主义运动爆发的主要因素，因此着力支持湄公河开发。下湄公河流域调查协调委员会的建立，不可避免地依附于外部力量，受外部（尤其是美国）控制，致使它从诞生之初便存在"先天不足"。

---

① Roger M. Smith, "Some Remarks on Cambodia's Attitude toward U. S. Foreign Policy in Southeast Asia and the American Role in the Development of the Lower Mekong Basin", SEADAG Paper No. 28, Washington DC: Southeast Asia Development Advisory Group, 1968.

② Muzafer Sherif, *In Common Predicament: Social Psychology of Intergroup Conflict and Cooperation*, Boston: Houghton Mifflin Co., 1966, p. viii.

第二章

越战与湄公河开发计划的兴衰

诞生于冷战背景下的湄公河水资源开发计划，与地区政治局势的发展有着很大的关联。20 世纪 60 年代中期，随着越战升级，美国约翰逊政府为实施"第四种解决方案"，对湄公河开发的支持力度显著加大，湄公河计划迅速成为国际关注的中心。然而，进入 20 世纪 70 年代后，湄公河水资源开发早期的势头开始衰减。中南半岛的战乱和地区局势的不稳定，影响了流域水文数据的进一步收集；而从数据收集和项目开发可行性研究转向大规模水利水电工程项目实施所面临的技术和经济障碍短期内又难以跨越。1975 年，随着越南统一、柬共在柬埔寨上台以及老挝人民民主共和国成立，以美国为首的西方国家最终停止或大幅削减了对湄委会的直接捐助。同年，红色高棉统治下的柬埔寨退出湄委会，致使其运作陷入瘫痪。

1978 年 1 月，泰、老、越三国代表成立湄公河临时委员会，竭力维持湄公河机制，等待柬埔寨的回归。虽然在局势动荡、资金紧张和缺乏流域国家共同参与的情况下，大规模水利水电的开发已成为湄公河临时委员会"不可能完成的任务"，但是临时委员会仍在力所能及的范围内开展水资源相关研究，为各方提供合作与对话的平台。这种对湄公河水资源合作开发的热情与决心，使临时委员会能够度过战争的冲击和柬埔寨退出的那段艰难时期，堪称国际河流合作的典范，被称为"湄公河精神"。

本章将回顾 20 世纪 60 - 80 年代地区政治局势变动对湄公河开发计划兴衰的影响，分析湄委会机制所具有的弹性，并探讨"湄公河精神"诞生的原因。

第一节　湄公河计划进入高潮

从 1961 年起，美国肯尼迪政府直接介入越南战争，将特种部队，即所谓的"反游击战专家"派往南越。约翰逊总统上台后，用"逐步升级"战略取代"特种战争"战略。约翰逊明白，军事行动不足以解决战争问题。在其主政时期，美国参与亚洲区域合作的态度越来越明显，其表现之一就是更加重视亚远经委会主导下的湄公河开发计划。

以约翰逊总统 1965 年 4 月在约翰·霍普金斯大学发表的演讲为标志，美国对湄公河次区域合作进程的态度发生了巨大变化：之前，它是一个小心谨慎的"鼓吹者"；之后，它是积极热情的拥护者。美国调查记者詹姆斯·里奇韦（James Ridgeway）指出："尽管美国在一开始就与湄公河计划联系在一起，但此前它从未对此计划投入像约翰逊时期这么大的热情。"[1]

截至 1970 年，美国是非流域国家中对湄委会捐助资金最多的国家，仅 1969 年就捐助了 3300 万美元，是第二大非流域捐助国德国的近 2 倍。

一　越战升级与美国 "第四种解决方案"

20 世纪 60 年代，中南半岛陷入 20 世纪最大的冲突之一——越南战争。这场战争的破坏性和耗费都超过了第一次印支战争，美国在这场战争中扮演了重要的角色，起初是间接参与，后来是直接参与。这场战争极大地改变了中南半岛的政治局势，并使东南亚国家向两极化发展。

1963 年肯尼迪总统遇刺后，约翰逊登上美国总统宝座。上任后，约翰逊及其顾问们对越南奉行军事上大规模干预和政治上严格控制的政策。但是，约翰逊政府还是继承了自杜鲁门政府以来用经济援助作为政治工具的

---

① James Ridgeway, "LBJ on the Mekong", *The New Republic*, April 24, 1965, p. 14.

传统。为了获得期望的政治效果，美国在全世界范围内展开了多种形式的经济援助，其中包括对国际河流水利水电项目的援助。20世纪50年代，艾森豪威尔总统就曾发起了"水换和平"计划，尝试将约旦河的水资源开发作为解决流域国家之间冲突的一种方案。由于各方之间根深蒂固的敌对和难以调和的分歧，该计划很快就夭折了。然而，十多年后，一个类似的计划——湄公河计划在另一个同样充满冲突的地区被启用。1965年，美国正处于向中南半岛全面部署其战斗力量的边缘之际，湄公河计划因其对美国政策的"服务性"而进入约翰逊政府的战略视野。正是在约翰逊时代，湄公河计划跨越式前进。事实上，几个支流项目的筹资和实施，几乎完全依赖于美国的推动。

美国天普大学越南裔学者阮诗瑶认为，在湄公河计划上，美国的援助"更像是为应对当前危机而做出的机会主义反应，而非之于受惠国经济发展的一个长期援助"。[①] 1965年以后，随着战争升级，各方的呼吁谈判的声音开始升高。加拿大时任总理莱斯特·皮尔逊于1965年4月1日在美国天普大学发表演讲，建议约翰逊政府停止空袭，采取外交手段，展开和平谈判。他还建议重视宏伟的湄公河计划，使流域成百上千万的居民过上好生活，这有助于启动政治谈判并使印支地区国家保持中立。[②] 1965年3月，在南斯拉夫贝尔格莱德，17个不结盟国家领导人呼吁和平，拥护"通过谈判的和平解决方案……谈判不应设置任何前提条件"。[③] 来自美国国内的压力也很强大。美国参众两院议员收到了数千份要求结束战争的选民来信。民调显示，大多数美国人民倾向于通过谈判解决越南问题。

在这种争论背景下，关于解决越南战争问题的大量建议涌现出来。当时，从官方到民间，很多人认为湄公河开发才是解决越南冲突的正确道路。

鉴于大量建议将湄公河计划作为越南问题的潜在解决方案，白宫要求

---

① Nguyen Thi Dieu, *The Mekong River and the Struggle for Indochina*: *Water*, *War*, *and Peace*, Praeger, 1999, p. 97.

② *New York Times*, April 9, 1965.

③ "The 17 - Nation Declaration and the U. S. Reply", *The Department of State Bulletin*, Vol. 52, 1965, p. 610.

对该方案潜力进行全面评估。1965 年 3 月，总统特别助理杰克·瓦伦提向约翰逊汇报称："开发湄公河及其支流将耗资数十、上百亿美元，远远大于田纳西流域的规模。"报告认为，鉴于湄公河计划的巨大规模和该地区严重的安全问题，尽管"湄公河潜力巨大……但在未来 10 年它的开发对泰国、老挝、越南和柬埔寨的意义不比其他可立即产生效益的投资大"。①报告同时指出，像巴蒙这种规模的干流大坝"在未来 10 年内不会获得合理的经济收益"，而支流项目更具可行性，其中一些已经在运行。②

然而，事实上即使湄公河计划不能立即产生效益，美国政府出于战略考虑也对它给予了高度重视。1965 年 3 月 25 日，约翰逊在内阁会议上宣读了一份后来被公开的声明，强调要选择具有建设性的冲突解决办法，"美国期望全东南亚人民和政府不再需要军事支持……而是为了和平而进行经济和社会合作。甚至现在，在越南和其他地方，美国都在参与合作和支持一些重大的发展计划。未来，亚洲领导人将制定广泛而大胆的发展计划……我们愿意对这些计划提供帮助"。③ 1964 年 6 月，美国国际组织助理国务卿哈伦·克利夫兰在华盛顿主持了一场联合国和美国专家云集的会议，讨论湄公河计划，会议的总体观点是，从政治角度来看，湄公河计划"将充当政治胡萝卜，减少东南亚人民对共产主义的诉求，也许还可以引诱北越通过国际经济合作而非对抗寻求繁荣"。④

美国亚洲事务专家，曾于 1961 年陪同约翰逊访问下湄公河流域调查协调委员会曼谷总部的美国前驻泰大使肯尼斯·杨是"第四种解决方案"的积极拥护者。他说："湄公河计划为该地区的和平和进步提供了最有希望的图景……缓解人们的紧张情绪、实现政府的雄心壮志、抑制国家之间的

---

① DDRS, Memorandum for the Honorable Jack Valenti, Special Assistant to the President, The White House, Subject: "Lower Mekong Basin Development Scheme, March 26, 1965", by Rutherford Poats, Assistant Administrator, Far East.

② 瓦伦提提交这份备忘录的时候，泰国已经在建 2 座水坝，老挝因为有限的电力需求和战争原因，水电项目没有上马。在柬埔寨，美柬关系恶化导致两个支流项目"从美国国际开发署的考虑中被删除"。在越南（南越），尽管美国资助了一些小的项目，如成立下湄公河调查协调委员会所建议的驳船队，但三角洲的开发一直因为地区冲突而被搁置。

③ *New York Times*, March 26, 1965.

④ *Washington Post*, April 10, 1965.

仇恨……这些都是伟大的湄公河所能赐予的……"①

二　约翰逊演说将湄公河计划推向高潮

　　1965 年 4 月 7 日，约翰逊在约翰·霍普金斯大学发表题为《实现和平无须征服》（Peace Without Conquest）的著名演说，为越战升级辩护，其中谈到湄公河问题。他说："有人说我们的努力将徒劳无效——中国力量如此之大，肯定会支配整个东南亚。但除非东南亚国家全被共产主义淹没，否则争论永无休止……东南亚国家有成百上千万贫困的人民，这些人每天日出而耕日落而息，努力地依靠土地求生存。他们饱受疾病和饥饿的折磨，在只有 40 岁的时候死亡就降临了。过去，美国对这里的和平做出了贡献，现在必须做更多的努力改善这里人民的生活……站在我们的角度，我将要求国会通过 10 亿美元的投资计划……我们的任务就是给这一地区数百万的人民带来希望，改善他们的生存条件。我们要做的事还有很多。辽阔的湄公河能提供大量的粮食、水和能源，其潜力之大，甚至令我们的田纳西河相形见绌……接下来，我将任命一个特别小组参与这些项目中，该小组将由世行前行长尤金·布莱克②领导。"③ 在美国国内，约翰逊总统提出的向湄公河投资 10 亿美元的计划被称为又一个"马歇尔计划"。

　　约翰逊演说通过广播电视传遍美国国内外，在世界上激起很大反响，从 20 世纪 50 年代末到 1965 年初相对而言"默默无闻"的湄公河流域开发计划突然一下子变得显赫起来，其在国际上的知名度不亚于田纳西河流域计划。

　　约翰逊政府的态度极大激发了湄公河流域内外各方对合作推动湄公河流域经济发展的决心和热情。就在约翰逊演说发表后的几天内，湄委会执行代理沙尔夫接到了大量的电话和电报，很多国家表示渴望参与湄公河未

---

①　Kenneth Todd Young, *The Southeast Asia Crisis*: *Background Papers and Proceedings*, New York: Dobbs Ferry, 1966, pp. 122 – 125.

②　尤金·布莱克 1966 年被约翰逊总统任命为总统东南亚社会和经济发展特别顾问。

③　"Peace Without Conquest", President Lyndon B. Johnson's Address at Johns Hopkins University, April 7, 1965, retrieved from: http: //www. lbjlib. utexas. edu/johnson/archives. hom/speeches. hom/650407. asp.

来的开发计划。① 亚远经委会的行动更为积极。联合国秘书长吴丹指示亚远经委会和湄委会做好准备，利用好美国的援助。1965 年 5 月 11 – 12 日，湄委会成员国在曼谷召开特别会议，讨论湄公河计划全面实施的各种可能性和优先项目。尽管柬埔寨 1963 年曾拒绝美国援助并于 1965 年 5 月与美国断绝了外交关系，但仍派其对外筹资主管随同柬埔寨驻湄委会常驻代表一起参加了此次会议。会议迅速通过了一份未来 10 年开发规划的临时清单（总耗费预计 30 亿美元）和一份优先开发项目清单（预计 2 亿美元）。② 美国的传统盟国和东南亚条约组织成员，如日本、泰国和澳大利亚，一致对约翰逊演说执赞美之辞。日本认为约翰逊的建议对日本来说是一个机会，可以使日本得到世界的更大认可。日本时任首相佐藤荣作宣称，日本准备积极加入美国 10 亿美元的对东南亚国家经济援助计划。

在约翰逊发表演讲之前，截至 1965 年 1 月，湄委会筹措的运作资金只有 7240 万美元，但至 1965 年 12 月 31 日，湄委会运作经费已达到 1.05 亿美元，1 年间增长了 45%。③ 其中，32% 是由流域国家贡献的（3360 万美元），68% 是由合作国家贡献的（7140 万美元）。36% 的经费将用于初期调研（3780 万美元），64% 用于建设（6720 万美元）。也就是在 1965 年，湄公河计划进入了第二阶段，即项目建设阶段。

约翰逊对湄公河计划热情高涨有以下四个原因。

首先，约翰逊总统对河流开发有着强烈的个人兴趣，希望将湄公河流域打造成另一个田纳西河流域。根据美国研究区域主义和湄公河计划的学者富兰克林·哈德所述，约翰逊总统在罗斯福新政时期担任众议院议员时，就对选区内的科罗拉多河建坝问题富有兴趣，还发动成立了科罗拉多河下游管理局。④ 约翰逊的传记作家多丽丝·科恩斯·古德温认为，约翰

---

① W. R. Derrick Sewell and Gilbert F. White, "The Lower Mekong: An Experiment in International River Development", *International Conciliation*, No. 558, May 1966, p. 63.

② W. R. Derrick Sewell and Gilbert F. White, "The Lower Mekong: An Experiment in International River Development", *International Conciliation*, No. 558, May 1966, p. 63.

③ Le-Thi-Tuyet, *Regional Cooperation in Southeast Asia: The Mekong Project*, Ph. D. Dissertation, The City University of New York, 1973, p. 181.

④ Franklin P. Huddle, *The Mekong Project: Opportunities and Problems of Regionalism*, Washington, DC: U. S. Government Printing Office, 1972, pp. 30 – 32.

逊对水资源开发的兴趣，根植于他儿时的记忆。他出生于得克萨斯州，在那里大坝给与干旱做斗争的农民带来了利益。[①] 1961 年 5 月，时任美国副总统的约翰逊出访亚洲。临行前，助理国务卿阿瑟·歌德施密特提醒他注意湄公河"有着使不同政治见解的四国代表在混乱的时期进行有效合作……的功能"。[②] 在访问东南亚期间，约翰逊在曼谷与亚远经委会执行秘书长宇农举行会晤。参加会晤的还有约翰逊的得州老乡、亚远经委会信息中心主任塞萨尔·奥蒂斯·蒂诺科。宇农给约翰逊详细介绍了湄公河计划，称亚远经委会的主要目标是推动该地区的经济发展。听完宇农的介绍后，约翰逊说："秘书长，您知道，我是一个爱河的人。我这一生都对河流及其开发感兴趣。"[③] 约翰逊表示，除了湄公河外，他想不出还有什么更好的主意可以帮助泰国、老挝、柬埔寨和越南了，"如果它们能就一条河流展开合作，就能在其他任何事情上展开合作"。[④] 由于约翰逊对湄公河计划具有浓厚的兴趣，以至于他与宇农的会谈超过了原定时间。约翰逊此次出访的成果之一，就是美国垦务局发起了对老挝万象附近的巴蒙干流水电站选址的首次勘测调研。[⑤]

其次，约翰逊不想下台时背负着"战争总统"的骂名。他需要做一些"和平"的事情来平衡军事行动带来的负面影响，并实现美国对该地区的影响力。

再次，当时湄公河开发计划被认为是解决越南问题的一种途径。约翰逊政府认为，北越会为获取援助而屈服，从而达到瓦解共产主义力量的目的。

最后，向流域四国绘制区域经济发展的美好图景，可降低中国和北越

①　Doris Kearns, *Lyndon Johnson and the American Dream*, Harper and Row, 1976, p. 267.

②　"Arthur Goldschmidt to the Vice-President, 5/4/61", Copy Memo, Vietnam Country File, National Security File, Box 202; L. B. J. Library.

③　"Cesar Ortiz-Tinoco to Unknown, Undated", Copy Memo, Vietnam Country File, NSF, Box 202, L. B. J. Library.

④　United Nations Press Services, Office of Public Information, Press Release ECAFE/88, May 17, 1961, Vietnam Country File, NSF, Box 202, L. B. J. Library.

⑤　对巴蒙水电站建设的可行性研究，使美国耗资 970 万美元。参见 Le-Thi-Tuyet, *Regional Cooperation in Southeast Asia: The Mekong Project*, Ph. D. Dissertation, The City University of New York, 1973, p. 179。

在意识形态上对该地区非共产主义国家施加的影响。

但值得注意的是,对湄公河计划的关注,并未使约翰逊的战争力度有丝毫减弱。相反,1965 年 4 月 6 日,就在约翰逊在约翰·霍普金斯大学发表历史性演讲的前夕,他还批准了一份国家安全行动备忘录(JSC2343/566),同意美国战斗部队与驻扎在越南的盟军积极配合,直接对"亚洲的敌人"作战。这一决定将美国部队从防御和顾问角色转向直接参战,从而向陷入战争泥潭跨出决定性的一步。1965 年 4 月 11 日,北越劳动党机关报《人民报》报道,就在约翰逊发表演说后几乎 24 小时内,美军飞机轰炸了北越,2 支美国海军部队在越南南部登陆,不但违背了 1954 年的日内瓦协议,而且凸显了约翰逊言行之间的矛盾。文章称,约翰逊所谓的"无条件对话"和"10 亿美元援助"是"帝国主义美国实施的充满谎言的心理战术"。[①] 因此,约翰逊在约翰·霍普金斯大学发表的演讲,可谓约翰逊政府对东南亚"大棒加胡萝卜"政策的最好阐述。

三 湄公河流域第一个跨国项目: 老挝南俄水电站

自从约翰逊总统在约翰·霍普金斯大学发表演讲,表现出对湄公河的浓厚兴趣后,美国便于 1965 年 5 月走出重要的一步,带头为下湄公河流域调查协调委员会在老挝的第一个优先开发的南俄项目提供了一半的资金。

在湄委会曼谷特别会议上,老挝南俄水电站被列入优先开发项目清单之首,美国承诺提供一半的开发资金。最终,南俄水电站成为约翰逊演说后第一个付诸实施的工程。老挝梭发那·富马亲王领导的中立政府认为美国的援助来得很及时,因为老挝一直期待着南俄水电项目早日上马。

南俄水电站位于万象以北 56 千米,装机容量设计最高值为 15.5 万千瓦,能灌溉 3.2 万公顷的土地。它是当时湄公河支流项目中规模最大的一个,其选址是基于 20 世纪 60 年代早期日本对湄公河主要支流的勘测。紧接其后的各项初步调研是由联合国、其他机构和多个合作国单独或联合资

---

① Nguyen Thi Dieu, *The Mekong River and the Struggle for Indochina*: *Water*, *War and Peace*, Praeger, 1999, p. 114.

助和实施。可行性报告由日本方面做出，调查资金部分源自联合国特别基金，部分是在日本—老挝签署的经济和技术合作双边协定的框架下给予的。

约翰逊总统请求国会拨款 8900 万美元，作为 1966 财年对外援助计划的补充，南俄项目被特别列出。在写给国会的信中，约翰逊称："其中大约 1900 万美元将成为我们推进湄公河流域加速开发的启动资金……这笔钱将使我们满足南俄水电站一半的建设资金要求，这个项目被湄委会选为'首要优先'开发项目。这是湄公河流域第一个服务于两个国家的项目，它能确保向泰国东北部和老挝的小型工厂提供电力，向成千上万户家庭提供照明。这笔资金还将用于跨湄公河连接老挝和泰国电力传输线的建设；我们还将用这笔资金对湄公河干流和支流进行更深层次的水电、灌溉和控洪项目的广泛研究以及老挝境内配电网的扩大。"①

美国选择老挝这个在流域国家中最为贫穷却拥有巨大天然资源的国家作为援助对象，并且选择南俄水电站予以优先实施，是有其战略考虑的。

自艾森豪威尔政府以来，美国一直重视老挝在东南亚大陆地缘政治中的战略价值，将之视为缓冲带，认为其局势决定着越南（南越）、柬埔寨、缅甸，尤其是泰国的安全与稳定。艾森豪威尔在给候任总统肯尼迪的建议中，坚持保卫老挝的必要性，因为老挝"是整个东南亚地区的关键……如果我们让老挝沦陷了，那么我们将失去整个印支地区……如果共产党在老挝执政，将给泰国边界造成威胁"。②

肯尼迪政府期间，老挝不可避免地卷入第二次印支战争。在战争中，湄公河河谷具有重大的战略意义，它既形成老挝和泰国的边界，又是老挝王室政权和巴特寮武装的天然划界线。老挝王室控制了老挝 40% 的领土和 2/3 的人口，其中大部分生活在万象平原和湄公河河谷，巴特寮则占据着山区。

---

① "Southeast Asia Aid Program"，*The Department of State Bulletin*，Vol. 52，1965，pp. 1055 – 1056.

② Fred I. Greenstein and Richard H. Immerman，"What Did Eisenhower Tell Kennedy about Indochina? The Politics of Misperception"，*Journal of American History*，No. 2，September 1992，pp. 568 – 588.

在肯尼迪和约翰逊政府时期，巴特寮对湄公河河谷的渗透被视为对美国利益的严重威胁。军事援助在美国对老挝政策中占据主导地位，另外一小部分援助用来对老挝王室政权实施经济援助。为了弥补老挝王室在应对老挝农村发展需求上表现出来的无能，美国国际开发署青睐于援助老挝的"农村发展"，并围绕这一目标制订了不同的开发计划，比如成立"农业发展组织"和"村庄集群"。

南俄项目就是在这样的背景下出炉的。1966年3月，约翰逊总统在一次白宫记者招待会上正式宣布美国对南俄项目的承诺，他重复了一年前霍普金斯演讲的基调，称："这是美国为兑现帮助促进东南亚经济和社会发展的承诺而承担的首个重要义务。南俄项目……是世界合作的一个伟大成果……这是技术成果和真诚合作给世界上所有新生地区带来新生活的范例。"①

这个项目预计会给老挝首次带来巨大的收入来源。美国认为，如果这个项目能带动老挝沉睡的经济腾飞的话，也将带来政治的稳定。此外，尽管规模很大，但这个项目能在相对较短的时期内实现。而且，这个项目地址是位于老挝王室控制的万象平原上，如果建成，有助于提高老挝王室的威望。老挝王室对此也有共识。在发给联合国秘书长的电报中，老挝首相承诺他的政府将确保南俄地区的法律和秩序，使项目得以安全实施。② 而事实上，就像亚远经委会执行秘书长宇农所评论的，"老挝所有政治派别就南俄项目达成一致，所有老挝人，上至国王下至农夫都承认这个项目对于老挝的价值"。③ 这种共识使南俄项目的选址勘测和可行性研究等准备工作得以不受干扰地进行。

很快，在亚远经委会、联合国和美国的帮助下，南俄水电站建设的所有要素都准备齐全了。1965年8月，老挝、泰国、柬埔寨和越南（南越）在湄委会第29届大会上签署了《老挝和泰国间电力供应协定》，泰国同意

① "United States to Cooperate in Economic and Social Development in Asia", Remarks by President Johnson, DSB, April 4, 1966.

② P. K. Menon, "Financing the Lower Mekong River Basin Development", *Pacific Affairs* (Winter 1971 - 1972), p. 578.

③ "Southeast Asia Development: Requirements for Mekong Basin Development", United Nations/Mekong Development Country File, NSF, Box 293, L. B. J. Library.

在南俄项目建设期间向老挝提供电力，将泰国南邦水电站[①]（后于 1966 年建设完成）的电力传输线延长至老挝南俄大坝所在地。作为对泰国提供的资金和电力的回报，老挝将在南俄电站运行后，向泰国提供等价的电力。泰国、老挝、作为湄公河流域整体开发直接参与方的下游国家柬埔寨和越南（南越），以及联合国都参与了协定的签署。[②] 电力传输线首次"跨越"湄公河，成为地区水资源合作的里程碑。

1966 年 5 月，老挝和泰国以及捐助国美国、澳大利亚、加拿大、丹麦、日本、荷兰、新西兰和世界银行集体签署了南俄水电站开发基金协定。7 个参与国同意给予总数为 2281.5 万美元的捐助，涵盖大坝、一个电站和一条从大坝到万象再到泰国东北部乌隆他尼省泰城的电力传输线的建设成本。主要的捐款来自美国（1206.5 万美元，条件是购买美国产品和设备）、日本（400 万美元）、荷兰（330 万美元）、加拿大（200 万美元）。丹麦（60 万美元）、澳大利亚（50 万美元）和新西兰（35 万美元）的捐助是不附加任何条件的。[③] 泰国和老挝还达成协议，泰国同意向老挝提供约合 100 万美元的资金，用于向泰国购买南俄项目建设所需的水泥。日本继对下湄公河流域调查协调委员会承诺捐助 400 万美元后，又在双边基础上，向老挝承诺再投入 31.5 万美元。[④] 世界银行则被授权全权管理捐助资金，"以确保由捐助国捐助的资金没有被挪作他用"。经与老挝和泰国协商，世界银行可以就基金的支出做出任何决定，有权"向商品供应方或其他方直接进行支付"。[⑤]

南俄水电站建设从 1966 年开始到 1971 年结束，历时 5 年。1971 年 12

[①] 湄公河支流项目、泰国南邦水电站的作用也很重要。南邦水电站位于泰国东北部伊善地区。如前所述，这里是泰国最贫困的地区，其经济发展为泰国中央政府高度重视。该水电站装机容量设计最高值为 2.5 万千瓦，每年可发电 6500 万千瓦时，能灌溉 4.5 万公顷的土地。1966 年 3 月，泰国国王普密蓬亲自参加了南邦水电站的落成典礼。

[②] Chalerm Dhanit, "Progress Report", *Far Eastern Economic Review*, September 2, 1965, p. 419.

[③] "Announcement of Pledges to Mekong River Project", White House press released dated March 16, DSB, April 4, 1966, p. 522.

[④] "Announcement of Pledges to Mekong River Project", White House press released dated March 16, DSB, April 4, 1966, p. 523.

[⑤] P. K. Menon, "Financing the Lower Mekong River Basin Development", *Pacific Affairs* (Winter 1971 – 1972), pp. 573 – 574.

月，老挝国王西萨旺·瓦达纳出席了南俄水电站的竣工仪式。老挝王室第一次获得了一个实质性的经济发展成果，以抵消其多年以来腐败、浪费援助资金以及对民众困境漠不关心的负面形象。南俄水电站不仅是老挝农村发展的少数成果之一，也是老挝通过向泰国出售电力获得外汇的主要来源。还有一点值得注意，根据两国协议，南俄水电站的电力通过一条 115千伏的传输线，从南俄水电站经过万象传输到泰国乌隆他尼，继续传向泰国乌汶叻省的南邦水电站。而乌隆他尼正是泰国皇家空军基地所在地，也是美军在中南半岛的空军基地，需要庞大的能源供应，这也可以部分解释美国为什么决心资助南俄水电站的建设。

总体而言，尽管 20 世纪 60 年代至 70 年代早期，湄公河流域的政治局势充满了战争和动荡，但还是有 14 个水电项目完工，总发电能力达 21 万千瓦，其中大部分（15 万千瓦）来自老挝的南俄水电站。

四 干流巴蒙水电站第一阶段调研

1970 年，湄委会发布"流域指导计划"，公开宣称要建设干流梯级水坝。第一个干流项目定为万象上游 30 千米处跨越泰国老挝边界的巴蒙多用途水坝项目。

从一开始，老挝万象附近的湄公河干流巴蒙河段就因其巨大的水电开发潜力吸引了流域内外的关注。1973 年，美国垦务局完成了对巴蒙项目为期 7 年耗资 2100 万美元的可行性研究，认为建设一座 1000 亿立方米的水库和一座 480 万千瓦的水电站需要 20 亿美元的投资。巴蒙项目能灌溉泰国东北部约 160 万公顷的土地，使湄公河干季流量增加 2000 立方米/秒，并可广泛预防洪水泛滥。但是它还需要安置 25 万人口并危及湄公河敏感而多产的生态。

基于政治和经济上的考虑，美国成为巴蒙水电站项目的主要捐助国，并承担起对巴蒙河段进行探勘的责任。如前所述，第一次勘测调研是 1961年时任美国副总统约翰逊访问东南亚时推动的。在约翰逊出访后，美国垦务局于 1962 年发表了关于巴蒙项目的一份报告，提出一个为期 8 年的调查规划，分为三个阶段进行。1963 年 5 月，湄委会和美国国际开发署签署协议，在美国垦务局的监督下，第一阶段的勘测调查展开。但是，1965 年初，美国国际开发署决定不再为第二阶段勘测调查筹集资金，也不再将其列入提交给国会的 1966 年财政预算。之所以做此决定，是因为巴蒙水电站项目前期调研的庞大支出、开建的遥遥无期、未来建设所需的巨额投入，以及其他一些看似难以逾越的天然障碍，令美国国际开发署感到沮丧。

就在巴蒙项目的进度放慢时，约翰逊在约翰·霍普金斯大学的演说重新点燃了开发的激情。在 1965 年 4 月 22 日发给国务院的电报中，美国驻泰使馆称："我们应该寻找能服务于美国多个目标的具体的湄公河项目。巴蒙能提供当前美国在泰国东北部的经济—安全计划所急需的水资源……"[1]

因其所在的地理位置，巴蒙水电站项目被认为可以对泰国最贫穷和最动荡的东北部地区的发展做出重要贡献。跟随约翰逊演说而来的，是 1965 年 10 月美国国际开发署一反之前的犹豫态度，与湄委会就项目第二阶段的调研达成协议。根据协议，美国同意派出 38 人的专家团队，未来 3 年提供的勘测调查成本总计 400 万美元。[2]

然而，巴蒙项目第二阶段的勘测调查如昙花一现。从 1965 年底到 1966 年初，湄公河流域的军事和外交形势持续恶化。尽管 1965 年 7 月 28 日约翰逊宣布将美国驻越战斗部队从 7.5 万人增加到 12.5 万人，但胜利仍遥遥无期。美国对湄公河计划的兴趣被更紧迫的军事问题所超越，国会也越来越不情愿为战争和对该地区援助拨款，再加上战争本身的庞大耗费，约翰逊政府对湄公河计划的热情降低。美国国际开发署更强调项目的短期实用性，决定资助那些能对军事进程起到作用的项目，比如建造老挝琅勃拉邦至老挝巴色河段的港口、登陆点和船运中转站，这些项目可以在老挝和泰国北部之间建立通信和交通联系。

1966 – 1968 年，美国政府对湄公河开发的兴趣，集中到越南（南越）身上。这是由于湄公河计划自身具有的成本巨大、难以掌控、错综复杂和耗时太长等特点，无法在短期内满足美国的战略需求，而此时，美国的政治和军事需求压倒一切，所以美国政府重新调整湄公河政策，将之从"区

---

[1]　"Telegram from American Embassy in Bangkok to Department of State", DDRS, April 22, 1965.

[2]　Chalerm Dhanit, "More for Mekong", *Far Eastern Economic Review*, October 7, 1965, p. 11.

域性"变为"国家性",仅着重于南越这一政治实体的经济发展,尤其强调湄公河三角洲的开发。虽然在此之前,鉴于越南局势的不稳定,美国对于南越境内的开发计划慎之又慎,但是 20 世纪 60 年代后期,随着美国贸易赤字扩大和国内种族关系紧张加剧,国内政治形势朝着不利于约翰逊政府的方向发展,与以往任何时候相比,约翰逊政府都需要向美国公众和全世界表明,美国在战争期间做了大量工作以建设一个新越南。因此,美国在轰炸升级和军事卷入力度增大的同时,开始为南越战后重建和发展做准备。1966 年 12 月 17 日,美国和南越当局发起了一个关于南越长期开发的联合规划,并成立联合开发小组。按照规划,首先实施为期三年(1967 - 1970)的调查研究,旨在"重建湄公河三角洲,使之成为世界最大的稻米生产地区之一"。① 1967 年末 1968 年初,随着美国对北越发动一系列摧毁行动,约翰逊政府乐观地判断,战争将在短期内结束。然而,1968 年胡志明部队发起的春季攻势打碎了美国的胜利之梦,也导致约翰逊的国内支持率猛降。至 1968 年,美国投入越战的军事支出已高达每年 220 亿美元,国会不愿意再给像巴蒙这样已经耗资数百万美元却仍停留在"纸上研究"、近期不可能看到具体成果的项目拨款。

慷慨的资金注入为期短暂,当合作国家意识到美国并不是真的打算兑现 10 亿美元的援助承诺时,下一年度的捐助立马下降至 490 万美元。

五 特诺河项目: 克服美国退出带来的困难

柬埔寨磅士卑省的特诺河项目是湄公河计划在地区不稳定和战争的背景下奋力前行的典型例子。虽然美国向特诺河项目捐助 700 万美元的承诺食言导致其筹资进程延期了 3 年,但项目最终在湄委会的推动下得以实施。

20 世纪 50 年代,柬埔寨在政治上采取中立立场,西哈努克亲王一方面在两大对立集团之间取得平衡,另一方面从两方面都获得了大量的经济和技术援助。苏联最为慷慨,不但帮助柬埔寨修建了金边最现代化的医

---

① Nguyen Thi Dieu, *The Mekong River and the Struggle for Indochina: Water, War, and Peace*, Praeger, 1999, p. 154.

院，还在甘再建造了柬埔寨第一个重要的水电项目甘再水电站。鉴于柬埔寨对外援的严重依赖，它重视所有援助方，无论是大国还是小国，无论是共产主义国家还是非共产主义国家。

尽管湄公河计划尚在起步中，但柬埔寨政府早已在地方和国家层面努力规划本国的水资源开发长期计划。在湄公河计划中，从一开始就位于开发名单最前列、与老挝巴蒙水电站并重的另外两个干流水电项目——松博水电站和洞里萨水电站，都在柬埔寨境内。再加上老挝境内靠近老柬边界的孔恩瀑布水电站和另一个柬埔寨境内干流项目上丁水电站，五大工程项目可以构成一个水资源综合开发体系。

对于柬埔寨而言，以上项目将为这个贫穷的国家带来经济发展的美好前景。然而，柬埔寨与美国外交关系的好转或恶化极大地影响着柬埔寨境内湄公河水资源开发规划的实现，尽管湄公河计划号称是一个多边计划，不易受政治变化的影响。

20 世纪 60 年代，美国和柬埔寨的关系在两极间波动：有时即使没有公开对抗也处于完全不信任状态，[①] 有时又认识到在寻求地区权力平衡中的互相依赖。这种不稳定的关系影响到后来湄公河支流特诺河水电站项目的实施。

特诺河项目位于柬埔寨首都金边西北 70 千米处，是柬埔寨最干旱的地区之一。按照规划，特诺河水电站是一个多用途水电站，能满足柬埔寨的灌溉（7 万公顷）和能源需求（每年保持 1.3 万千瓦的需求量增长）。工程完工后，特诺河水电站生产的电力将供应给首都金边的工厂。[②] 1961 - 1962 年，以色列和日本专家对特诺河水电站选址进行了初步调研。在 1966 年 3 月的湄委会第 30 届大会上，特诺河项目被列为优先实施项目，湄委会希望其成为继老挝南俄水电站之后的又一个开发范例。工程建设成本预算为 3300 万美元，其中 1/3 将由柬埔寨自行承担，剩下的 2200 万美元，将以外来捐款和软贷款（即借款国可用本国软货币来偿还）的形式来获取，

---

① 在历史上，柬埔寨有着受泰、越两国侵略的惨痛历史。美国打着"反共"的旗号支援泰国和南越，加深了柬埔寨对自身安全的担忧。1965 年 9 月，西哈努克亲王曾表示："柬埔寨反美是因为美国给曼谷和西贡政权提供巨额的物资援助和军事援助，致使它们威胁到我国领土的完整、我们的政权，以及我国国民目前所享有的和平环境。"

② "The Prek Thnot Dam and Power Station", *Indian Journal of Power and River Valley Development*, The Mekong Project Number, 1966, p. 98.

主要捐助国是日美（美国承诺捐助 700 万美元）。然而，1966 年 9 月，美国国会通过对外援助拨款法案修正案，禁止美国援助任何一个帮助北越的国家。由于美方收到柬埔寨政府向北越和南越民族解放阵线提供物资、越南人民军频繁使用柬埔寨领土进入南越等情报，最后决定不向特诺河项目提供援助，代之以劝说加拿大、联邦德国等其他国家填补资金缺口。虽然美方认为，"特诺河水电站本身是一个很好的项目，并且是湄公河开发体系中不可缺少的一部分"。①

柬埔寨虽然于 1965 年 5 月与美国断绝了外交关系，但仍希望将特诺河项目继续下去，并希望通过湄委会接受多方援助，声称如果特诺河项目不能快速寻求到解决办法，将退出调查协调委员会。

特诺河项目陷入僵局时，正值流域国家之间自湄委会成立以来第一次处于激烈对抗之际——泰国和柬埔寨之间关于柏威夏寺的争端正处于白热化；南越军队继续入侵柬埔寨领土。但在特诺河项目上，其他三个流域国家抛开恩怨，展现出罕见的团结，因为它们很清楚，柬埔寨的参与是湄公河计划获得成功的前提条件。泰、老、越代表为柬埔寨辩护，认为"下一个大的项目应该在柬埔寨境内实施，因为老挝和泰国都已经从湄公河计划中获益了"。② 湄委会迅速将 1966 年定为柬埔寨年，给予柬埔寨在投资和建设方面的优先权。

随着柬埔寨与美国关系的更趋紧张，1967 年 1 月 25 日，在写给联合国秘书长的一封信中，西哈努克宣布"特诺河项目对我们的经济发展并不重要，非常清楚的是，那些宣布愿意援助我们的国家，私下里都带着有利于'自由世界'的政治或战略目的。目前，柬埔寨受到的威胁太大了，不想考虑特诺河问题了"。紧接着，1967 年 2 月，柬埔寨决定不参加在万象举行的湄委会第 32 届大会，因为它确信特诺河项目不会得到资助。1968 年 4 月，柬埔寨再次拒绝参加在东京召开的湄委会大会，以抗议特诺河项目资金不足。

---

① FRUS, "Letter from Secretary of State Rusk to the Chairman of the Senate Foreign Relations Committee (Fulbright)", Volume XXVII, Mainland Southeast Asia, Regional Affairs, Document 91, 1964 – 1968.

② "Prek Thnot Dam in Cambodia, Cambodia Country File", Memo, The White House, 7/13/1966, NSF, Box 237, L. B. J. Library. 在泰国东北部，两个次重要的支流项目，南彭河和南邦河水电站，分别于 1965 年 11 月和 1966 年 3 月完工。

由于柬埔寨的缺席，湄委会的全体一致原则无法执行下去，"柬埔寨问题"的解决成为湄委会的首要工作。联合国秘书长吴丹和亚远经委会呼吁湄委会友好国家慷慨解囊。一些国家给予了援助，尤其是日本，它们决定比原本承诺的付出更多，以弥补美国退出后留下的资金缺口。[1] 援助以捐款和贷款的形式给予，包括日本（1100 万美元）、加拿大（200 万美元）、澳大利亚（130 万美元）、英国（60 万美元）、荷兰（100 万美元）、巴基斯坦（15 万美元），还有印度、意大利、菲律宾、联邦德国，总计提供的资金达 1600 余万美元。1968 年 11 月，柬埔寨与这些国家签署了关于特诺河项目第一阶段开发的多边协议，成立了柬埔寨国家大型水电公司，负责特诺河项目的建设和运营。1969 年 10 月，特诺河项目克服了美国退出带来的不利影响，开始动工。

特诺河项目案例说明了三个问题。其一，美国在湄公河水资源开发中具有主导地位。没有美国的支持和资金援助，任何一个大规模的开发项目都会步履维艰，而它的参与则会快速推进项目的进度，吸引其他捐助国与世界银行的资金涌入，如南俄水电站。[2] 通过水电项目给当地带来经济收益、维护地区稳定和巩固非共产主义政权，是美国支持东南亚地区合作的主要动机。当受惠国不服从美国的指挥时（如柬埔寨奉行美国不接受的中立主义），在军事和政治需求面前，美国支持地区合作的行动就会归零。因此，在湄公河区域合作的进程中，当美国在该地区的政治安全利益与地区发展之间发生冲突时，地区发展必然让位于政治利益。柬埔寨的特诺河支流项目就是一个显著的例子。其二，流域各国对美国的援助持有矛盾心理。一方面，在一定政治背景下的任何开发项目，都不可能摆脱对强大政治力量的依附，流域国家的水资源开发和经济发展在很大程度上需要倚靠外界的帮助；另一方面，它们清楚地认识到美国企图将援助作为干涉其国内事务的一种手段。在特诺河项目问题上，柬埔寨的态度变化正是这种矛盾心理的表现。其三，湄委会成员国在湄公河计划上具有较强的团结力。为了筹措资金，湄委会不仅要证明项目的可行性，还要展示项目背后流域

---

[1]　David Jenkins, "The Lower Mekong Scheme", *Asian Survey*, June 1968, pp. 456 – 464.

[2]　老挝在南俄水电站建设项目中没有从自己的预算中拨款，全靠外援。

国家的团结。因为银行家和捐助国都希望接受援助的组织内部是团结一致和有效的，以确保它们的钱不会被浪费而且提供的贷款可以偿还。尽管在1966－1969年，老挝、泰国、南越和柬埔寨之间的外交关系恶化，但它们在为柬埔寨特诺河项目筹集资金时，始终展示出令人敬佩的团结。

总的来说，湄公河水资源开发的进程与地区局势息息相关。作为最主要的援助国，美国对湄公河流域的经济援助政策，随着越战形势的变化而演变。1964－1965年，正值约翰逊政府越战升级准备阶段，经济援助主要是由美国以双边方式捐助给湄公河流域受惠国。这个时期，美国的经济援助是巨大而且相当明显的，美国援助专家大批前往受惠国。选择的援助项目受到了公众瞩目，大部分项目都是美国国际开发署设想和管控的。随着战争的升级，美国后来提交给国会的援助预算中，用于南越经济和社会发展的比例越来越大，旨在增强南越的战斗力和经济水平，其他流域国家分得的份额萎缩。约翰逊政府后期，美国决定从越南脱身，援助从双边转向多边。美国希望其他国家或类似于美国国际开发署这样的机构能担起湄公河开发计划筹资的重任，亚洲开发银行成为首选。

第二节　1970年流域指导计划出台

湄委会自1957年成立以来，主要做了一些基础性和前期性工作，取得了丰富的成果，为后来湄公河水资源开发工程的实施奠定了良好的基础。1970年，湄委会出台《流域指导计划》，这一规划为未来30年的流域开发确立了框架。

一　湄公河计划第一阶段成果丰富

自湄委会成立至1965年，湄公河计划第一阶段成果丰富，如测量了流域地形并绘制地形图，设置了水文和气象观测站网，建立了洪水预报和水质监测系统，还做了大量的工程规划和可行性研究工作。就在这一年，湄公河计划进入第二阶段，即工程实施阶段，包括建坝、建电站、灌溉和航道疏浚。也正是在这一时期，湄委会的职能得到扩大，"成为推动地区经济和社会变革的一支重要力量，涉及领域不仅是河流开发，还包括健康、教育、交通设施等方面"。[①] 人们乐观地认为，湄委会"站在一个充满希望的起点上"。[②]

在水电开发上，虽然湄委会一直强调在干流建设三个水电站——老挝巴蒙水电站、柬埔寨松博水电站和洞里萨水电站的重要性，但也深知，只有先实施开发成本较少、规模较小、开发期限较短的支流项目，获得经验，并且展示这类工程的盈利能力，才能最终招徕对那些更大规模项目的支持。支流项目一旦完成规划和可行性研究，将不再由湄委会负责和直接融资，而是完全成为由相关国家政府控制的国家项目。[③] 但是，在之后的筹资和建设阶段，湄委会仍会发挥一定作用，比如寻找潜在贷款国、选择工程公司实施支流项目建设等。

除水利电力项目外，湄公河水资源开发的其他项目也同时展开。联合国特别项目基金、英国、法国、新西兰、荷兰和美国为促进湄公河的航运提供了技术援助；联合国粮农组织筹资，在流域国家内建立了农业试点站；世界卫生组织承担了血吸虫病研究项目；法国和联合国特别基金资助了流域矿产资源探勘，希望通过南俄水电站和南邦水电站生产的电力，促进新工业，尤其是铝业的发展，最终推动贫困的泰国东北部和老挝北部地区的经济发展。

二　1970 年流域指导计划出台

1970 年，湄委会多年的努力取得成果：《流域指导计划》（1970 – 2000）

---

① W. R. Derrick Sewell, "The Mekong Scheme: Guideline for a Solution to Strife in Southeast Asia", *Asian Survey*, Vol. 8, No. 6, June 1968, pp. 448 – 455.

② Jeffrey W. Jacobs, "Mekong Committee History and Lessons for River Basin Development", *The Geographical Journal*, Vol. 161, No. 2. July 1995, pp. 135 – 148.

③ 直接融资是资金直接在最终投资人和最终筹款人之间转移，典型的直接融资是通过发行股票、债券等有价证券实现的融资。间接融资是指资金供给者与资金需求者通过金融中介机构间接实现融资的行为。

（以下简称《指导计划》）出台。[①] 这份厚达 600 页的文件，制定了以一种综合性的方式开发水及其相关资源的庞大规划。《指导计划》在十多年来收集的数据的基础上，预计到 2000 年湄公河流域的能源需求将达到 2277.2 万千瓦的峰值；农业生产所需的灌溉面积预计为 186.8 万公顷。鉴于电力需求量的增加和流域国家（除泰国外）都处于世界最贫穷、最不发达国家之列的事实，《指导计划》建议对湄公河进行综合性的多用途开发。为此，推荐了湄公河干流上适合实施的 16 个项目（包括 15 个干流多用途水电站和 1 个洞里萨湖上的防洪控洪项目）、1 个三角洲开发项目，以及 180 个支流项目，并分析了它们的累积影响和相互影响。《指导计划》强调大规模灌溉对农业转型的必要性；认为水电生产是实现更繁荣的工业化的关键所在；认为防洪控洪需要依靠干流水渠和水坝的修建；决定通过建造一系列装有航运船闸的梯级大坝，实现从湄公河入海口到上游老挝的航道运输。《指导计划》指出，尽管支流项目看上去对流域国家短期开发需求具有吸引力，但使地区经济得到全面提升和发展的是大规模的水电开发。它列出预计到 20 世纪 80 年代竣工的四个干流项目——1983 年巴蒙水电站落成、1985 年上丁水电站和松博水电站落成、1987 年洞里萨水电站落成，建设成本总计 100 亿美元。

《指导计划》确定了短期目标（1971 - 1980 年）和长期目标（1981 - 2000 年）。短期目标聚焦水电、防洪控洪和先锋农业站的建设，计划在各成员国境内建设单用途和多用途的支流水电站；长期目标是对 16 个具有可行性的干流项目进行组合，其中的重点是建造以巴蒙水电站为核心的 7 个干流梯级水电站，总库容达 2589 亿立方米，有效库容 1360 亿立方米，总装机容量 2330 万千瓦。除此之外，《指导计划》还在越南中央高地规划了 10 个次级水电项目，打算于 1980 - 1985 年建设，为柬埔寨和越南提供电力。

然而，地区形势的日益动荡使巴蒙水电站等干流项目最终搁浅。当巴特寮和红色高棉相继在老挝和柬埔寨掌权、越南即将统一时，湄委会最终于 1975 年停止运作。

---

① *Indicative Basin Plan*: *Committee for Coordination and Investigation of the Lower Mekong Basin*, Mekong Secretariat, Bangkok, Thailand, Mekong Secretariat, 1970.

三　1975 年联合声明

1975 年，老挝和越南国内相继发生重大政治变化。1975 年 1 月 31 日，湄委会赶在地区发生重大变化前，在万象召开的下湄公河流域调查协调委员会最后一次全体会议上，督促四个参与国政府共同签署了《下湄公河流域水资源利用原则联合声明》（*The Joint Declaration of Principles for Utilization of the Waters of the Lower Mekong Basin*）。《联合声明》采用了《赫尔辛基规则》中的一些原则，如水资源公平合理利用和不产生明显危害的原则，以及一些国际惯例（如主权平等）。声明将湄委会的目标确定为"综合开发下湄公河流域的水资源及其相关资源"，从边界和航行使用转向更广泛的目标。①

该联合声明成为后来湄公河流域合作开发管理的基本法律文件之一，其签署反映了湄公河这条国际河流流域日益增强的整体开发趋势。《联合声明》限定所有干流项目、主要支流和流域间调水项目在实施前须经过湄委会成员国一致同意，② 这导致在柬埔寨退出湄委会后，干流工程无法开展，之后成立的临时委员会的工作范围只能局限于小型项目和支流工程。

尽管《联合声明》超越了传统的国家主权原则，但它是在准备建设干流梯级大坝的背景下起草的，而梯级大坝的建设，将为每个流域国家带来巨大利益。《联合声明》在湄委会制度的演变中具有重要的意义，其原则成为 20 世纪 90 年代重返湄委会体系时四国争议的焦点。

就在湄委会集中了流域大规模开发所需要的所有要素——完成对流域

---

① 在 1957 年的章程里，湄委会的职责在于"促进、协调、监督和控制下湄公河水资源开发项目的规划和调查"，但在后来实际运作中，湄委会承担的工作已经超出了章程。

② 《联合声明》共 39 条条款，其中最重要的两条是第 10 条"干流水资源属于公共利益资源，在未获得其他流域国家同意的情况下，不应受到任一流域国家单方拨用"；第 11 条"一个流域国家对干流水资源的主权管辖，服从于其他流域国家使用该水资源的平等权利"。这两条意味着，在未获得四国一致同意的情况下，不得实施任何干流项目。另外，第 17 条规定"实施项目的流域国家，无论该项目是否在其领土上，都应该在实施计划中的干流项目之前，向其他流域国提交一份关于所有可能对其他流域国境内产生的负面影响，包括短期和长期生态影响详细的研究报告，寻求正式通过。损害赔偿程序和金额都应写入这份研究报告中"。第 20 款和 21 款写明，从湄公河流域调水（即流域间调水）和主要支流上的项目受与干流项目同样规则的管理。第 18 款重申湄公河体制长期以来坚持的维持干季干流最低流量的原则。

的调研，出台流域指导计划，出台第一个干流水坝巴蒙大坝的详细方案，以及召集成员国签署《联合声明》时，该地区地缘政治平衡从根本上发生了变化。1975 年中期发生的一系列快速的、未曾预料的事件，使湄公河整体化开发的梦想破碎了。

第三节　越战结束与湄公河计划陷入低谷

　　湄委会经受住了十余年战争的考验，却在后越战时期陷入低谷。1957 - 1975 年，湄委会召开了 69 届全体会议，但随着 1975 年北越在内战中获得军事胜利，统一了越南，以及共产主义力量在老挝和柬埔寨获胜，仅剩下泰国还站在资本主义阵营一边，湄公河次区域的政治局势发生了翻天覆地的变化，直接影响到湄委会的运作。

　　1977 年 4 月，红色高棉控制下的柬埔寨宣布从湄委会退出，剩下的三个国家——泰国、老挝人民民主共和国和越南社会主义共和国，决定在曼谷召开会议讨论湄委会的未来。三国最后决定，不解散湄委会，而是建立一个临时委员会继续领导实施湄公河计划，并为湄公河水资源开发筹集资金，同时等待柬埔寨回归。1978 年 1 月 5 日，湄公河下游三国泰国、越南和老挝在万象正式宣布成立 "下湄公河流域调查协调临时委员会"（简称 "临时湄委会"）。

　　然而，临时湄委会时期，由于始终缺少一个关键成员，干流工程无法开展。加上 1979 年越南入侵柬埔寨以及之后爆发的柬埔寨内战、柬老间的边境冲突，地区紧张局势造成湄公河水资源的开发与管理失去了合作的基础。直至 1989 年，临时委员会的工作开展均举步维艰。

一　越战结束后美国的湄公河政策

　　在约翰逊政府后期，虽然湄公河计划仍在其亚洲政策中占据一席之地，但其重要性已大为削弱，并且受到更多的政治限制。接下来的尼克松政府，尽管对援助之于根除共产主义的有效性持怀疑态度，但并没有完全忽视湄公河计划。美国继续在两个层面参与湄公河计划：一是与湄委会、联合国开发计划署和其他联合国相关机构、世界银行、亚洲开发银行协调行动；二是和亚洲开发银行合作，在双边基础上参与湄公河相关项目。

1969 年，约翰逊总统前东南亚经济和社会发展特别顾问尤金·布莱克出版了一本名为《在东南亚进行选择》的书，提出重建地区均势，通过支持地区合作，鼓励日本和亚洲开发银行扮演更重要的角色，填补美国未来撤出中南半岛留下的真空。尤金·布莱克认为，如果美国想以更具建设性的文明方式取代破坏性的军事存在的话，对流域四国外交必须考虑到湄公河计划。他引用赞比亚和津巴布韦通过赞比西河卡里巴大坝实现"大河和平"、印度和巴基斯坦达成《印度河水条约》的例子，① 说明两个对抗国家之间的国际河流合作似乎会超越彼此的敌意，开启战争结束的大门。尤金·布莱克建议，美国还可以利用自己的影响力说服其他国家政府如日本，在开发计划中承担更多的责任。尤金·布莱克的建议得到尼克松总统的回应。1970 年，尼克松宣布"待越战结束，重建工作将在区域背景下展开。我们期盼地区持续合作，开发利用湄公河电能"。②

湄公河次区域的政治形势不稳定阻碍了支流项目的完整开发，更别提干流项目了。尼克松政府时期，美国把重点放在农业先锋项目规划上。在对湄公河流域先锋项目进行可行性研究中，美国捐助了 50 万美元，仅次于联合国（100 万美元）。除此之外，在湄委会层面上，美国捐助的项目还包括：建设老挝和泰国的湄公河港口及货物装卸设备、三角洲土壤管理和洪水控制研究，以及南越渔业项目。与此同时，美国还继续在双边框架下资助每个国家境内的支流项目。

---

① 卡里巴大坝横跨赞比亚和津巴布韦两国边境，建于 1959 年，是世界最大的大坝之一，为津巴布韦与赞比亚所共有；1960 年 9 月，印度和巴基斯坦签订《印度河水条约》，达成印度河流域水资源分配协议，印度河流域东部的 3 条河流（拉维河、比阿斯河和萨特勒其河）归属印度，西部的 3 条河流（印度河、杰卢姆河和奇纳布河）归属巴基斯坦。1967 年，巴基斯坦在世界银行资助下在杰卢姆河上修筑了曼格拉大坝。而在该大坝建成之前，巴基斯坦的灌溉系统完全依赖印度河水，引水系统基本上没有统一的管理。

② "First Annual Report to the Congress on U. S. Foreign Policy for the 1970s, February 18, 1970", in *Public Papers of the Presidents of the United States*, *Richard Nixon*, 1970, Washington, DC: U. S. Government Printing Office, 1971, p. 45.

但是尼克松的湄公河政策和约翰逊一样，受到该地区政治军事形势变化的影响。美国对湄公河支流开发项目的捐助主要集中在老挝。老挝仍是美国政府地缘战略关切的焦点，多米诺骨牌理论仍旧盛行，尼克松政府相信如果老挝落入巴特寮和北越手中，将意味着不仅柬埔寨，还有南越甚至泰国这个西方最忠诚的盟友也会沦陷。因此泰国共产党活跃的东北部和湄公河河谷被美国视为战略区域，不仅要加强控制，还要加强经济和军事援助。所以，在美国轰炸和老挝内战升级的同时，美国继续为南俄水电站的建设和巴蒙干流水电站的可行性研究筹集资金。正是在美国的支持下，南俄水电站一期才能迅速筹集到需要的资金。之后，当世界银行于1973年实施可行性研究后准备开建南俄水电站二期时（建设2个补充的4万千瓦的发电机和一个115千伏的传输线，输电到万象再到泰国东北部城市廊开），美国政府向老挝提供了500万美元的贷款。在美国的建议下，老挝王室要求亚洲开发银行承担发起者、协调者和资金管理者的角色，并得到同意。1974年6月，南俄水电站二期开发基金设立。美国的支持又一次引来更多外资的投入。9个国家承诺以贷款或捐赠的形式包揽2400万－2500万美元的建设成本。

在南越，美国贷款450万美元，用于扩大中央高地上的湄公河支流斯雷伯克河上游德瑞宁水电站（Drayling）的生产能力（从0.05万千瓦扩大到1.2万千瓦），以满足越南中央高地以及柬埔寨的电力需求。然而，地区安全形势的不稳定和战争的恶化阻碍了该项目的实现。

尼克松认为，湄公河计划继续下去能给具有长期对抗历史的国家带来发展合作关系（即使是短暂的）的可能性。在产生巴黎停战协议的美越谈判中，经济援助问题占了相当比重。尼克松希望通过向北越提供战后重建援助，将北越纳入印支地区战后重建规划中来，换取北越停止进攻南越。在1972年向国会做的外交政策年度报告中，尼克松说："与一个全面的停战协议相对应，我们准备进行为期5年、耗资75亿美元的战后重建计划，其中北越能分享到25亿美元。"①

---

① *Public Papers of the Presidents of the United States*, *Richard Nixion*, 1972, Washington, DC: U. S. Government Printing Office, p. 279.

1973 年 1 月 27 日，美越签署巴黎协议，原则上结束了战争和美国在越南的军事和政治存在。协议第 21 款规定，湄公河计划有可能成为越南战后经济重建的一部分，"美国预计该协议将开创一个与北越及所有印支人民和解的时代。在追求传统政策中，美国将致力于治疗战争的创伤，及越南民主共和国与整个印支地区的战后重建"。① 谈判中，美方代表团认为，通过世界银行和亚洲开发银行向湄公河计划提供资金和技术，可能对北越具有吸引力。一份名为《可能有益于河内的战后湄公河开发活动》的提案被基辛格提交至美国众议院亚洲和太平洋事务委员会关于对北越援助问题的听证会上，被认为对北越有最大利益的项目包括位于老挝靠近越南边界的南屯支流综合水电项目，该项目可以快速完工并能向北越提供廉价的电力用于其工业化进程。老挝境内的巴蒙项目也被提及，该项目已由美国垦务局先期进行了大量细致的研究。美国和北越还就建立美国—北越联合经济委员会展开磋商。1973 年 2 月 14 日，美越发表联合公报，宣布组建联合经济委员会负责推进北越和美国之间的经济关系。委员会于 1973 年 3 月 1 日开始运作，并迅速制定《北越—美国联合经济委员会宗旨、功能、组织和工作程序协议》，草案最后文本于 1973 年 3 月 27 日敲定。然而，1973 年 4 月中旬，美国指责北越武装人员仍然渗入南越并继续干涉老挝和柬埔寨的内战，违反了巴黎协议，决定单方面中止联合经济委员会的所有磋商。1973 年 7 月 23 日，联合经济委员会解散。

1975 年，中南半岛政治局势突变。4 月，越共占领南越首都西贡，越南战争结束。同月，柬埔寨全国解放，红色高棉掌握政权。1975 年 12 月，老挝人民革命党获得 22 年老挝内战的最后胜利，将亲美的老挝王国推翻，成立老挝人民民主共和国。

美国福特、卡特和里根政府都对越南（越南社会主义共和国）、老挝（老挝人民民主共和国）和柬埔寨（民主柬埔寨）持强硬立场。1975 年 11 月，美国投票反对越南加入联合国并实行对越禁运。1976 年，美国国会通

---

① "The Vietnam Agreement and Protocls: Agreement on Ending the War and Restoring Peace in Vietnam, Signed January 27, 1973", in *U. S. Congress, Senate, Committee on Foreign Relations, Background Information Relating to Southeast Asia and Vietnam*, Washingtong DC: U. S. Government Printing Office, 1975, p. 522.

过对外援助拨款法案，规定直接援助拨款"不能被用于对北越、南越、柬埔寨和老挝提供援助"。① 1977 年，美国国会的对外援助拨款法案进一步关闭了对这些国家的间接援助之门。在世界银行相关机构如国际开发协会，或地区性机构如亚洲开发银行给予越、老、柬三国贷款的提案上（其中大部分是关于农业和农村发展的），美国一贯动用否决权，理由是在这些社会主义国家人权受到侵犯，得不到尊重。美国还向日本等盟友施压，阻止它们给予越南任何官方或私人援助。

总体而言，美国曾是湄委会最大的流域外捐助国，从湄委会成立到 1975 年之前，累计捐助了 4600 万美元（其中 1390 万美元用于巴蒙项目的可行性研究）。随着在政治和军事上全面卷入湄公河次区域事务，美国担当了湄公河计划背后的主要推手，对湄公河国家、湄公河计划和湄委会都具有极大影响力。20 世纪 50 年代，它第一个发起对流域的探勘调研，极大增进了对湄公河的了解。接下来的十余年，它帮助建设了水文和气象观测网点，帮助培训了水文和气象专家，并且制作了湄公河自然资源地图集，还帮助研究血吸虫这类水源疾病。美国不但为老挝南俄水电站的建设投入巨额资金，还深度参与巴蒙干流项目的可行性调查研究。它还通过双边渠道资助各个国家境内的项目，例如泰国东北部三个支流水电站兰塔孔（Lam Takong）、兰帕（Lam Phra）和兰保（Lam Pao），建设金额总计 1020 万美元。② 正如泰国学者帕初·颂猜所述，"尽管美国给予湄公河计划的资金总的来说是温和适度的，对重要地区的支持是经过精心挑选的，但美国有效地充当了催化剂，其提供的资金在很多情况下起到了'种子基金'的作用"。③ 然而，1975 年之后，随着美国退出湄公河计划，湄公河计划的开展遭遇了巨大的挫折。

① Joseph U. Zasloff and MacAlister Brown, *Communist Indochina and U. S. Foreign Policy: Postwar Realities*, Westerview Press, 1978, p. 26.
② Pachoom Chomchai, *The United States, the Mekong Committee and Thailand: A Study of American Multilateral and Bilateral Assistance to North-East Thailand since the 1950s*, Bangkok: Institute of Asian Studies, Chulalongkorn University, 1994, p. 186.
③ Pachoom Chomchai, *The United States, the Mekong Committee and Thailand: A Study of American Multilateral and Bilateral Assistance to North-East Thailand since the 1950s*, Bangkok: Institute of Asian Studies, Chulalongkorn University, 1994, p. 186.

二　临时委员会成立及 1987 年流域指导计划修订

下湄公河流域调查协调委员会成立于冷战的背景之下，越战期间更是作为西方国家对外经济援助的一部分，被用来实现其战略目标。由于运作资金主要依附于西方的捐助，致使其具有天生的脆弱性。1975 年以后，西方经济援助大幅削减，联合国开发署对湄委会的捐助也从 1973 年的 560 万美元下降到 1976 年的零，湄委会遭遇了前所未有的困难。① 另外，1975 年以后成员国之间由于意识形态不同导致冲突加剧，再加上红色高棉控制下的柬埔寨的退出，湄委会运作陷入瘫痪。关键时刻，老挝、泰国和越南展现出了罕见的团结精神，成立"下湄公河流域调查协调临时委员会"取代"下湄公河流域调查协调委员会"，避免了湄公河水资源管理机制走向失败。

（一）下湄公河流域调查协调临时委员会的成立

1975 年后，湄委会内部泰国和受共产主义影响的其他成员国（老挝、越南、柬埔寨）之间的分裂日益显现。1975 - 1977 年，泰国和越南断交，湄委会的运作陷入停顿。而在红色高棉统治下，柬埔寨孤立于国际社会，并于 1977 年 4 月停止向湄委会派驻代表。

虽然在意识形态上，泰国与越南及老挝的共产党政府相对立，但是三国之间的外交关系于 1978 年恢复，重建湄委会体制的时机成熟了。在联合国亚洲和太平洋经济社会委员会（前身为亚远经委会）的帮助下，1978 年 1 月，老挝、泰国和越南的代表签署了湄公河临时委员会声明，② 成立了"下湄公河流域调查协调临时委员会"，遵照 1975 年的《联合声明》开展工作，旨在维持湄公河管理机制以获得外部的援助，"促进湄公河下游水资源开发"。处于红色高棉统治下的柬埔寨寻求自力更生，不愿意加入诸如湄委会这样的国际机构中。"下湄公河流域调查协调临时委员会"之所

---

① Friesen, K. M., *Damming the Mekong: Plans and Paradigms for Developing the River Basin from 1951 to 1995*, Ph. D. Dissertation, American University, Washington DC, 1999.

② *Declaration Concerning the Interim Mekong Committee for Coordination of Investigations of the Lower Mekong Basin*, January 5, 1978, Laos – Thailand – Vietnam.

以冠以"临时",是期望将来某一天柬埔寨能够回归。

1978 年声明反映了湄公河流域新的地缘政治现实。老挝、越南和泰国政府希望通过湄委会体制,继续获得技术和资金援助。然而,由于柬埔寨的缺席,干流梯级大坝的计划被搁置了。此外,由于泰国政府不希望临时委员会控制流域内水资源项目的规划和实施,临时委员会的规章制度也是松散的,临时委员会没有权力审查各成员国列入计划的水资源开发项目。

临时委员会的职能与老湄委会相比大大缩小。1957 年章程赋予湄委会的使命是"促进、协调、监督和控制下湄公河水资源开发项目的规划和调查",1975 年《联合声明》更是将湄委会的职能扩大到控制所有干流项目、主要支流和流域间调水项目的实施。而与之形成鲜明对比的是,临时委员会的职能仅仅是"促进湄公河下游水资源开发"。这意味着其主要职能只是获得捐助国的援助。

1978 年的临时委员会声明还为重新接纳柬埔寨特设了条款,"一旦下湄公河流域调查协调委员会所有成员国决定加入这一组织,目前的临时委员会将被下湄公河流域调查协调委员会所取代"。但声明没有说明,一旦柬埔寨回归,1957 年《章程》和 1975 年《联合声明》这两个法律文件是否将重新生效。

(二)临时委员会的工作

尽管由于缺少流域国家的共同参与,一些流域管理事务难以全面解决,但老、泰、越三个成员国认为,在等待柬埔寨回归的过程中,还有许多事情可以做。临时委员会将注意力集中在数据收集、培训和单个国家境内的项目上,选择了 1970 年《流域指导计划》中那些不需要全体流域国家参与的计划来做,比如水文数据的进一步收集、水质取样、洪水预警系统的完善等。临时委员会还开展了一些新项目研究,如对流域环境、低流量预报、三角洲水质盐碱化控制,以及气候变化对水文和水源的影响评估等问题进行了研究。

临时委员会的主要贡献包括以下四个方面。

第一,帮助流域国家开发和实施国内项目。这对流域国家尤其是泰国的经济发展起到了促进作用。

第二，研究和规划新形势下流域范围开发计划。临时委员会期间，推动了 1987 年《流域指导计划》的出台。

第三，将环境考虑和公众参与等新的趋势纳入项目的规划和实施中。在临时委员会时期，开发行为的跨境影响得到重视，解决跨境影响问题的适合方案也在考虑之中。1987 年出台的《流域指导计划》考虑到了环境和公众参与问题，比如调整巴蒙水电站的海拔高度，从而减少淹没的土地面积和移民数量。1995 年湄委会框架下水资源合作利用的基本文件《湄公河流域可持续性发展合作协定》之所以充分考虑到环境问题，也要归功于临时委员会的预先重视。

第四，向利益相关方提供信息。在信息公开方面，湄公河流域是最为透明的国际流域之一，比如，湄公河流量和降雨量自 1964 年起被下湄公河流域调查协调委员会、湄公河临时委员会和后来的湄委会每年以水文年鉴的形式发布。而在发展中国家，几乎没有哪个组织能提供这样的信息服务。水文数据透明促使研究者在水文模型、水资源管理、灌溉潜力研究和环境问题等多领域展开工作。

不过，地区局势的持续动荡使临时委员会举步维艰。苏联表现出填补美国撤出后留下的地缘政治真空的强烈愿望。越南在苏联支持下，于 1978 - 1979 年入侵柬埔寨，中南半岛再次经历了一场为期十年的浩劫。鉴于地区局势不稳，各捐助国纷纷停止资助。在 1978 年 12 月越南入侵柬埔寨前夕，临时委员会收到的来自众多国家和联合国诸机构的保证和承诺达到 3.777 亿美元，其中 76% 是捐赠。而在 1979 年越南占领柬埔寨后，对临时委员会的捐赠剧烈下滑。流域国家因为各自的经济形势进一步恶化，对临时委员会行动的资助也急剧下降。[①] 临时委员会在预算大幅减少的情况下蹒跚而行，年均预算仅为 500 万 - 800 万美元，与老湄委会时代的 2000 万美元形成鲜明对比。[②] 这一时期，对临时委员会的主要资金援助来自欧洲国家

① Friesen, K. M., *Damming the Mekong*: *Plans and Paradigms for Developing the River Basin from* 1951 *to* 1995, Ph. D. Dissertation, American University, Washington DC, 1999.
② Greg Browder and Leonard Ortolano, "The Evolution of an International Water Resources Management Regime in the Mekong River Basin", *Natural Resources Journal*, Vol. 40, No. 3, 2000, pp. 499 – 531.

（如荷兰）、澳大利亚、日本等。临时委员会秘书处执行代表还是由联合国开发计划署指派高级工作人员担任。

（三）1987 年出台 1970 年《流域指导计划》修订版

湄公河开发计划最初设想是分为三个阶段进行：数据收集、流域开发规划和项目可行性研究；支流项目建设；干流项目建设。这三个阶段彼此间存在承接和递进关系。老挝、泰国、柬埔寨和越南四国在数据收集和开发规划阶段的合作建立起来相对容易一些，但进入到第二阶段即项目实施阶段后，受地区局势的影响，以及支流项目本身所具有的国别性，区域合作陷入停顿甚至有所倒退，湄公河从"地区整体开发"退回到"各国国内开发"，每个成员国只关注其国内水坝建设或三角洲地带开发问题。

缺乏资金来源，再加上柬埔寨的退出，使湄公河干流开发的梦想变得更加遥远。临时委员会将注意力转向更小的各国境内支流项目。但这并不意味着干流综合开发的愿景消失。1980 年，临时委员会重申，一旦柬埔寨重回湄委会机制，将优先开发干流梯级水电站。而在重新划定和评估水资源开发方案后，临时委员会于 1987 年完成了《湄公河开发远景：下湄公河流域土地、水及相关资源开发的修订指导计划（1987）》。

1987 年发布的《流域指导计划》，即 1970 年《流域指导计划》的修订版，是临时委员会史上的一个里程碑。其制定的背景是，柬埔寨局势悬而未决，阻碍了任何一个干流计划的进行。到 20 世纪 70 年代末，1970 年《流域指导计划》中列出的 16 个干流优先计划没有一个得以实现，列出的 180 多个拟建项目只完成了 16 个（共计投入 3 亿美元），其中大多数位于泰国东北部［如南邦、南彭、兰保、兰帕浦叻（Lam Pra Plerng）、兰塔孔（Lam Ta Kong）、南丰（Nam Phrom）、南乌恩（Nam Oon）、兰敦内河（Lam Dom Noi）］，还有 2 个在老挝境内［塞勒邦（Selabam）和南栋（Nam Dong）水电站］。其中，南俄（一期和二期）是唯一由湄委会发起的具有国际性的项目（泰国和老挝两国合作）。再加上时事变迁使 1970 年《流域指导计划》中收纳的信息显得有些过时，临时委员会决定修改其流域指导计划，将政治因素和新收集的数据考虑进来，在维持长期规划的同时，出台一个为期 10 – 15 年的中期规划。① 最后，1987 年，湄委会秘书处完成不包括柬埔寨在内的 1970 年《流域指导计划》的修订版，该计划于 1988 年公布，名为《湄公河开发远景：下湄公河流域土地、水及相关资源开发的修订指导计划（1987）》。② 从实用主义和政治现实出发，该修订版本将关注度从地区转向各国国内，所列出的一般是建在支流上、适度规模的、多用途的项目。不过，修订版仍保留了 1970 年《流域指导计划》中建设一系列湄公河干流水坝的预想，认为在干流修建 8 个梯级水电站是流域水资源长期开发的最佳方案，但是要求缩小这些水电站的规模，以减轻对环境的影响并且减少移民的数量。

继 1987 年修订版之后，临时委员会于 1990 年完成了关于干流开发潜能的又一项研究调查《湄公河干流开发潜力总结报告》。③ 报告中，采用了更具环保意识的言辞，并对梯级水电站开发计划进行了微调，但没有真正改变整个开发计划的总体框架。不过，这份报告提出，项目的选择程序应受"移民需求限制、环境保护、维持下游利益所需的最低流量、减少电力高峰生产期水量调节变化对下游的影响"等原则指导。按照梯级水电站的规模，预计需要安置的移民人口总计 33 万人。

在 1987 年的《修订指导计划》中，干流巴蒙水电站仍被视为整体开发计划的里程碑式项目。但修订版考虑了当地民众对 1970 年指导计划中巴蒙工程规划的抗议，因为按照 1970 年的指导计划，如果该项目海拔 250 米，能产生 480 万千瓦的电量，灌溉老挝和泰国 160 万公顷的土地，但会淹没 3700 平方千米的森林，迫使 25 万居民迁移。④ 修订计划提出了巴蒙项目更适度的规模——海拔 210 米，仅需迁移 6 万人口，并改称"巴蒙下

---

① *Annual Report* 1984, Interim Committee for Coordination of Investigations of the Lower Mekong Basin, Bangkok: United Nations, p. 6.

② *Perspectives for Mekong Development*: *Revised Indicative Plan*（1987）*for the Development of Land, Water and Related Resources of the Lower Mekong Basin*, Interim Committee for Coordination of Investigations of the Lower Mekong Basin, Bangkok: The Committee, April 1988.

③ *Mekong Mainstream Development Possibilities*: *Summary Report*, Interim Committee, Mekong Secretariat, Bangkok, 1990.

④ "Perspectives for Mekong Development: Revised Indicative Plan（1987）for the Development of Land, Water and Related Resources of the Lower Mekong Basin", Interim Committee for Coordination of Investigations of the Lower Mekong Basin, Bangkok: The Committee, April 1988, p. xv.

游项目",同时认为有必要在跨老挝和泰国的清康（Chiang Khan）河段上修建一个上游大坝,以弥补巴蒙大坝规模缩小的损失。①《修订指导计划》中也列出了干流8个梯级大坝建造计划,但规模小于1970年的指导计划。

与1970年《流域指导计划》有很多不同,1987年的《修订指导计划》将发电视为开发湄公河干流梯级电站的最大利益之所在,特别指出巴蒙和南屯2号水电站②两个项目"具有非常诱人的经济前景……因此,从经济和技术的角度,应尽快建设"。至于水资源开发的其他方面,如防洪控洪、灌溉、渔业和航运,从经济角度来说,都没有水电重要。而生产的水电,主要是出售给泰国这个地区唯一的经济发展水平较高的国家。

泰国孔敬大学水资源和环境研究所所长帕塔玛塔库认为,"（修订计划）对农业的影响并不会像预期那般好",因为修订计划中的大多数项目不包括灌溉功能,而这是泰国东北部的农民所最需要的,泰国东北部庄稼一年只收一季,而该国其他地方一年可收获2-3季。③ 此外,干流大坝对下游柬埔寨和越南人民的经济和社会行为具有直接和负面的影响。柬埔寨对上游干流大坝之于洞里萨湖的鱼类繁殖和稻谷收成的影响表示担忧,担心大坝的建设会改变河流的循环系统。而越南担心干流大坝会减少下游水流量,致使海水进一步入侵内陆,威胁三角洲的稻米培植。

三 湄公河开发从地区向国内转变

柬埔寨的缺席和地区形势的剧变,意味着湄公河临时委员会的国际行

---

① Murray Hiebert, "The Common Stream", *Far Eastern Economic Review*, February 21, 1991, p. 25.

② 老挝南屯2号水电站（Nam Theun 2）被设计只用来发电,该项目由于其位置和可能对人口和环境造成的影响而引发当地和国际社会大量的批评和反对。南屯河的排水面积为14650平方千米,如果建成,装机容量将为120万千瓦,预计建设成本为6.15亿美元（后来改为14亿美元）。按照老挝政府1993年宣布的计划,它将建在老挝最原始的常绿林——南屯国家生物多样性保护区中间。这个3445平方千米的保护区,是东南亚存留的、最大的、未被破坏的河流和森林区域之一,拥有丰富的稀有野生动植物。由于位处偏远地区,它暂时还未遭到偷猎和砍伐。该项目预计需要周围14个村庄约4000人迁移。而下游27个村庄也将受到影响,尽管这种影响到底有多大还不能确定。

③ Murray Hiebert, "The Common Stream", *Far Eastern Economic Review*, February 21, 1991, p. 26.

动规模缩小，20 世纪 70 年代后期之后的许多水利项目都是单边的、国内的项目。1978 年临时委员会的成立文件，并未重申 1975 年《联合声明》中关于利用湄公河水资源的全体一致原则。这份约束力较弱的文件标志着之前保护所有流域国家充分利用水资源权利的坚定立场有所松动。在临时委员会期间，越南和泰国追寻各自的水资源开发计划，其境内的湄公河流域水资源开发在 20 世纪 80 年代获得大发展。特别是泰国，经济平稳发展，20 世纪 80 年代进入快车道，流域其他国家与其的经济差距越拉越大。

泰国一枝独秀　从 20 世纪 60 年代开始，泰国国内土地灌溉面积不断扩大。1977－1991 年，灌溉面积增加了 30%。然而，东北地区的发展仍然落后，农业生产率很低。由于泰国大部分土地都需要灌溉，因此土地利用率是泰国面临的一大问题。在临时委员会早期，即泰国第四个国家经济和社会发展规划（1977－1981 年）时期，泰国政府特别将湄公河水资源作为东北部地区农业生产的重要资源，但通过临时委员会筹集的资金有限。而且，泰国越来越清楚地看到，巴蒙水电站计划短期内不可能实施。于是，泰国政府实施了"双头水政策"，一并发展小型和大型水供应项目。泰国政府在东北部地区湄公河支流栖河和蒙河上建造了大量的管道灌溉系统。1982 年，管道灌溉系统建设第一阶段使灌溉面积增加了 6500 公顷；1985 年，第二阶段再增 1 万公顷。尽管小型项目向东北部地区提供了大量灌溉水，但要进一步增加灌溉能力，大型项目是唯一选择。这被列入泰国政府的长期规划中。

越南开发三角洲　越南模仿泰国单边主义做法，决定在没有临时委员会参与和帮助的情况下单方开发三角洲地区。20 世纪 70－80 年代，水稻种植在三角洲地带快速增长。1975－1995 年，三角洲地带水稻种植面积增长近 4 倍，达到 110 万公顷。[①] 如同美国和世行支持泰国一样，越南统一后，苏联提供了大量的帮助。苏联通过越南电力局，支持越南电力产业的发展，给越南早期的水电项目投入大量的技术和资金援助。如 1979 年开建、1994 年完工的越南和平水电站，迄今仍是东南亚大陆最大水电站。[②]

---

① Ashok Swain, *Managing Water Conflict*：*Asia*, *Africa and the Middle East*, Routledge, 2004, p. 119.
② 和平水电站位于越南北部红河右岸最大的支流沱江（黑水河）上。

老挝开发支流水电　二战后获得独立的老挝，是世界上最贫穷的国家之一，严重依赖外援。1975 年老挝社会主义革命胜利后，老挝尤其依赖来自共产主义阵营的援助。苏联对老挝的援助占到老挝 GDP 的 3%，到苏联1991 年解体前，帮助填补了老挝 80% 的预算赤字。① 而 1988 年后，来自西方的援助大幅度上升。1986 年，老挝以市场为导向，实行经济开放政策。80 年代后期，老挝开始效仿泰国开发湄公河支流水电。

柬埔寨兴建灌溉网渠　在孤立于国际社会的年代里，柬埔寨得到的国际援助较少。红色高棉统治时期，为了光复吴哥王朝的辉煌并实现粮食自给自足，柬埔寨曾在全国范围内实施了一个灌溉网渠建设规划。红色高棉提出的口号是"有了水，我们就有了大米，有了大米，我们就有了一切"。② 据报道，1975 - 1978 年，柬埔寨三分之一的农田实现了灌溉，从省到地区到村庄，柬埔寨的土地上，水坝、水库和灌溉渠密布。然而，当时的建设对地形、技术和耐用性都考虑不足，灌溉系统并没能产生原本期望的收成，也没能经受住随之而来的第一个湿季的考验。但是在有些省份，如马德旺省，稻米产量出现两三倍的增长。

四　区域合作原则的形成与积淀

纵观湄公河计划在冷战时期的兴衰历程，可以看出：一方面，靠外部力量支撑的湄公河机制，有着先天不足；另一方面，湄公河国家克服彼此之间长期冲突的历史桎梏，在水资源问题上保持合作，尤其是在柬埔寨退出的情况下，成立湄公河临时委员会，竭力维持着湄公河机制，堪称国际河流合作的典范，"各沿岸国之间相互理解、信任及合作的精神"，后来成为各成员国相互猜疑无法遵循有关"原则"或"公告"时的主要行为规范。③

---

① Nguyen Thi Dieu, *The Mekong River and the Struggle for Indochina：Water，War，and Peace*, Praeger, 1999, p. 210.

② Nguyen Thi Dieu, *The Mekong River and the Struggle for Indochina：Water，War，and Peace*, Praeger, 1999, p. 214.

③ 何大明、冯彦：《国际河流跨境水资源合理利用与协调管理》，科学出版社，2006，第 141 页。

湄公河计划虽然是由联合国亚远经委会发起的，但在计划实施的进程中，流域国家之间的互相依存度得到很大提高。在湄委会成立后的头 14 年里（1957－1971 年），湄委会总共召开了 50 次会议，而其中有 9 年（1961－1970 年），两个成员国之间没有建立外交关系（1961 年 10 月，柬埔寨与泰国断交直至 1970 年才恢复；1963 年 8 月柬埔寨与南越断交直至 1970 年 3 月重新建交）。

四个成员国缺乏同质性，历史上更倾向于竞争而非合作。在政治上，它们长期处于互不信任和敌对状态，或者爆发公开冲突甚至宣战，或者两两联合抗衡第三国；在经济上，它们经济实力差异大，主要经济作物缺乏互补性，彼此间贸易往来少；在文化上，它们属于不同的种族，各自的语言、宗教和风俗传统五花八门。湄公河是唯一能将它们联系起来的自然纽带。无论是宏大的干流开发计划，还是支流开发，湄委会的目的是为了培育区域合作，而区域合作又被视为带动地区经济增长和政治安全的最佳方式。

寻求切实和互利的区域合作，是区域内国家在政治、经济、社会和文化等领域获得发展的一种手段。正是为了在湄公河水资源开发上追求共同利益，泰、老、柬、越四国展示了区域合作精神。亚远经委会 1965 年报告提及，在 1961 年 10 月，"当柬埔寨与泰国断交时，时任泰国总理、陆军元帅沙立他那叻在切断与柬埔寨的关系时，特别将湄公河计划排除在外"。[1] 报告同样提到，老挝的梭发那·富马亲表示，"湄公河计划就是老挝的希望。老挝，是一个贫穷的国家，但是湄公河拥有巨大的资源，它正在联合国的支持和众多国家的帮助下，以一种完全非政治的方式被开发"。[2]

而在湄公河合作中，联合国亚远经委会和湄委会作为外交调解者的角色经常显现出来。1958 年 12 月，正值湄委会成立一周年，柬埔寨与泰国因柏威夏寺之争而断交，两国召回大使、关闭边界，金边和曼谷之间的航班也中断。亚远经委会秘书处尽力做出特别安排，让柬埔寨代表团参加原

① "Putting the Mekong to Work-An International Undertaking", United Nations Office of Public Information, Economic and Social Information Unit, New York: United Nations, March 1965, p. 10.
② "Putting the Mekong to Work-An International Undertaking", United Nations Office of Public Information, Economic and Social Information Unit, New York: United Nations, March 1965, p. 10.

119

定在曼谷召开的湄委会大会。美国方面也为柬埔寨代表团安排了飞机，柬方代表抵达曼谷机场后随即获得签证。柬代表团受到泰国官员的热情欢迎。柬埔寨代表团团长桑恩·沃昂萨表示，柬埔寨政府允许他来曼谷，是出于对联合国及湄委会的信任。1960 年 11 月，老挝正被内战撕裂，与泰国的关系也陷于紧张，亚远经委会做出妥善安排，保证湄委会成员、各捐助国政府代表及联合国官员能按计划参加在万象召开的大会。在这届大会上，经过慎重协商，老挝和泰国签署了一份特别协议，为在巴蒙水电站选址进行探勘工作的调查小组联合提供安全保证。根据该协议，老挝和泰国两国士兵组成的一个军事混合小队对巴蒙河段提供武装保护，该小队挂老挝、泰国国旗和联合国旗帜。1971 年 1 月湄委会第 50 届大会在万象召开前夕，柬埔寨国内政治动荡，湄委会做出特殊安排，派一架专用飞机赴金边机场，把柬埔寨代表接到万象，显示了危机时刻流域国家的团结。泰国代表宾森在那一次的大会发言中特别谈及此事："昨晚在来这里的火车上，我还在想我的柬埔寨朋友是否也在来这儿的路上，因为我听说那儿在春节期间发生了一些事情，可能会影响他的行程。但今天早上我看到富莱克·查哈特时，非常高兴。"[1]

通过实施湄公河计划寻求国家经济发展和社会现代化；通过展示流域国家之间的团结，为湄公河计划筹资和应对共同威胁——共同利益和共同目标将湄公河国家紧紧团结在湄公河计划的周围。20 世纪 60 – 70 年代中期，虽然越战、老挝内战、柬埔寨内战等使地区充满了动荡不安，甚至使流域一部分地区成为禁止入内区域，阻碍了对湄公河流域的调查研究和工程勘察，但湄委会秘书处还是持续在三角洲地带进行水质取样调查、防洪堤的水压模型以及移民研究。正如湄委会文件所言，"在办公室和实验室，还是有许多工作可以做，这些工作靠在条件允许的地方进行实地勘察所收集的数据来完成"。[2]

---

[1] Le-Thi-Tuyet, *Regional Cooperation in Southeast Asia: The Mekong Project*, Ph. D. Dissertation, The City University of New York, 1973, p. 165.

[2] Jeffrey W. Jacobs, "The Mekong River Commission: Transboundary Water Resources Planning and Regional Security", *The Geographical Journal*, *Water Wars? Geographical Perspectives*, Vol. 168, No. 4, Dec. 2002, pp. 354 – 364.

当然，在湄公河精神的塑造中，国际组织和捐助国也起到了重要的作用。1978 年底，越南入侵柬埔寨时，新成立不到一年的临时委员会面临着严峻的开端。越南在柬埔寨的存在以及柬埔寨内战一直持续到 1990 年，泰国和越南之间的关系持续紧张，泰国和老挝之间的关系在整个 20 世纪 80 年代处于恶化状态，部队在边境频繁发生小冲突。该地区较大范围的意识形态和军事斗争还转移到临时湄委会内，泰国、越南和老挝代表团的会议经常充满火药味并且无果而终。尽管存在这些困难，临时委员会仍未解体，这要感谢赞助者联合国开发计划署和捐助国。欧洲国家，尤其是北欧国家，是临时委员会的主要捐助者。

小　结

整个 20 世纪 60 年代，在国际社会的推动下，湄委会致力于大规模的水资源调查和规划项目，美国是湄委会的最大捐助者，捐助了约 4000 万美元。作为流域内经济最富裕国家，泰国对湄公河计划的相关行动投入了 6200 万美元。[1] 然而，到了 20 世纪 60 年代后期，人们发现湄公河水资源开发的进程没有起初希望得那么快，这是因为受到了流域国家有限的财政资源、国际河流开发多重目标的复杂性的限制。此外，由于地区动荡，巴蒙水电站和其他列入规划中的干流项目都未能得以实施。美国曾是湄委会首要捐助国，它希望湄委会能充当镇压中南半岛共产主义运动的防火墙，但随着 1975 年地区局势的剧变，美国的原定目标无法实现，它也就没有理由再继续支持湄委会。

在柬埔寨缺席、资金筹集困难和地区局势动荡的背景下成立的临时委员会，并不打算追求流域范围大规模的水资源开发计划，而将注意力转向国内层面的项目。这意味着 1970 年出台的《流域指导计划》实际上被冻结起来，湄委会创建之初规划的雄心勃勃的湄公河流域开发模式发生了根本性改变。虽然在 20 世纪 70 年代后期，湄公河开发工程从地区转向国内，

---

[1]　Greg Browder and Leonard Ortolano, "The Evolution of an International Water Resources Management Regime in the Mekong River Basin", *Natural Resources Journal*, Vol. 40, No. 3, 2000, pp. 499 – 531.

但流域国家合作仍坚持下来，并且产生了一个广泛的包括流域水文、地质以及与水相关的社会经济领域的数据收集和发布系统，保证了信息的透明度，促进了对流域生态与自然系统的理解。老挝南俄水电站的落成，标志着地区开始实现电力交换；流域洪水预警系统的建立，更是挽救了湄公河三角洲地区许多居民的生命。

最后一点，也是最重要的，就是湄委会及其后继的临时委员会在战争期间，为流域国家的合作与对话提供了一个平台，这为地区取得和平后新的湄公河管理机制的诞生奠定了良好的基础。

第三章

冷战后湄公河流域水资源合作新机制

　　1989 年柏林墙的倒塌宣告了冷战的终结。20 世纪 90 年代初，柬埔寨实现国内和解，中南半岛和平曙光终现。资源丰饶、开发潜能巨大的湄公河再次成为流域国家创造美好未来的希望之源。经过多年谈判，1995 年 4 月，泰国、老挝、柬埔寨和越南四个湄公河下游国家在泰国清莱签署了《湄公河流域可持续发展合作协定》(*Agreement on the Cooperation for the Sustainable Development of the Mekong River Basin*，以下简称"湄公河协定"），并据此诞生了湄公河委员会。在可持续发展观的指导下，协定强调对整个湄公河水和相关资源以及流域的综合开发制定计划并实施管理。湄公河水资源开发从过去的"大规模开发计划"向"自然资源可持续性开发与管理"方向发展，以"保护湄公河流域的环境、自然资源、水生生物和水生条件以及生态平衡"。① 在区域合作上，除湄公河委员会（MRC）外，湄公河流域还诞生了大湄公河次区域经济合作（GMS）、东盟—湄公河流域开发合作（AMBDC）、美国"湄公河下游倡议"（LMI）、日本—湄公河领导人峰会、澜湄合作（LMC）等多种合作机制，这些机制虽侧重面不同，但都或多或少地涉及水问题，却又无法完全解决澜沧江—湄公河全流域水资源综合治理的问题。

---

① *Cambodia-Laos-Thailand-Vietnam*：*Agreement on the Cooperation for the Sustainable Development of the Mekong River Basin*，1995，Article 3.

第一节 湄公河委员会机制的建立

1991年10月23日柬埔寨各政治派别签署的《柬埔寨问题全面政治解决和平协议》（*The Peace Agreement on the Comprehensive Political Settlement for Cambodia*），标志着柬埔寨和平进程的开始。随着地区政治局势的日益稳定，湄公河下游四国以"经济发展需求"取代"政治需求"的意图日益明显，湄公河临时委员会考虑重启四国合作机制，建设湄公河干流大坝和其他一些能促进流域国家经济发展的跨境水资源项目。然而，由于泰国与越南在法律机制主要条款上存在分歧，《湄公河流域可持续发展合作协定》历经多年艰辛的谈判之后，才在联合国开发计划署、世界银行、亚洲开发银行、欧共体等国际组织的协调下，于1995年4月5日在泰国清莱签署。

一 湄公河从战场转向市场

20世纪80年代末越南从柬埔寨撤军，结束长达十多年的占领，东南亚进入后冷战时代，地区和平取得积极进展，泰国、老挝、柬埔寨和越南回归一定程度的稳定。1991年苏联解体和自20世纪80年代以来其卫星国的衰落，深刻地改变了湄公河次区域的政治和经济图景。1986年，老挝和越南尽管处于社会主义制度下，但开启了以市场为导向的经济改革（在越南称作"Doi moi tu duy"即"革新开放"，在老挝称作"New Economic Mechanism"即"新经济机制"）。在柬埔寨，巴黎和平协议的签署，为1993年的民主选举及国家向市场经济转型铺平了道路。1991年6月，代表柬埔寨所有政治派别的国家最高委员会，要求重返湄委会。柬埔寨强烈渴望通过湄公河机制从捐助国获得开发援助，重建其被战争撕毁的经济。在泰国，时任总理差猜·春哈旺发出了将湄公河次区域"从战场转向市场"的著名呼吁，预示着其政府政策从冷战对抗转向推动地区贸易和投资。他强调，"当一个国家或民族与另一个国家或民族进行贸易往来，在他国土地上投资，并且从广泛的经济活动中获得共同利益时，他们就不可能有拿起武器对抗的动机"。[①] 1994 年，美国解除对越南禁运。1995 年 7 月，美越建交，搬掉了中南半岛局势回归正常化的最后一个障碍。

这些举动既有力地鼓舞了湄公河国家对未来发展规划的制定，又促使投资者、私人公司、银行机构以及国际组织重启对湄公河流域的开发行动。1991 年，在瑞典、挪威、联合国开发计划署和亚洲开发银行的资助下，老挝第二大水电站——4.5 万千瓦的色赛 1 号（Xeset 1）水电站竣工，生产的电力出口泰国和用于老挝国内消费。

二　关于建立湄公河新合作机制的博弈

根据 1978 年湄公河临时委员会声明，有朝一日当柬埔寨决定重新加入时，临时委员会将被湄公河委员会所取代。1991 年，柬埔寨表达了重归湄委会的诉求，流域四国开始就建立新合作机制进行谈判。谈判历经 2 年多，四国主要分歧如下。

（一）谈判期间是维持临时委员会规则还是重启老湄委会章程

在为建立新合作机制谈判期间，是维持临时委员会规则还是重启 1957 年老湄委会章程，是泰国和其他三国的主要分歧所在。

20 世纪 50 年代，联合对抗共产主义的需求促成了湄公河流域下游四国的合作；而冷战结束后，各国更关注自身经济利益的实现，泰国作为一个上游国家，不愿意签署一个所有开发项目都须遵从成员国一致同意原则的协定。因此，当柬埔寨在 1991 年提出重归湄委会、湄委会决定恢复四方框架时，在是否重新启动 1957 年的《下湄公河流域调查协调委员会章程》和 1975 年的《下湄公河流域水资源利用原则联合声明》的问题上，泰国和越南存在严重分歧。

泰国干旱的东北部是该国最贫困的地区，居住着 2000 万人口。灌溉东

---

① Donald E. Weatherbee, "Thailand in 1989: Democracy Ascendant in the Golden Peninsula", *Southeast Asian Affairs*, Vol. 17, 1990, pp. 337 – 350.

北部地区、实现"绿色伊善"的目标，一直被列入泰国政府的长期规划中。虽然到 1990 年，泰国水利部门已经在泰国东北部境内的湄公河流域建造了至少 7 座中等规模的水库，但这些水库蓄水量有限，无法解决长期以来受干旱困扰的泰国东北部的蓄水问题。再加上该地区农民依旧广泛沿用传统的刀耕火种的土地利用方式，造成森林面积大量减少，水土流失严重，水库和灌渠大量淤塞，灌溉效率下降，土壤盐碱化。到冷战结束时，东北部人民的平均年收入只有泰国全国平均年收入的一半，其可耕地面积虽达 850 万公顷，几乎占泰国可耕地总量的一半，但由于缺水，只有 50 万公顷的土地得到灌溉。① 很多贫穷的农民搬迁至曼谷或其他地区寻求生存，增添了曼谷等大城市的压力。20 世纪 80 年代后期，泰国政府发起了一个雄心勃勃的加速东北部发展规划，主要依赖重新造林和水资源开发。东北部发展规划的核心是栖—蒙河计划，该计划旨在从靠近万象的湄公河干流调水到栖河和蒙河。泰国政府期望在 2005 年左右开始从湄公河调取大约 90 立方米/秒的水量，之后逐渐增加到 300 立方米/秒。② 在开发第一阶段，栖—蒙河计划预期为 50 万公顷的土地提供灌溉水。在临时委员会时代，泰国政府拒绝正式向临时委员会提交栖—蒙河计划项目报告，声称临时委员会的使命只是"促进"项目，而非"控制和监督"项目。

　　泰国的栖—蒙河计划遭到下游国家尤其是越南的强烈反对，越南担心泰国干季从湄公河抽水会对下游三角洲地带本国的农业造成严重危害。大约 1700 万越南人生活在三角洲，这里是越南的"粮仓"，占其全国水稻产量的一半。20 世纪 80 年代，越南政府实行农业领域自由化政策，三角洲地带的农民迅速抓住这一新刺激政策的时机增加水稻产量，几年内越南从一个水稻进口国转变为世界最大的水稻出口国。水稻生产灌溉量的增加，使湄公河三角洲干季缺水成为更加严峻的问题。尽管干季流入三角洲的水量约为 2250 立方米/秒，但至少有 1500 立方米/秒的水需要用来抵抗海水

---

① Nguyen Thi Dieu, *The Mekong River and the Struggle for Indochina*, Praeger, 1999, p. 207.

② 栖河流入蒙河，形成面积 119570 平方千米的栖蒙河流域，这是湄公河流域最大的次流域。参见 Tingsanchali T, Singh PR, "Optimum Water Resources Allocation for Mekong-Chi-Mun Transbasin Irrigation Project, Northeast Thailand", *Water International*, Vol. 21, Issue 1, 1996, pp. 20 - 29。

的入侵。20 世纪 90 年代早期，越南采取了在新的干季到来前从湄公河取水政策，该政策正好与泰国的栖—蒙河计划碰到一起了。①

1957 年的《章程》和 1975 年的《联合声明》都规定了干流和主要支流项目开发须遵循成员国全体一致同意原则，这被泰国视为其未来水资源开发的障碍。泰国的目的就是制订有利于其国内水资源开发的规则和程序，在干流和支流开发上绕过其他成员国。泰国的立场是：制定松散的湄公河水利用规则，每个流域国家都能单方利用支流水资源，而对于干季干流水的利用，采用事前协商原则就足够了，无须一致同意这类更严格的原则。

然而，下游的老挝、越南和柬埔寨，都对维持干季干流流量甚为关切，希望重启 1957 年《章程》。它们持有的立场是：从干流调水必须征得湄委会成员国的一致同意。越南希望至少保持当前的进入湄公河三角洲的干季流量以维持水稻收成并抵抗海水入侵。老挝希望维持干季航运需水量，因为湄公河是老挝的主要运输动脉。柬埔寨则希望确保湿季从湄公河进入洞里萨湖的流量充足，以保护洞里萨湖水文和生态系统的完整性。

谈判初期，双方之间的矛盾就显现出来了。当时，临时委员会秘书处起草了一份声明，称"下湄公河流域调查协调委员会恢复活动，临时委员会停止存在"。泰国方面看了声明后表示，他们不希望恢复老湄委会的章程，因为章程规定的湄委会对水资源开发的控制不再符合泰国的利益。泰国建议在声明草案中增加一项条款："在等待对湄委会基本文件（如 1957 年《条例》和 1975 年《联合声明》）进行必要修订的过程中，临时委员会的议事规则②以及决策的一致同意原则应该生效。"③ 而其他国家则担心在临时委员会的议事规则下，泰国会不受约束地推进从湄公河调水计划。因此，柬、老、越官员建议修改泰国的上述建议为："在等待对湄委会基本文件（如 1957 年《条例》和 1975 年《联合声明》）进行必要修订的过程

---

① Greg Browder and Leonard Ortolano, "The Evolution of an International Water Resources Management Regime in the Mekong River Basin", *Natural Resources Journal*, Vol. 40, No. 3, 2000, pp. 499 – 531.

② 临时委员会无权审查各成员国列入计划的水资源开发项目，其主要职能只是获得捐助国的援助，"促进湄公河下游水资源开发"。

③ Greg Browder, *Negotiating and International Regime for Water Allocation in the Mekong River Basin*, Ph. D. Dissertation, Stanford University, 1998, p. 101.

中，这些基本文件以及决策的一致同意原则应该生效。"① 该声明草案原本计划于 1992 年 2 月在泰国清莱签署，然而，就在会议召开的前一天，泰国和其他三国仍未能就声明内容达成一致，以至于该会议最后被泰国外交部取消。

（二）是否将中国和缅甸纳入湄委会体系

取消清莱会议的同时，泰国外交部长于 1992 年 3 月在清莱主持召开了包括中国和缅甸在内的全流域国家参加的一次非正式会议，却把临时委员会秘书处排除在外。泰国此举，一是希望通过采取非常规手段，关闭在临时委员会框架下就水资源分配问题进行谈判的政治空间；二是希望成立一个包括中国和缅甸在内的全流域委员会取代湄委会，因为中国在上游的开发对泰国造成的影响最大。越南拒绝参加此次会议。越南方面认为，如果四个下游国家之间的谈判都很难展开，那么六个国家在一起谈判更难了。越南倾向于先由下游四国签署一个湄公河协定，建立湄公河机制，然后再邀请中缅加入。它还担心中国加入会改变力量均衡，增加包括泰国在内的上游国家势力。最后，由于柬埔寨和老挝代表团在越南拒绝参加的情况下，对成立全流域委员会持犹豫态度，中、缅、泰、老、柬五方会议无果而终。

（三）临时委员会秘书处在谈判中的角色问题

泰国将临时委员会秘书处排除在五方会议之外，也引发了时任秘书处执行代表切克·兰基斯特（Chuck Lankaster）与泰国外交部长的对抗。兰基斯特因其强硬的领导风格和在湄公河机制的演变中所持的观点而被泰国公开宣布为不受欢迎的人物。他倾向于重拾 1957 年《章程》，并寻求湄委会超越"协调"角色，承担"管理"角色。② 他还寻求非政府组织的参

---

① Greg Browder, *Negotiating and International Regime for Water Allocation in the Mekong River Basin*, Ph. D. Dissertation, Stanford University, 1998, p. 104.
② Abigail Makim, "Resources for Security and Stability? The Politics of Regional Cooperation on the Mekong, 1957 – 2001", *The Journal of Environment Development*, Vol. 11, No. 1, March 2002, pp. 5 – 52.

与，批评泰国在上游不顾越南利益的开发行为，认为在东北部调水计划上泰国缺少与越南的协商。对于泰国来说，兰基斯特的这些行为逾越了外交界限。在 1992 年 3 月会议召开后不久，泰国政府宣布单方面驱逐兰基斯特并要求其离开泰国。老、柬、越三方对泰国此举表示反感，认为泰国无权单方驱逐执行代表，它们希望湄委会秘书处能在重塑湄委会体系的谈判中发挥积极作用。

到 1992 年中期，湄委会体系处于崩溃的边缘。在声明草案内容和成员国问题上的对抗，破坏了各方的团结。为了挽救湄委会体系，联合国开发计划署①于 1992 年 10 月在中国香港召集了一次非正式的协调会议，泰国、越南、柬埔寨和老挝都派出了代表团。在此次会议上，关于谈判期间应适用临时委员会还是老湄委会议事规则这一问题，各方认识到，如果他们能及时完成谈判达成新合作机制协定，可以忽略这一问题；关于秘书处的问题，联合国开发计划署表示可以对谈判提供后勤、资金和调解支持，因而转移了对秘书处积极参与的需求；最后，各国代表认为新达成的协定也需考虑中国和缅甸的需求，以便这两国未来加入湄委会体系。

1992 年 12 月，一次包括各捐助方代表参加的国际会议在马来西亚吉隆坡举行。捐助方承诺对秘书处的工作计划给予资金支持，四国代表团在吉隆坡公报上签字，表示"各自政府决心继续进行湄公河水资源的可持续性利用"，"同意成立一个负责谈判的湄公河工作组，致力于建立一个合适的湄公河机制框架"。吉隆坡公报表明了四国政府就一个新的湄公河机制框架达成一致的决心，从根本上确保了谈判的成功。

1993 年 2 月，工作组第一次会议在河内举行，联合国开发计划署指派科罗拉多州立大学国际水法教授、临时委员会秘书处前法律顾问乔治·拉多塞维奇（George Radosevich）担任高级顾问，在谈判中提供帮助。3 月，拉多塞维奇访问湄公河国家，与各国谈判小组就其关心的主要问题进行讨论，并为各国谈判小组准备"国家立场报告"。1993 年 6 月，工作组第三

---

① 多年来，联合国开发计划署对湄委会体系的贡献总计约 5000 万美元（按 1992 年美元价值计算），是联合国开发计划署资助过的持续时间最长、规模最大的开发项目。参见 Speech delivered By UNDP's deputy regional representative Ms. Chahil – Graf at the IMC Meeting in Bangkok on November 4th – 7th, 1991, Bangkok：UNDP。

次会议在老挝万象召开，会议召开前，各国代表团将准备的"国家立场报告"分发给其他国家代表团，以便于各方在会前了解彼此的立场。在会议上，各国代表团一起工作，就具体议题提出几种选择方案，并在拉多塞维奇的指导下形成一份协定草案。会议一致同意成立湄公河委员会（MRC）取代临时委员会作为湄公河机制的组织机构。1993 年 10 月，在第四次会议上，各方就协定草案进行最后协商。1994 年 11 月，第五次会议召开，协定最终达成并呈送各国政府批准。具体谈判过程见表 3 - 1。

表 3 - 1　湄公河协定谈判主要事件

日期	事件	影响
1991 年 6 月	柬埔寨要求重新成为湄委会成员国	决定重启湄委会机制
1992 年 2 月泰国曼谷	在清莱举行的全体会议被取消	就建立新湄公河机制而产生的裂痕扩大
1992 年 3 月泰国清迈	泰国召集会议，邀请所有流域国家参加，讨论合作新框架	越南抵制，柬埔寨和老挝态度犹豫
1992 年 10 月中国香港	联合国开发计划署召集非正式会议	联合国开发计划署鼓励四国继续磋商并成立湄公河工作组
1992 年 12 月马来西亚吉隆坡	四国发表吉隆坡公报	四国承诺建立一个新合作框架
1993 年 2 月越南河内	湄公河工作组第一次会议	正式成立各国协商小组，完成谈判协议
1993 年 4 月泰国曼谷	湄公河工作组第二次会议	通过协商议程，同意各自准备"国家立场报告"
1993 年 6 月老挝万象	湄公河工作组第三次会议	起草协议草案，决定设立组织机构 MRC
1993 年 8 月	技术条款起草会议第一次会议	就条款 6 达成一致
1993 年 10 月柬埔寨金边	湄公河工作组第四次会议	未能就条款 5（水利用原则）达成一致，谈判进程受阻
1994 年 1 月老挝万象	技术条款起草会议第二次会议	越南提出关于条款 5 的新建议，未被泰国接受，裂痕加深，工作规划第五次会议延期
1994 年 4 月越南河内	泰国总理会见越南总理	双方再次表达达成湄公河协定的政治意愿
1994 年 5 月越南胡志明市	越南、老挝和柬埔寨谈判小组会晤	三国对条款 5 提出意见，供泰国考虑

续表

日期	事件	影响
1994 年 11 月越南河内	湄公河工作组第五次会议	各国谈判小组成员在协议草案上签字
1995 年 4 月泰国清莱	四国签署湄公河协定	新的合作框架形成，湄公河委员会成立

资料来源：Greg Browder，"An Analysis of the Negotiations for the 1995 Mekong Agreement"，*International Negotiation*，Vol. 5，Issue 2，2000，pp. 237 – 261。

虽然作为上游国家的泰国达成水资源共享协定的动力相对下游国家来说要小一些，但也不愿意看到湄委会体系的崩溃。泰国和越南希望在数十年的冷战和意识形态的对立之后，发展两国间真诚和相互支持的关系，正如泰国副外长旺坦坤 1992 年所述，"湄公河机制的崩溃是任何一方都不愿见到的结果，这种结果违背了目前的地区合作精神"。[1] 柬埔寨和老挝这两个最穷、发展最落后的国家，则希望通过湄委会体系继续获得国际援助。而欧洲、日本以及联合国开发计划署、世界银行、亚洲开发银行等国际机构的立场是：如果流域国家能达成一份可接受的妥协，它们才会增加援助。

也有分析认为，湄公河协定最终能达成，还因为泰国通过承诺发展更密切的泰柬关系，而使柬埔寨接受泰国的立场。在这期间，老挝也开始支持泰国的立场，致使越南陷入孤立。刚刚结束国际孤立状态的越南迫切希望重新融入国际社会，必须首先寻求地区融合，改善与泰国的关系，所以最终转变立场，在湄公河新的合作机制建立问题上采取妥协态度。[2]

三　湄公河协定出台

（一）湄公河协定的主要内容

在联合国开发计划署的帮助下，经过两年多 5 轮磋商，四国于 1995 年

---

[1] Kulachada Chaipipat，"Strong Distrust Delays Cooperation on Mekong"，*Nation Newspaper* (*Bangkok*)，March 27，1992.

[2] Abigail Makim，"Resources for Security and Stability? The Politics of Regional Cooperation on the Mekong，1957 – 2001"，*The Journal of Environment Development*，Vol. 11，No. 1，March 2002，pp. 5 – 52.

4 月在泰国清莱签署了《湄公河流域可持续发展合作协定》，并成立了其执行机构湄公河委员会，取代 1957 年的老湄委会和 1978 年的临时委员会。新的湄公河管理机制由此产生。中国与缅甸被邀请做观察员国。

1995 年的湄公河协定是一份建立在老湄委会部分原则的基础之上，并包含了联合国 1997 年《国际水道非航行使用法公约》一些原则在内的法律框架协定。尽管在 1993 – 1995 年湄公河协定谈判期间，《国际水道非航行使用法公约》还未获联合国正式通过，但草案的基本原则已经形成。湄公河协定作为今后湄公河流域各签约国的行动规范与合作基础，重启了流域国家在湄公河水资源开发管理上的合作之路。虽然签署国仍然只有下游四个国家，但协定"标志着湄公河流域的开发管理进入法制轨道，产生了区域性国际水法条约"。①

协定共分 6 章 42 项条款。第一章"序言"称，"认识到湄公河流域及其相关的自然资源和环境对全体流域国家的经济、社会福祉和人民生活水平而言，是富有巨大价值的自然财产""重申继续合作，以建设性和互利的方式推动湄公河流域水资源及相关资源的可持续开发、利用、保护和管理，以实现航运和非航运目标、社会和经济发展及流域国家社会福祉的决心，并遵从保护、维护、加强和管理环境和水生条件以及维护对流域具有特殊意义的生态平衡的需要"。第二章"术语定义"，对"可接受的月度最小自然流量""（洞里萨湖）可接受的自然逆流量""通知""事前协商"等协定所用术语进行定义。第三章"合作目标与原则"，有 10 项条款，包含了合理公平利用（条款 5）、维持干流流量（条款 6）、预防和制止有害影响（条款 7）等重要原则，强调"在主权平等和领土完整的基础上进行合作，利用和保护湄公河流域水资源"（条款 4）。第四章"组织结构"，确认了湄公河委员会的地位——"享有国际机构的地位，包括与捐助方或国际社会签订协定和契约"（条款 11），确定了湄委会的结构——由理事会、联合委员会和秘书处组成（条款 12），并就"水利用和流域间调水规则"指出，联合委员会尤其应按照条款 5 和条款 6 要求，起草水利用和流

① 何大明、冯彦：《国际河流跨境水资源合理利用与协调管理》，科学出版社，2006，第 141 页。

域间调水规则并呈交理事会批准，包括但不限于：1）确定干、湿季时间范围；2）建立水文站，确定并维持每个水文站所需要的流量水平；3）制定干季干流剩余水量的确定标准；4）推动建立流域内利用监督机制；5）建立从干流进行流域间调水的监督机制（条款 26）。第五章"解决意见和分歧"，规定"湄委会应尽一切努力……来解决"（条款 34），"当湄委会不能够及时解决意见或分歧时，该问题应提请当事国政府注意，及时通过外交途径协商解决"（条款 35）。第六章"最后条款"，声明"该协定取代了 1957 年《下湄公河流域调查协调委员会章程》、1975 年《下湄公河流域水资源利用原则联合声明》和 1978 年《下湄公河流域调查协调临时委员会声明》，以及这些协定下所有的议事程序"。

协定基本满足了四方需求。自 1957 年以来，湄公河国家一直致力于保证"在任何地点，当前的湄公河低位水排放量不能因为任何理由而减少"。1995 年协定在条款 6 第 A 条中保留了这一原则，要求各方维持干季湄公河自然流量。所谓自然流量就是没有蓄水库情况下的流量。由于 1995 年时湄公河流域全部的人工蓄水能力仅为年均自然流量的 2%，实际干季流量约等同于自然流量，条款 6 因此保护了越南的用水利益（灌溉和防止海水入侵）和老挝的用水利益（航运）。条款 6 第 B 条要求保持湄公河湿季充足的流量"以使洞里萨湖能在湿季发生可以接受的反转流量"，保证了柬埔寨可以利用湿季水量维持洞里萨湖水文和生态完整性，因为在湿季，在湄公河和洞里萨河的交汇处，湄公河一部分水量通过洞里萨河流入洞里萨湖，剩下的水量则流入湄公河三角洲地带然后排入南海，湄公河湿季高水量有助于维护洞里萨湖具有重要生态价值的湿地。

泰国之所以同意条款 6 的内容，是因为认识到其也许可以利用上游中国水库干季排放的部分过剩水量而不用从湄公河干流抽水损害其他湄公河国家的利益。当时泰国首席谈判代表在报纸上发文称，中国的大坝将给下游流域带来很大好处。这些人工蓄水库将在干季显著地给下游增加更多的水，并且抑制湿季的自然洪灾……一旦小湾水电站竣工，将使湄公河下游流量增加大约 35% 或 555 立方米/秒。中国（澜沧江上中下游）规划的 15 座水电大坝，最终将使下游流量增加 1230 立方米/秒，"我们也计划将中国水库排放的多余的水从湄公河干流调入泰国"。①

（二）新老湄公河法律机制的比较

与1957年《章程》和1975年《联合声明》相比，1995年《协定》有了很大变化（见表3-2），主要表现在五个方面。

第一，新成立的湄公河委员会是由泰、老、柬、越四国主导的区域性组织，而之前的老湄委会是在亚远经委会的主导下运作的。

第二，《协定》基于"可持续发展"和"环境生态平衡"理念，并反复强调这一理念（见条款3）。同样的表述在1999年欧洲五国签订的《保护莱茵河公约》中也可以见到，该《公约》开篇明义地说明了《公约》的目的在于保护莱茵河生态系统的可持续发展。

第三，与水资源管理的现代理念相符合，《协定》不仅包含水分配内容，还包含"灌溉、水力、航运、控洪、渔业、伐木、休闲和旅游，以实现所有流域国家多重使用和共同利益最优化"（见条款1）。

第四，《协定》取消了老湄委会时期的"全体一致"原则（即当一国在湄公河干流和支流上进行的调水、建坝等行为被认为会造成危害时，其他国家有权否决该项目），减轻了上游国家的责任和压力，向泰国做了让步。针对三种不同的水资源利用情况，《协定》规定了三项不同程度的约束性条款：通知、事前协商、联合委员会同意（见条款5）。总的来说，《协定》赋予了单个民族国家更多的水资源开发权利。

第五，最大和最小的月度干流自然流量受到保护，以防海水入侵，保护洞里萨湖周边的自然水域（见条款6）。

表3-2　1957年《章程》、1975年《联合声明》和1995年《协定》内容比较

	1957年《章程》	1975年《联合声明》	1995年《协定》
湄委会职能	促进、协调、监督和控制湄公河下游水资源开发项目的规划和调查	综合开发湄公河下游水资源及其相关资源	以建设性的和互利的方式持续开发、利用、保护和管理湄公河水资源及相关资源

---

① Malee Traiswasdichal, "The Mekong River Engineers: Four Perspectives on Developing the Mainstream", *Nation Newspaper* (*Bangkok*), December 29, 1995.

续表

1957 年《章程》	1975 年《联合声明》	1995 年《协定》
合作范围 在水电、灌溉、控洪、排涝、促进航运、分水岭管理、水供给及相关方面的湄公河干流和支流水资源综合开发	遵循 1957 年《章程》	在湄公河流域水及相关资源可持续开发、利用、管理和维护的所有领域展开合作，包括但不限于灌溉、水力、航运、控洪、渔业、木材漂运、娱乐休闲和旅游，实现多种用途和所有流域国家共同利益的最优化，减少因自然现象和人为活动造成的有害影响
合理与公平利用条款 当一国在湄公河干流和支流上进行调水、建坝等行为被认为会造成危害时，其他国家有权否决该项目	• 干流水是一种具有共同利益的资源，在其他湄委会国家未事先批准的情况下，不受任一沿岸国家的重大单方支配（第 10 条） • 实施项目的流域国家，无论该项目是否在其领土上，都应该在实施计划中的干流项目之前，向其他流域国提交一份关于所有可能对其他流域国境内产生的负面影响，包括短期和长期生态影响的详细的研究报告，寻求正式通过。损害赔偿程序和金额都应写入这份研究报告中（第 17 条） • 流域国家向流域外抽调干流水资源必须经过全体流域国家同意（第 20 条） • 主要支流上的项目受与干流项目同样规则的管理（第 21 条）	• A. 包括洞里萨湖在内的湄公河支流，流域内用水和流域间调水，都应通知联合委员会 • B. 在湄公河干流 1. 湿季期间 a) 流域内用水应通知联合委员会；b) 流域间调水应进行事前协商，在联合委员会内达成一致。 2. 干季期间 a) 流域内用水应进行事前协商，在联合委员会内达成一致；b) 任何一个流域间的调水项目，在实施前都需经过联合委员会以一项特别的协定予以批准。然而，如果在干季水量有剩余，超过了所有成员国计划用量，经联合委员会批准和一致同意，对剩余水的调水计划可通过事前协商予以实施（第 5 条）
维持干流流量条款 —	干流项目协议应详细说明由该项目导致的最高和最低水排放速度，向下游流动的水量不得少于该项目建设之前上一个干季的平均月流量。另外，除非遇到不可抗力，应保证该项目地址下游的流量不超过上一个湿季的流量（第 18 条）	• 为维持干流流量，在调水、释放储备水或其他具有永久性质的行动上展开合作；除非面临历史性的严重干旱或洪灾 A. 干季每个月间，流量不应少于可接受的最少月度自然流量； B. 湿季使洞里萨湖产生可接受的自然逆向流量； C. 防止日均高峰流量超过洪水季节日均自然流量 • 联合委员会应遵照流量位置和流量水平指南，监测和采取必要的行动维持流量（第 6 条）

续表

	1957 年《章程》	1975 年《联合声明》	1995 年《协定》
宗旨	为了流域全体人民的利益	促进流域水资源正确管理所需要的地区合作。确保流域水资源的储蓄、开发和控制是为了全体流域国家所有民族的利益而被最大化利用	实现湄公河流域经济繁荣、社会公正和环境健康

资料来源：*Statute of the Committee for the Coordination of Investigations of the Lower Mekong Basin*, 1957, Laos-Thailand-Vietnam-Cambodia; *The Joint Declaration of Principles for Utilization of the Waters*, 1975, Khmer Republic-Laos-Thailand-the Republic of Vietnam; *Agreement on the Cooperation for the Sustainable Development of the Mekong River Basin*, 1995, Cambodia-Laos-Thailand-Vietnam。

（二）湄委会组织结构

根据 1995 年《协定》成立的合作核心机构湄公河委员会，通过提供共享信息、技术指导和协商平台，帮助成员国执行《协定》。

湄委会有三个常设机构——理事会、联合委员会和秘书处（见图 3-1）。其中，理事会由每个成员国选出一名高级官员（至少是部长级或内阁级成员）组成，有权就湄公河流域水及相关资源的可持续开发、利用、保护和管理，制定政策和决议；联合委员会由每个成员国派一名具有专业背景的高级代表（不低于司局级）参加，具体执行理事会的政策和决议；秘书处由一名首席执行官（CEO）和一名助理，及数额相同的成员国技术人员组成，直接对联合委员会负责并在其领导下执行理事会和联合委员会的决议及委派的任务，应理事会和联合委员会的要求提供技术和行政服务，负责湄委会日常工作。除了三个常设机构外，湄委会组织结构还包括各成员国国家湄公河委员会和捐助国咨询小组。捐助国咨询小组负责建立捐助国和湄委会之间的联系，解决双方关切问题。湄委会每年至少召开一次全体大会，四个成员国轮流担任主席国，每年至少举行两次联合委员会会议。

（三）中缅成为对话国

在创建新湄委会的艰苦谈判期间，四国承认现实已经改变，同意邀请中国和缅甸派代表列席湄委会会议。1995 年 4 月 5 日，中国和缅甸作为观

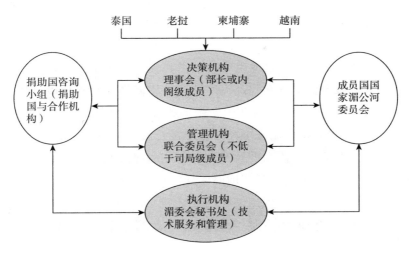

图 3 - 1　湄委会组织结构

资料来源：湄公河委员会网站。

察员国，参加了清莱会议。1996 年 7 月，中、缅与湄委会举行了第一次对话会议，成为湄委会的对话国，定期参加湄委会与两国举行的对话会议。[①]

第二节　湄公河水资源综合管理理念的提出与制约因素

在湄公河流域所有开发行动中，水资源的综合开发利用和协调管理是关键的目标。英国学者托尼·艾伦（Tony Allan）认为，随着历史进程，全球水资源管理理念发生了演变。在前工业化时代，对水的利用有限，到了工业现代化时代，水利用量巨幅增加，中央政府从"水使命"（hydraulic mission）出发，对水资源进行管理，为获取更多水而组织修建大坝、灌溉系统和地下水抽取工程。大规模水利投资是这个阶段的主要特点。然而，水的过度利用使水短缺和环境降级现象变得严重，水管理转向对水资源的

---

① 新华资料：湄公河委员会，http://news.xinhuanet.com/ziliao/2010 - 04/06/content_13307978.htm（登录时间：2014 年 10 月 10 日）。

更经济更注重生态的使用，这就是"反思现代性"（reflexive modernity）范式。①

从理论上讲，在"反思现代性"范式下，对水的利用量开始下降，环境关切要求流域水资源重新分配，以维持生物多样性和水环境可持续性。一些经济节水措施，如提高农业生产效率和水循环使用，予以实施。处于"反思现代性"范式下的流域国家，呼吁实行全流域管理，促进水资源可持续使用和上下游的整体和谐开发。② 正是在这样的背景下，水资源综合管理理念（IWRM）在全世界范围内盛行，并被引入到湄公河管理中。

一 全球水资源综合管理理念的出现和发展

全球水伙伴组织（Global Water Partnership）③ 2002 年在约翰内斯堡全球可持续发展峰会上提出实施水资源综合管理，并且给出其定义：一个促使水、土地和相关资源协调开发和管理的过程，旨在以一种无需牺牲维持生命所需的生态系统的可持续性的公平方式，实现经济和社会福利最大化。④ 该定义强调，水应该在全流域背景下进行管理，并遵循良好治理和公众参与原则。它将社会、经济和环境问题都考虑进来，认为公平（Equity）、有效（Efficiency）和环境可持续性（Environmental Sustainability），即 3 个"E"，是 IWRM 的核心。

现代水资源综合管理理念的起源，可追溯至城邦国家对水实施的制度化和综合化管理，比如在西班牙的港口城市巴伦西亚，多方利益相关者参

---

① Tony Allan, "IWRM/IWRAM: A New Sanctioned Discourse?", Occasional Paper, SOAS Water Issues Study Group, SOAS/KCL, University of London, April 2003, https://www.soas.ac.uk/water/publications/papers/file38393.pdf（登录时间：2019 年 9 月 10 日）.

② Bruce P. Hooper, "Integrated Water Resources Management and River Basin Governance", *Water Resources Update*, Issue 126, 2003, pp. 12 – 20.

③ 2000 年由世界银行、联合国开发计划署和瑞典国际发展合作署联合成立，是一个国际网络组织，旨在通过推动、促进和催化，在全球实现水资源综合管理的理念和行动，其秘书处设在瑞典首都斯德哥尔摩。

④ Naho Mirumachi, "Domestic Water Policy Implications on International Transboundary Water Development: A Case Study of Thailand", in Joakim Ojendal, Stina Hansson, Sofie Hellberg (eds.), *Politics and Development in a Transboundary Watershed: The Case of Lower Mekong Basin*, Springer, 2012, p. 85.

与的水法庭至少从 10 世纪就开始运作。安东尼奥·艾姆彼得（Antonio Embid）认为，西班牙可能是对河流流域实行系统化管理的第一个国家，它于 1926 年建立了联邦水文测量系统。① 在过去数十年间，全球各地区都致力于进行水资源综合管理的尝试。20 世纪 40 年代，现代水资源综合管理的早期模式在美国田纳西流域出现。1977 年，在阿根廷马德普拉塔召开的联合国水资源大会被视为 20 世纪水资源发展史上的里程碑事件。在大会上，"水资源综合管理"作为调和水资源多方竞争性使用的方法被推介出来。大会通过了水资源综合管理的第一份国际协调行动计划——《马德普拉塔行动计划》（Mar del Plata Action Plan），将流域视为整体，以一种全局和综合的视野探讨水资源管理，并提出水管理要素和 12 种解决方案。

进入 20 世纪 90 年代后，一系列国际会议的召开，将"水资源综合管理"纳入政治议程。

1992 年 1 月，国际水资源和环境大会在都柏林召开，大会报告列出水资源管理应基于的四个指导性原则。第一，淡水是有限的、脆弱的和必需的资源，应该以一种整体综合的方式予以管理。第二，在水资源开发和管理的所有层面，使用者、规划者和政策制定者均应参与在内。第三，妇女在水供应、水管理和水保护方面具有中心地位。第四，水应被视为一种有价商品。都柏林大会的主要成果是关注了水资源综合管理的必要性和从中央政府到基层社区所有利益相关者积极参与的重要性，并强调了妇女在水资源管理中的特殊地位。大会提出的一些建议被当年晚些时候召开的联合国里约热内卢环境和发展大会采纳，写入《21 世纪议程》（Agenda 21）第 18 章。

2000 年 3 月 17 - 22 日，第二届世界水论坛及部长会议在荷兰海牙举行，吸引了全球 5700 多人参加。此次大会的主题是"从愿望到行动"，与会者建议在系统实施全额水价之时，采取公平标准，并且向贫困人群拨付津贴。大会承认，获得基本水需求、粮食安全、生态保护、公民权利、水风险管理、边界和平及跨境河流流域管理，只能通过水资源综合管理获得。大会最后发表的《部长宣言》呼吁，要实施水资源综合管理，必须推

---

① Antonio Embiid, "The Transfer from the Ebro Basin to the Mediterranean Basins as a Decision of the 2001 National Hydrological Plan: the Main Problems Posed", *International Journal of Water Resources Development*, Vol. 19, Issue 3, 2003, pp. 399 - 411.

进水管理的机制、技术和金融创新；强化各层次的协调与合作；促进各利益相关方的积极参与；确立目标和战略；实行水治理透明化，并保持与国际组织和联合国系统的合作。① "要让水成为每个人的事"，是此次论坛的另一个主题。水私有化和公私合营观点在会上被广泛传播，然而，很多水资源专家反对私有化，认为水相关领域的管理需要政府的存在，如洪水控制、旱情缓解、水供应和生态系统保护等。在海牙会议上，实施水资源综合管理所面临的挑战得到广泛的讨论，之后会议提出的愿景被转化为各参与国的行动计划，导致全球水伙伴组织的诞生，该组织在行动框架的协调上扮演重要角色。

2001年12月，在与联合国的密切合作下，德国在波恩召开了国际淡水大会，为2002年约翰内斯堡世界可持续发展峰会以及2003年京都第三届世界水论坛做准备。此次大会关注水管理的实践，不仅确定了所面临的挑战和要实现的主要目标，而且为政策的实施提出了行动规划。《波恩要点》总结了大会讨论观点，强调满足贫困人群的水安全需求、促进权力分散和发展新的伙伴关系，是实现可持续发展的关键步骤，而水资源综合管理是实现这些步骤最适合的工具。大会为动员财政资源、加强公共筹资能力、提高经济效率和加强对发展中国家的官方援助，确定了一套必要的行动方案。在能力建设方面，它强调与水相关的知识的教育、培训和研究，有效的水管理机制，信息共享和技术创新的优先地位。大会还建议即将在约翰内斯堡举行的世界可持续发展峰会将水议题融入可持续发展的全面目标之中，并将水纳入国家贫困缓解战略之中。

2002年，世界可持续发展峰会在南非约翰内斯堡举行。此次大会将水资源综合管理置于国际议程之首。大会通过《世界可持续发展峰会实施方案》，认为水资源综合管理是实现可持续发展的一个重要组成部分。大会制定了在世界范围实施水资源综合管理的具体目标和行动纲领，包括到2005年为全世界所有主要河流流域制定一个水资源管理和水效方案；制定和实施国家（地区）水资源综合管理战略目标、方案和计划；提高水利用

---

① *Final Report for Second World Water Forum and Ministerial Conference*: *Vision to Action*, Marseilles: World Water Council, 2000.

效率；促进公私合作；促进各相关利益方在各种决策、管理和实施过程中的参与度；普及教育；反腐败。约翰内斯堡峰会采纳了波恩大会的建议，"水资源综合管理"成为国际上被广泛接受的水政策工具。峰会还鼓励主要捐助国承诺帮助发展中国家实施水资源综合管理，促成了大量广泛的战略合作计划的诞生，特别是欧盟，发起了与非洲、东欧、高加索地区和中亚的一系列可持续发展水伙伴计划。

2003 年 3 月，第三届世界水论坛及部长会议在日本京都召开。大会讨论的焦点包括向全世界人民提供安全干净的水源、实现水资源良好治理、提高能力建设、资金筹集、公众参与等。大会再次建议将水资源综合管理作为获得可持续水资源的途径。大会最后的《部长宣言》提出利益公平分配、水政策向贫困群体倾斜并考虑到性别差异、促进各利益相关方参与、确保水资源良好治理和信息透明、人力资源和机制建设、发展公私合作新机制、发起流域管理倡议、流域国家在跨境水问题上进行合作、鼓励科学研究等方面的重要性。《部长宣言》还承诺帮助发展中国家实现联合国千年发展目标，重申约翰内斯堡峰会提出的到 2005 年前为世界所有河流流域制定水资源综合管理和水效方案。

加拿大麦吉尔大学教授威艾特斯克·麦当马和英国克兰菲尔德大学教授保罗·杰弗里（Wietske Medema and Paul Jeffrey）认为，实现水资源综合管理需要三个支撑：创造水资源可持续开发和管理的合适的政策、战略和法律环境；构建体制结构，使政策、战略和法律得以实施；创造机制运作所需要的管理工具。[①] 瑞典戈登堡大学教授约雅金·奥詹达尔（Joakim Ojendal）等人认为，"水资源综合管理是着眼于水资源管理的综合性和参与性，并能使任何流域系统下的可用水资源得到合理开发的一套先进的理念和实践"，它与传统的、分裂的、零碎的水资源管理方式相对应，强调"综合"和"协调"。[②]

---

① Wietske Medema and Paul Jeffrey，"IWRM and Adaptive Management：Synergy or Conflict?"，Report for the Newater project-New Approaches to Adaptive Water Management under Uncertainty，Institute for Environmental Studies，Amsterdam，December 2005.

② Joakim Ojendal，Stina Hansson and Sofie Hellberg（eds.），*Politics and Development in a Transboundary Watershed：The Case of the Lower Mekong Basin*，Springer，2012，p. 1.

总的来说，水资源综合管理不仅将环境保护和经济发展都纳入水资源管理过程中，并且在决策过程中考虑各相关利益方，包括中央和地方政府以及受开发项目影响的社区。正如公众参与和专制、集权和等级制式的决策和管理相对立，水资源综合管理和水资源碎片化管理相对应。

30 年来国际上组织的一系列论坛和会议虽然产生了大量关于水资源综合管理的承诺，但遗憾的是许多都未能兑现。尽管"水资源综合管理"已成为水资源开发领域的一个流行词，但理论和现实之间存在差距。首先，将涉及水管理的不同部门整合起来是一个相当大的挑战；其次，在不同地区，水资源综合管理实施过程中遇到的问题和解决的方法也不尽相同，制定过于统一的水资源管理政策和纲领有时可能还会起到反作用。

在跨境河流管理上，水可以成为"地区发展、构建和平和预防性外交的工具"。① 虽然在海牙论坛、波恩大会和约翰内斯堡峰会上，流域管理的必要性受到积极关注，但迄今尚无将流域管理概念付诸实践的清晰机制。全世界现有的河流流域委员会，都面临着如何要求相关流域国家实施流域规划条款的难题。其他的挑战还包括缺乏有效的地方参与、缺乏国际水分配的正式协议、对污染的界定不明、上下游国家经济和军事力量不平衡等。如今，面临水紧张的国家越来越多，② 但在大多数河流流域，跨境水资源管理机制不是缺乏就是难以令人满意。实施流域联合管理，不仅要制定规划和目标，还应该通过有效机制和所有流域国家富有成效的参与，制定实践框架。此外，还应更加关注法律机制建设，如果没有法律的支撑，跨境河流综合管理将难以实施。

---

① Muhammad Mizanur Rahaman and Olli Varis, "Integrated Water Resources Management: Evolution, Prospects and Future Challenges", *Sustainability: Science, Practice and Policy*, Vol. 1, No. 1, 2005, pp. 15 – 21.

② 瑞典斯德哥尔摩国际水资源研究所水文学家马林·福尔肯马克 20 世纪 80 年代提出"水门槛"（water barrier）概念，根据年人均淡水量把全世界的国家分为"水资源充沛国"（water sufficient）、"水资源紧张国"（water stress）、"水资源缺乏国"（water scarcity）和"水资源绝对缺乏国"（absolute water scarcity）。他认为，干旱和半干旱地区的水资源紧张会带来强大的政治压力。根据福尔肯马克的定义，当一个国家的年均水供应低于 1700 立方米/人，该国可被称为"水紧张国"。参见 Malin Falkenmark, "Fresh Water: Time for Modified Approach", *Ambio*, Vol. 15, No. 4, 1986, pp. 194 – 200。

二 湄公河水资源综合管理理念的提出

20 世纪 50 年代联合国亚洲及远东经济委员会研究提出通过修建大规模水电站，广泛利用湄公河水资源，有效地推动了流域国家"水力使命"。而随着可持续发展观渗入水资源管理领域，"水资源综合管理"这一理念也被引入湄公河次区域。

虽然 1995 年的湄公河协定没有提及"水资源综合管理"这个概念，但湄委会在制定和实施水资源利用规划（WUP）和流域发展规划（BDP）的过程中，实际上已经吸收了"水资源综合管理"理念，即承认水、环境、经济发展和居民生活之间的复杂关系。后来，在湄委会 2006－2010 年战略规划、2011－2015 年战略规划、2016－2020 年战略规划以及湄委会成员国通过的《基于水资源综合管理的下湄公河流域发展战略》（2011－2015、2016－2020）中，"水资源综合管理"都被明确提出，并且被置于核心地位，水资源综合管理的目标与湄委会的愿景（实现流域经济繁荣、社会公平和环境健康）和整体战略目标（更加有效地利用湄公河水及相关资源，减轻贫困，同时保护环境）是一致的。[1] 一方面，"综合"意味着在地理上超越国家领土的划分，将湄公河视为一个整体来看待和行动。与水资源利用、管理和储存相关的经济、环境和社会等方面被看作是互相依存关系，而不是分裂或竞争关系。另一方面，"综合"意味着将来自不同部门、地方、国家和利益团体等各类利益相关者考虑进来，平衡各方诉求。

为实现湄公河水资源"综合化"管理，湄委会 1999 年通过世界银行向全球环境基金会（GEF）申请到 1600 多万美元的捐助项目，为期 6 年（2000－2006 年），开展对湄公河水资源开发管理的全面研究，内容包括：在建立流域水资源开发模型、流域基础信息库的基础上完成流域水资源利用规划，并根据 1995 年《协定》第 6、7 和 26 条的原则，进一步制定《协定》的详细实施细则。2000 年以后，湄委会在 WUP 框架下建立了流域

---

① *Strategic Plan 2006－2010*，MRC，2006；*Strategic Plan 2011－2015*，MRC，2011；*IWRM - based Basin Development Strategy for the Lower Mekong Basin*，MRC，January 2011.

水资源开发模型和基础信息数据库，并在此基础上推动四个成员国就水资源利用的一些程序性和技术性原则达成一致，为《协定》的具体实施建立了框架。由于信息共享、通知和监测程序这类"软性"问题比径流量和水质等"硬性"问题更容易协商，所以湄委会逐渐由简入难，最终达成了一系列湄公河协定实施细则，包括《数据和信息交流与共享程序》（2001年达成）、《关于通知、事前协商和达成协定的程序》（2003年达成）、《水资源利用监督程序》（2003年达成）、《维持干流流量程序》（2006年达成）和《水质管理程序》（2011年达成）。

湄委会的另一个核心计划是流域发展规划（BDP）。如果说WUP是为了解决程序性和技术性层面的问题，BDP则旨在促进水及相关资源协调开发和管理。

此前数十年，湄委会出台了两个流域指导计划，一个是1970年版的，另一个是1987版的。这两个指导计划主要关注在湄公河流域建设一个大规模的梯级水库的长远设想。而1995年的湄公河协定要求湄委会制定流域发展规划，旨在"……推动、支持、合作和协调开发全流域国家可持续利益的全部潜能"，意味着流域发展规划将关注于协调水资源开发，以避免或减少未来水冲突，维持湄公河流域的水生生态。《协定》称，流域发展规划是"联合委员会用来作为蓝图，以确定、分类和优先安排项目和计划的工具和程序"。流域发展规划是在2001年发起的，在总体上受"水资源综合管理"理念指导，将流域作为一个整体水文单位进行管理和开发。第一阶段（2001－2005年）确立了流域规划步骤和方法，制订了包括一个信息库在内的规划工具，确定了滚动的流域规划周期。第二阶段（2006－2010年），也叫"基于水资源综合管理的流域发展战略"，列出了广泛的湄公河干流和支流水电站开发计划，还扩大了公众参与程度，从次区域层面的协商扩大至一系列包括地区和国家非政府组织及社会团体在内的利益相关者共同协商。第三阶段（2011－2015年）制定了水及相关资源可持续开发的路线图，确定了战略优先事项，开始实施气候变化适应战略。第四阶段（2016－2020）落实5个程序细则的实施，出台系列科学技术指南，推进水相关监测和信息管理，指导成员国从全流域视角制定国家发展规划，努力将开发的跨境影响减至最小。

三　实施湄公河水资源综合管理的制约因素

从进步的观点看，国际河流管理最合适、最理想的模式是水资源综合管理，但就湄公河流域而言，水资源综合管理缺乏足够的软硬件环境或条件。具体来说，当前实施湄公河水资源综合管理受以下因素制约。

（一）缺乏上游国家参与

湄公河流域虽自 20 世纪 50 年代起就成立了流域协调委员会，但至今没有形成包括流域内全部 6 个国家在内的全流域水资源综合管理机构。上游国家中国和缅甸缺席湄委会，使其权威性大打折扣。湄公河流域水资源综合管理，旨在寻求摆脱碎片化管理，向基于全流域层面的综合性管理转变，而上游国家的缺席使全流域重大行动计划难以取得实质性进展，其中包括水资源的合理利用和环境生态的有效保护。

（二）水资源开发协调管理机制不完善

美国俄勒冈州立大学的"流域风险"项目（Basins at Risk）确认大规模和快速的湄公河水力开发是流域面临紧张和冲突危险的两个原因之一，另一个原因则是湄公河缺乏化解这些风险的机制能力。[①] 在这里，不充足的"机制能力"指的是湄委会在下达指令上分量不足，不能防范任一成员国采取单边行动。湄委会的顾问性质决定了其职能的有限性。湄委会无权批准或拒绝任何开发项目，也不可能越过其成员国而展开行动。

湄委会是 1995 年随着《湄公河流域可持续发展合作协定》的签署而诞生的，该组织的任务是"在湄公河流域水及相关资源可持续开发、利用、管理和维护的所有领域展开合作"，[②]"制订流域发展计划并在协同开

[①] Aaron T. Wolf et al. , "Conflict and Cooperation within International River Basins: The Importance of Institutional Capacity", *Water Resources Update*, Universities Council on Water Resouces, Vol. 125, 2003, pp. 31 – 40.

[②] *Agreement on the Cooperation for the Sustainable Development of the Mekong River*, Article 1, 1995.

发中发挥作用",① "保护环境和生态平衡不受开发计划的危害"。② 数十年来，湄委会建立了庞大的知识库，但它并没能将之成功地应用于促进水资源的可持续性开发。这是因为湄委会不是建立在法律规则的基础上且缺乏强制力，无法影响其成员国的政策，仅仅是一个咨询性机构和维持各方对话的平台，不能防范任一成员国采取单边行动，特别是湄公河支流水坝，在建设之前不需要进行国际协调和磋商，而完全由本国政府就可以独立做出决定。

在湄公河水资源合作管理中，最核心的驱动力还是各成员国的国家利益。从表面上看，代表国家利益的是各成员国国家湄公河委员会，但实际上，财政部、能源部等其他部门往往在决策中扮演比国家湄公河委员会更重要的角色。作为湄委会和成员国政府之间联系的桥梁，国家湄公河委员会一般都设在水资源机构或环境部，比如老挝国家湄公河委员会是水资源和环境署的组成部分。而环境部在湄委会成员国国内不是一个实权机构，不拥有决策权，因此湄委会无法通过国家湄公河委员会参与成员国计划制定。如果湄委会想在流域水资源管理上发挥更大作用，就必须加强同各国要害部门的直接联系。

建立行之有效的流域管理法律机制，是水资源合作管理机制中最核心的部分。《湄公河流域可持续发展合作协定》是流域管理的一份框架性文件，具有重要的意义，然而《协定》条款大多为原则性条款，没有具体标准和实施程序，也未能解决其水管理中的一个主要问题——干季流量分配。虽然《协定》第26条规定湄委会应起草水资源利用和流域间调水原则（包括干季和湿季时间框架的确定、确定并维持各水文站径流水位、干季干流多余水量的确定标准等），但至今这些标准仍没产生，而流域内的开发项目已纷纷展开，互不协调。此外，《协定》规定，"有重大跨境影响的"支流水电站在建设前须经湄委会事前通知程序，但如何界定"重大跨境影响"是一件难以达成一致的事情。因为在湄公河流域，除了"3S"

---

① *Agreement on the Cooperation for the Sustainable Development of the Mekong River*, Article 2, 1995.

② *Agreement on the Cooperation for the Sustainable Development of the Mekong River*, Article 3, 1995.

［桑河（Se San），斯雷伯克河（Sre Pok），公河（Se Kong）］等少数河流外，绝大多数支流都不是跨境的。

（三）信息保密政策

对于利益相关者而言，信息公开、透明和易于获取是很重要的。湄委会因拒绝发布或传达敏感信息而招致批评。比如，社会团体要求湄委会公布它对老挝计划中的栋沙宏干流水电站的环境影响评估，而湄委会认为它是受老挝政府委托进行评估的，既然老挝政府并未授权公布环评报告，它就不能公布。

2006年湄委会发布的《湄委会秘书处和国家湄公河委员会的组织、财政和制度独立评估》认为，湄委会严格的信息保密政策损害了该组织的可信度，社会团体认为湄委会不愿意公布敏感信息是因为这些信息都揭示了开发将导致的负面结果。[①] 为回应这些批评，湄委会在其官方网站上开设了批评和建议信箱，开辟与各种利益相关者联系的新渠道。利益相关者可以留言或对湄委会工作提出建议，湄委会的工作人员在阅读了这些意见或建议后，就将它们发布在湄委会的网站上，以促进各方讨论。

（四）捐助国附加条件

由于湄委会成员国都是发展中国家，缺乏足够的开发资金与技术，湄委会的相当部分活动经费来自西方国家和国际组织，大多数捐助都带有附加条件，致使湄委会政策取向打上了深深的"西方烙印"，无法独立客观地行使流域管理职能。

湄委会秘书处有80-100人，来自流域外部的捐助资金承担着秘书处的运作成本，以及秘书处与各国政府机构联袂执行的水及相关资源的调查、研究和规划支出，这必将影响湄委会作为一个区域组织的独立性。[②]

[①] *Independent Organisational*, *Financial and Institutional Review of the Mekong River Commission Secretariat and the National Mekong Committees*, MRC, Vientiane, 2006.

[②] 在老湄委会时期（1957－1975年），委员会的年预算约为2000万美元（按1987年美元来折算），美国是最大的捐助者。在临时委员会时期（1978－1992年），欧洲和联合国开发署从美国手中接管，使湄委会体系维持下去，年预算为500万－1000万美元。20世纪90年代早期，欧洲和日本开发机构显示出大幅增加对湄委会体系投资的姿态。

柬埔寨和老挝处于世界上最贫穷国家之列，对湄委会体系比较依赖，将其作为获得金融和技术援助的重要源泉。泰国和越南政府对通过湄委会体系提供的援助依赖较少。

（五）技术与管理水平

水资源管理是一项非常复杂的领域。单就洞里萨湖而言，由于对其水系的复杂性和洞里萨湖水生生物高产的主要成因了解还不全面，对流域各种开发项目之于洞里萨湖的实际累积影响迄今仍难以给出可靠的预测。

湄公河流域影响评估工作面临的主要挑战是综合评估流域开发方案的累积影响，特别是对渔业或冲积平原这类复杂的生态体系的影响。流域开发对湄公河生态系统的总体影响是多个因素的集合，并且影响会随着时空的改变发生变化，对这类问题的综合影响评估需要利用和整合多个专业领域的知识，并且运用大量不同的模型和影响评估框架。

总的来说，水资源综合管理是一种进步理念，但在现实中受到流域政治生态、成员国之间的关系、成员国水管理政策、各利益相关方的利益诉求、人才、技术等诸多因素的制约。尽管数十年来湄委会生成了一系列数据、相关知识和指导方针，但未能转化为湄委会在水资源治理中的积极行动，也未被用于指导决策。如何使湄委会更有效力，并增加其在计划制定和决策方面的影响力，是湄委会正面临并努力解决的关键问题。湄委会意识到，如果它不能对流域水资源开发施加影响的话，"关于其合适性、影响力和有效性的质疑声将会持续下去"。[①]

第三节 大湄公河次区域其他合作开发机制

由亚洲开发银行所界定的大湄公河次区域，包括中国（云南省和广西

---

① *Mid-term Review of the Mekong River Commission Strategic Plan 2006 – 2010*, *Final Report*, MRC, Vientiane, Lao PDR, January 2009.

壮族自治区）、缅甸、泰国、老挝、柬埔寨和越南，总面积 256.8 万平方千米，总人口约 3.26 亿，[①] 处于中国与东南亚、南亚三大区域和太平洋、印度洋两大洋的结合部，具有重要的战略地位。20 世纪 90 年代以来，在国际政治多极化、世界经济全球化和区域化的推动下，该区域的合作开发受到了国际社会的广泛关注。不仅区域内各国及东盟积极参与，日、美、欧等发达国家和国际组织也纷纷介入，寻找各自的经济政治利益，形成了多重机制并行运作的合作发展局面。湄公河流域开发主要是在 12 个重叠和未经协调的合作框架内执行，主要包括澜湄合作（LMC）、湄公河委员会（MRC）、大湄公河次区域经济合作（GMS）、中老缅泰黄金四角经济合作（QEC）、伊洛瓦底江—湄南河—湄公河经济合作战略（ACMECS）、柬老缅越四国合作（CLMV）、柬老越发展三角区（CLVDTA）、东盟—湄公河流域开发合作（AMBDC）、美国"湄公河下游倡议"（LMI）、日本—湄公河领导人峰会、湄公河—恒河合作倡议（MGC）、韩国—湄公河领导人峰会等。前 7 个机制属于大湄公河次区域内的多边合作。东盟—湄公河流域开发合作是东盟为缩小成员国之间的发展差距，特别是加快柬埔寨、老挝、缅甸和越南发展，而建立的内部合作机制。最后 4 个机制可被视为域外国家与湄公河国家这一"地区集合体"的双边合作。[②] 在这些机制中，中国倡导的澜沧江—湄公河合作机制是 2016 年 3 月正式成立的，旨在与已有的合作机制相互补充、协调发展。

一　大湄公河次区域经济合作（GMS）

柬埔寨冲突尘埃落定后，1992 年，在亚洲开发银行的推动下，湄公河流域的中（中国的会员身份体现在两个层面：一是中央政府层面，二是云南和广西作为会员的地方层面）、泰、缅、越、老、柬六国发起建立大湄公河次区域经济合作，涉及交通、能源、电信、环境、旅游、人力资源开

[①]　云南大学大湄公河次区域研究中心简介，http://www.gms.ynu.edu.cn/zxjj/index.htm
（登录时间：2014 年 10 月 10 日）。

[②]　刘稚主编《澜沧江—湄公河合作发展报告（2018）》，社会科学文献出版社，2019，第
49 页。

发、贸易和投资、禁毒等八个合作领域，旨在通过改善湄公河5国之间以及它们与中国云南省之间的公路、铁路、电信和电力系统，加强成员间的经济联系，促进次区域经济社会协调发展，改善湄公河流域的贫困状况，实现区域共同繁荣。1997年东南亚金融危机爆发，大湄公河流域开发再次陷入困局，然而此次危机实质提升了中国对亚洲经济的影响力，中国成为带动东南亚经济复苏的火车头。2002年11月3日，柬、老、缅、泰、越及中国六国元首于金边召开首届"大湄公河次区域高峰会议"，以提升次区域合作发展能力。GMS的宗旨大致包括三项：首先是加强连接性，即通过交通基础设施特别是跨国公路网的建设，使区域内的资源得以被顺利分享与利用；其次是提高区域竞争力，具体方式包括经济走廊的建设、贸易自由化、能源开发、信息高速公路的建立等；最后是增强社群意识，主要是解决环境保护与生态多样性等问题。① 由于大湄公河次区域经济合作计划援助范围广，而且项目繁多，资金筹集困难，于是决定把交通运输和旅游定为优先发展方向。迄今正在建设的旗舰项目是三个经济走廊：一是南北经济走廊，从中国昆明途经泰国曼谷，并沿湄公河流域向东连接越南河内，再到海防市；二是东西交通走廊，从越南岘港市沿着湄公河流域向西连接缅甸的印度洋港口毛淡；三是南部交通走廊，从越南最南端的头顿港，途经胡志明市、金边到达曼谷。"经济走廊"的概念是在1998年举行的GMS第八次部长级会议提出的，其含义是将交通走廊的建设与经济发展相结合，为各国之间的合作与往来提供便利。经济走廊的发展分为三个阶段：交通走廊建设阶段、物流走廊建设阶段、经济走廊建设阶段。

截至2012年9月，大湄公河次区域六国已累计投入近150亿美元用于三大经济走廊沿线地区道路、机场、铁路、通信、电力等项目建设，有力地推动了经济走廊沿线基础设施的改善。② GMS合作机制成果斐然：在贸易和投资领域，GMS成员国之间贸易和投资持续增长。2010年中国—东盟

---

① 蔡东杰：《东南亚微区域机制发展：以湄公河合作为例》，《台湾东南亚学刊》2010年第2期，第85－110页。

② "Infrastructure Development in the Greater Mekong Subregion", Asian Development Bank, September 19, 2012, http://www.adb.org/news/infographics/infrastructure－development－greater－mekong－subregion（登录时间：2019年9月10日）。

自由贸易区建成。湄公河国家中除老挝以外，其他国家的第一大贸易伙伴
和第一大进口来源地均是中国。泰国仍是老挝最大贸易伙伴，中国是老挝
第二大贸易伙伴和第三大进口来源地，越南是老挝第三大贸易伙伴。中国
是缅甸、老挝和柬埔寨最大投资来源地，泰国和越南第三大外资来源地；
老挝是越南最大的投资目的地，泰国则是越南十大投资来源地之一。① 在
交通基础设施建设领域，中国积极参与大湄公河次区域的公路铁路网建
设，连接中、老、泰三国的昆曼公路于 2013 年底全线贯通，起于昆明，终
点为曼谷；2015 年 5 月，连接老挝 17 号公路和缅甸 4 号公路的老缅友谊
大桥正式通车；2015 年 3 月，泰国廊开府至老挝塔纳楞的国际铁路运输线
正式通车；2015 年底，连接老挝首都万象与云南昆明的中老铁路老挝段
（磨丁至万象）举行开工奠基仪式，标志着总长 417 千米、总投资 400 亿
元人民币的中老铁路正式开工建设。中国境内段玉溪—磨憨铁路在 2016 年
年初也已开工建设。② 在能源合作领域，中国致力于发展与 GMS 各国的电
力联网和电力交易合作，还与各国签订《合作（谅解）备忘录》进行电力
开发，将以往单向援助政策模式转型为双向合作。③ 从 2009 年开始，南方
电网开始与老挝开展电网互联互通，向老挝送电，为老挝北部电力供应做
出了重要贡献。2015 年 11 月，"一带一路"首个电网合作项目——老挝北
部电网工程举行投产仪式。电网工程由南方电网公司总承包，横跨老挝北
部 4 省，包括 4 个 230 千伏变电站和 4 条输电线路，合同金额 3.02 亿美
元，于 2014 年 3 月 17 日开工，2015 年 9 月 27 日完工。该项目的投运使老
挝北部电网提级到 230 千伏，结束老挝北部电网孤网运行的历史，形成老
挝全国统一的 230 千伏骨干电网，并留有与云南省内电网互联互通接口，
为老挝跨国送电提供可能。④ 2018 年 3 月大湄公河次区域经济合作第六次

① 刘稚主编《澜沧江—湄公河合作发展报告（2018）》，社会科学文献出版社，2019，第 9 -
10 页。
② 刘稚主编《大湄公河次区域蓝皮书（2016）》，社会科学文献出版社，2017，第 4 页。
③ 相关资料繁多，在此不一一赘述，可参考《大湄公河次区域合作发展报告》系列，社会
科学文献出版社；李平：《大湄公河次区域（GMS）合作 20 年综述》，《东南亚纵横》
2012 年第 2 期等。
④ 《"一带一路"中国老挝首个电网合作项目正式投产》，人民网，2015 年 11 月 30 日，ht-
tp：//energy. people. com. cn/n/2015/1130/c71661 - 27872639. html（登录时间：2019 年 8
月 3 日）。

领导人会议通过了共同宣言、《2018 - 2022 河内行动计划》和《2022 区域投资框架》三项成果文件，其中《2022 区域投资框架》规定了未来五年间的优先项目清单，包含 227 个投资和技术援助项目，总金额约 660 亿美元。①

在澜湄合作机制建立之前，GMS 是大湄公河次区域最重要的经济合作机制，也是唯一囊括大湄公河次区域所有国家的合作框架。它取代了湄委会成为地区开发项目引资的主要平台。这也使得亚洲开发银行一心关注地区经济发展，而将水资源争端事宜留给湄委会。

不过，亚开行主导的 GMS 合作方式是开放松散型的，缺乏常设性机构和组织制度，所有决议的形成均是在次区域经济合作部长级会议上进行磋商。亚开行只在其间起协调作用，所能做的也一般是通过召集会议、提出具体的合作项目、征询成员国的意见来发挥联络作用，既没有决策权也没有强制执行权。

主要关注于互联互通，环境议题少。2010 年 1 月，中国—东盟自由贸易区建成，中国与越南、缅甸、老挝和柬埔寨之间实现 "零关税"。随着削减关税的边际效应降低，拓展合作空间成为日益突出的问题，这将驱动区域合作的升级。未来的 GMS 合作将更强调基础设施的互联互通，着重提高贸易投资自由化和便利化水平，开启和深化敏感领域合作，致力于建立政治、经济、安全等多领域、全方位、立体合作新格局。当前，GMS 合作的参与国都是发展中国家，经济发展水平不高，因而制约经济一体化过程。次区域经济合作快速推进的同时，也面临日益严重的环境污染、水土流失、生物多样性减少等压力，可持续发展问题已成为次区域内的主要关注点。GMS 合作能否深化，"很大程度上取决于如何合理开发利用区域内丰富的自然资源"。②

---

① 《大湄公河次区域经济合作领导人会议通过多项成果文件》，新华网，2018 年 4 月 1 日，http：//www. xinhuanet. com/world/2018 - 04/01/c_1122620484. htm（登录时间：2019 年 8 月 3 日）。
② 卢光盛、金珍：《"一带一路"框架下大湄公河次区域合作升级版》，《国际展望》2015 年第 5 期，第 67 - 81 页。

二　东盟—湄公河流域开发合作（AMBDC）

在马来西亚和新加坡的倡导下，东盟启动了"东盟—湄公河流域开发合作"计划。1996 年 6 月在吉隆坡举办的首届"东盟—湄公河流域开发合作"部长级会议中，7 个东盟成员国加上中国、柬埔寨、老挝、缅甸共 11 个国家共同通过了《东盟—湄公河流域开发合作基本框架》，正式成立"东盟—湄公河流域开发合作"机制，合作的目标包括：促进湄公河流域地区经济及可持续发展、鼓励构建稳固的经济伙伴关系与互利对话及合作、加强东盟成员国与湄公河沿岸国家之交流与经济联系，最终实现"东南亚自由贸易区"和由 10 国组成的"大东盟"。[①]

东盟—湄公河流域开发合作领域包括基础设施（交通、通信、灌溉、能源）、投资与贸易、农业、林业、矿产资源产业、工业及中小企业发展、人力资源开发、科技等八个方面。

东盟—湄公河流域开发合作，表明湄公河开发合作已作为东盟经济政治一体化中的一部分被纳入东盟的合作框架。在该合作框架下，首先推出了南起新加坡、北至中国云南昆明的"泛亚铁路计划"，它将连接新加坡，马来西亚的吉隆坡，泰国的曼谷、清迈，缅甸的仰光，柬埔寨的波贝、诗梳风、金边，越南的胡志明市、河内，老挝的万象，中国云南省的昆明市。该计划的实施，还可从昆明通过中国的铁路网往外延伸，连接东起中国连云港、西至荷兰鹿特丹的"新亚洲大陆桥"，建立东南亚、东亚、中亚和欧洲之间的铁路网。随着中国—东盟自由贸易区的建立，由于湄公河流域所处的中南半岛具有重要的"接点"地位，中国和东盟都将东盟—湄公河流域开发合作机制视为双方合作的重点之一。

有分析认为，马来西亚和新加坡将湄公河流域开发东盟化视作平衡经济的竞技场，扭转泰国向 GMS 倾斜的局面，为马来西亚和新加坡的商业利

---

① 当时老挝、缅甸和柬埔寨还未加入东盟，后来老挝与缅甸于 1997 年、柬埔寨于 1999 年加入东盟。

益提供更大的进入机会。① 然而，总体来说，东盟—湄公河流域开发合作计划，在内容上与大湄公河次区域经济合作计划的重叠度非常高。由于亚开行支持下的 GMS 功能全面，东盟—湄公河流域开发合作计划扮演的其实是近似于辅助性的角色。

从 1996 年启动到 2012 年 8 月，AMBDC 共有 52 个合作项目，其中 37 个已落实相关资金，落实金额为 3150 万美元。这 37 个项目中 31 个是由新加坡提出的有关人力资源开发的项目，大部分已接近完成。② AMBDC 旗舰项目泛亚铁路建设 20 多年前就提出来了，项目特别工作组召开了十余次会议，但进程非常缓慢。一是因为资金及其他资源不足，二是东南亚海洋国家对湄公河次区域缺乏实质性的持久兴趣。要想推进 AMBDC，东盟集体需要做出更大的努力。有分析指出，针对湄公河次区域已存在 12 个合作机制的现状，为增强东盟在湄公河次区域的关联及价值，东盟应进行深度研究，确定已存在的合作机制之间的差异，继而填补鸿沟，保证湄公河国家看到东盟在该地区的重要性。鉴于湄公河次区域不同的合作机制，东盟应该找到办法促进这些机制之间的协同和良性竞争。③

三　黄金四角经济合作（QEC）

1993 年 3 月，中泰倡议建立中国、老挝、缅甸和泰国"黄金四角经济合作"机制（简称"黄金四角"），协调湄公河上游航运及毒品防治问题。由于泰老同时也是下游湄委会机制的成员国，因此"黄金四角"机制将上游和下游联系起来了。总体而言，该机制旨在促进共同使用和开发湄公河。从政治上来讲，这是泰国在谋求领导湄委会的创建中未能将中缅纳入

① Donald E. Weatherbee, "Cooperation and Conflict in Mekong", *Studies in Conflict and Terrorism*, Vol. 20, Issue 2, 1997, pp. 167 – 184.

② 《东盟—湄公河流域开发合作（AMBDC）第十四次部长级会议在柬埔寨暹粒召开》，国家发改委，2012 年 9 月 5 日，http：//news. hexun. com/2012 – 09 – 05/145514329. html？from = rss（登录时间：2019 年 8 月 3 日）。

③ Shawn Ho and Kaewkamol Pitakdumrongkit, "Can ASEAN Play a Greater Role in the Mekong Subregion?", *The Diplomat*, January 30, 2019, https：//thediplomat. com/2019/01/can – asean – play – a – greater – role – in – the – mekong – subregion/（登录时间：2019 年 8 月 3 日）。

该机制内而做出的修补。

各方有着高度的合作共识。泰国希望扩大与周边国家的经贸合作，获取资源实现市场互补，并通过加强与中国的联系，维护自身在大湄公河次区域的战略利益；中国希望借此为西部开发助力；老挝希望借此改善北部地区的贫穷落后现象；缅甸则期盼借此摆脱西方国家制裁压力。

"黄金四角"机制的核心是促进运输和旅游。1994 年 10 月，四国达成湄公河上游自由通航协议，2000 年签署了《澜沧江—湄公河商船通航协定》，规定任一方的船舶均可按照协定，在中国思茅港和老挝琅勃拉邦之间自由通行，四国在船舶进出港口、办理海关手续、装卸货物以及使用码头设备等方面，相互给予最惠国待遇。此协定的签署不但开启了上湄公河航运资源利用，也进一步推动"黄金四角"国家更大的客货贸易流量。2001 年 6 月，四国正式实现河道通航。

此外，泰、老、缅交界的金三角地区毒品问题，也成为"黄金四角"发展面临的重大挑战。早在 1992 年，中国、缅甸和泰国便与联合国毒品及犯罪管制署签署了《禁毒合作专案》，确定加强边境地区打击毒品贩运、减少毒品需求与实施农作物替代种植计划等政策目标；其后，各国又在 2001 年召开"禁毒合作部长会议"并通过《北京宣言》，强调将加强资讯交流合作，在毒品预防教育、缉毒执法、戒毒治疗和康复、易制毒化学品管制、替代种植方案与人员培训等方面展开实质合作。[①]

未来，大湄公河次区域这些已经存在的合作机制将长期共存，因为不同的机制契合了不同国家的需求。对于老挝而言，其利益要靠区域组织来实现。有一个比喻说，老挝在中南半岛的位置好比新加坡在东南亚的位置，要靠多边机制来消除不对称的双边机制的影响。对于缅甸而言，数十年来，缅甸的湄公河边界并未处于仰光政权的日常行政管理控制之下。现在，政府成功平息了种族骚乱，给地区未来带来新的希望。建设性地参与多边框架下的湄公河流域开发对正在进行民主化转型的缅甸具有重要的政治和经济利益。柬埔寨和越南这两个下游国家，在地理上处于

---

① 蔡东杰：《东南亚微区域机制发展：以湄公河合作为例》，《台湾东南亚学刊》2010 年第 2 期，第 85 – 110 页。

劣势，不同的流域合作机制为它们提供了协商和协调的机会。越南认为，"在东盟机制内，泰国的野心会得到比在大湄公河次区域和湄委会机制下更多的制约"。[①]

四　伊洛瓦底江—湄南河—湄公河经济合作战略（ACMECS）

伊洛瓦底江—湄南河—湄公河经济合作战略是 2003 年 11 月由泰国前总理他信提议成立的，旨在加强东南亚大陆区域各国的经济合作，促进均衡发展。四个创始成员国为缅甸、泰国、老挝和柬埔寨。越南从 2004 年 5 月 10 日正式加入 ACMECS。合作领域主要包括：加强区域互联互通，其中特别注重交通基础设施互联互通；贸易与投资便利化；在工业领域提升 ACMECS 各成员国中小型企业的竞争力；促进跨境旅游，简化签证要求，逐步实现五国一签多行；建设区域各国间及向区域外输电线网和跨境工业园区/经济特区等。

ACMECS 峰会每两年举办一次。2018 年 6 月 16 日，第八届伊洛瓦底江—湄南河—湄公河经济合作战略峰会在曼谷落幕，各成员国合力制定首份次区域总规划，以"2023 年创建 ACMECS 互联互通"为愿景，提出未来 5 年发展三大目标。一是促进次区域无缝连接。着重加强基础设施建设和填补尚存在缺失的运输路线，开发数字基础设施，连接能源网络。二是实现经济一体化，强调贸易与投资规则的一致性，加强金融贸易合作与发展。三是以可持续和创新的方式进行区域发展。着重开发人力资源和使用高新科技，在各领域建立战略伙伴关系，例如环境、农业、旅游、卫生、智慧城市开发以及网络安全等。在此次峰会上，泰国提出成立 ACMECS 基金推动区域开发，并率先提供 2 亿美元的资金用于未来 5 年的发展。AC-MECS 的初始基金预计为 5 亿美元，除了泰国提供的 2 亿美元外，老挝、缅甸、柬埔寨和越南合计提供 1 亿美元，另外 2 亿美元由发展伙伴国家捐

---

① Donald E. Weatherbee, "Cooperation and Conflict in Mekong", *Studies in Conflict and Terrorism*, Vol. 20, Issue 2, 1997, pp. 167 – 184.

助，包括澳大利亚、日本、韩国和美国。① 之前 ACMECS 一直没有建立金融机制提供专项基金，开发项目一般依靠贷款和伙伴国家援助来完成。

在 ACMECS 合作机制中，越南对环境合作尤为重视，提出成立环境工作组的首个倡议。

五　柬老缅越四国合作（CLMV）和柬老越发展三角区

柬老缅越四国合作由越南主导，也是湄公河次区域内重要的合作机制。柬老缅越四国合作第一次峰会于 2004 年 11 月在老挝首都万象举行，2004 年签署了关于加强柬老缅越经济合作和一体化的《万象宣言》，提出了推动次区域合作的 8 个优先合作领域：农业、工业、能源、通信、信息产业、科技、旅游和人力资源开发。2006 年第三次峰会上四国就建立联合协调机制达成一致。CLMV 国家的紧要任务是缩小与东盟其他成员国之间的发展差距。2015 年第七届柬老缅越四国峰会联合声明说，在东盟一体化进程中要加强四国紧密合作，有效执行东盟共同体路线图和东盟互联互通计划。声明同意扩建提供一站式服务的边境口岸，以便利贸易往来、投资、旅游和交通运输。声明还说，在交通运输合作方面，四国同意在湄公河次区域合作框架内进一步加强协调，建设好经济走廊，使边境贸易和人员往来更加便利化，通过双边和多边协定使航空运输更加便利。CLMV 是GMS 框架下实施政府开发援助的新路径。当前，如何协调 CLMV 和 AC-MECS 两种机制的进程，是摆在湄公河国家面前的一大问题。②

除四国合作外，越南还主导了一个三国合作机制——柬老越发展三角区（CLVDTA）。柬老越发展三角区峰会于 1999 年在老挝首次举行，此后一般每两年在三国轮流举行一次。越南、老挝、柬埔寨发展三角区面积1.4 万平方千米，人口 700 万，涵盖三国 13 个省，其中包括越南昆嵩、嘉莱、得乐、多农和平福五省。2019 年，三国一致同意将越南平福省、柬埔

---

① "＄200m Contribution Set for ACMECS Fund", *The Nation*, June 18, 2019, https://www. nationthailand. com/Economy/30371316（登录时间：2019 年 9 月 10 日）.

② Donald E. Weatherbee, *International Relations in Southeast Asia: The Struggle for Autonomy*, Rowman and Littlefield, 2014, p. 123.

寨桔井省和老挝占巴塞省纳入发展三角区。2012 年公布了《柬老越发展三角区经济社会发展总体规划》（2010 - 2020），将基础设施、农林业、服务业、工业、社会和科技领域、环保和有效管理土地、国防安宁、贸易和投资便利化等列为优先发展和合作领域。合作目标是，在最大限度地发挥潜力、优势和增强经济联合的基础上，逐步、稳健和迅速缩小三国各地区之间的发展差距。三角区各国提出的 2011 - 2020 年经济增速目标为年均10% - 11%。三角区人均 GDP 预计由 2010 年的 838 美元增至 2015 年的1300 美元、2020 年的 2000 美元。① 为此，三国采取了一些具体行动，比如举办贸易展销会、发展橡胶产品等。2016 年三国签署《柬老越发展三角区贸易促进和便利化协定》并指定越南负责制订相关的行动计划。三国还在维护边境地区安全，妥善解决尤其是非法出入境、贩卖人口、贩卖毒品等安全问题，因应气候变化，卫生和疾病预防等领域加强合作。CLVDTA由日本提供官方政府援助。2007 年 1 月，日本宣布一份新的日湄合作计划，向 CLMV 国家提供 4000 万美元的政府开发援助，其中 2000 万美元将流向柬老越发展三角区。有分析认为，日本对柬老越发展三角区合作机制表现出友好姿态是为了增强自己在这一地区的政治经济存在，提升与中国在这一地区的影响竞争力。②

小　结

进入 21 世纪后，湄公河流域水资源合作进入了一个新阶段。首先，水资源利用规划和流域发展规划的出炉，尽管不像预先设想的那样成为流域水资源综合管理最终解决方案，但将在今后相当长的时期内，为流域水资源开发与管理提供程序和指导方法。自 1992 年 GMS 成立以来，湄公河流域合作机制的扩大与繁衍，反映了参与国家和机构的不同的利益和开发战

① 《越公布越老柬发展三角区八大优先发展合作领域》，中国商务部网站，2012 年 7 月 27日，http：//www. mofcom. gov. cn/article/i/jshz/new/201207/20120708254744. shtml（登录时间：2019 年 8 月 3 日）。
② Donald E. Weatherbee, *International Relations in Southeast Asia：The Struggle for Autonomy*, Rowman and Littlefield, 2014, p. 124.

略。然而，任何对资金、人力和技术资源的合理使用都需要在不同的机制之间采取一些合作和协调的措施，实现投资的重复最小化和效益最大化。在所有的流域合作机制中，湄公河委员会是专门进行水资源开发与管理的政府间组织，具有比较完善的组织结构和工作机制，但由于其存在的一些"先天不足"，决定了它只能充当"知识库"和对话平台，无法在流域水资源管理中扮演强有力的角色。

第四章

湄公河水资源开发跨境争端

　　作为东南亚第一大河的湄公河，可开发的水能资源总量达 3000 万千瓦，但截至 2010 年装机容量仅占 10%。① 20 世纪 90 年代初期中南半岛实现和平以来，湄公河沿岸国家，尤其是老挝、柬埔寨和越南经历了数百年来未曾出现的经济稳定和快速增长期，地区电力消费量不断上升。水电开发被沿岸国家视为经济增长重要推动力。与此同时，20 世纪 90 年代以来全球范围内的电力工业私营化改革、内部结构调整和项目融资方式的大变更，带动了湄公河水电项目在融资方式、所有制结构及开发技术等方面的改革。在吸收更多私营资本投入的基础上，湄公河水电开发项目的数量和规模激增。但互不协调的开发局面，与湄公河作为一个完整的自然资源所需要的综合管理相悖，一些支流水电项目对社会和环境产生的负面影响，已招致坝址附近和下游民众的不满，引发社会团体与政府的对抗。而湄公河干流梯级水电站的开建，更使社会团体对于湄公河开发的抗议进一步升级，并且在一定程度上影响到沿岸国家之间的关系。地理因素所决定的上下游国家水资源开发目标与关切的不同，是导致湄公河水资源开发跨境争端的根本原因；而各国的国家水资源管理政策，又习惯于将跨境河流流经的国内河段视作"国内资源"进行开发，忽视了对下游造成的社会、经济

---

① 赵大春：《湄公河委员会官员：中国水电开发经验值得借鉴》，新华社昆明 2010 年 6 月 14 日电。

和生态环境影响，是湄公河开发争端产生的主要原因。

　　本章将详细论述近年来湄公河水资源开发中出现的主要矛盾和争端，分析争端的成因，并探讨社会团体的利益诉求以及社会团体运动的影响。

第一节　湄公河开发中的主要争端

　　冷战结束后，湄公河水资源开发呈现两大趋势：一是干流开发被提上日程；二是由过去的国际组织和政府主导，变为私营开发商主导。水电开发的经济前景对湄公河国家而言，是个很大的诱惑，但与此同时，也对河流的自然生态环境产生了严重影响，并且威胁到一部分民众的生计。

　　所有的水资源管理项目，无论是防洪控洪、灌溉还是发电，都有一个共同点，就是需要通过水改道、挖运河以及修水坝来改变河流的流向或流量。然而，上游国家出于自身利益需求改变河流系统的自然河道、径流量或污染水的做法，有时会加重下游国家的社会与环境成本负担，甚至给下游国家带来灾难性影响。在平衡上下游利益方面，法律原则一直都很模糊。1997年通过的联合国《国际水道非航行使用法公约》，提出了许多重要原则，呼吁"公平合理的利用"（第二部分第5条）和"不造成重大损害的义务"（第二部分第7条）。[①] 但在国际水道的背景下，这两条原则难免存在冲突。上游国支持"公平合理的利用"原则，是因为该原则给予现有需求与过去需求同样的分量；而下游国强调"非重大损害"，是因为该原则有效保护了大多数河流下游国家之前已存在的水使用权利。

　　马昆德（Le Marquand）1977年在《国际河流：合作的政治》一书中，首次对河流地理形态与相邻流域国之间潜在合作或争端之间的相关性进行分析，得出结论：当河流充当界河时，合作具有强大的动力，这种动力源于"避免共同悲剧"；当河流经一国流入另一国时，当上游国家对河流水资源的使用损害了下游国家的利益，并且下游国家对控制上游国缺乏对等

---

①　UN, *Convention on the Law of the Non – Navigational Uses of International Watercourses*, 1997.

权力时，合作就缺乏动力。因此，上下游国比左右岸国之间更容易爆发争端。[①] 20 年后，挪威学者汉斯·托塞特（Hans Petter W. Toset）等人的研究也认为，上下游国家是最易于爆发冲突的类型，"共享河流边界" 和混合型国家之间爆发冲突的可能性较小。[②] 这就不难解释为什么下游国家柬埔寨和越南对上游国家泰国和老挝在湄公河的开发活动持警惕态度。柬埔寨和越南还认为，上游乱砍滥伐对流域生态环境的破坏，将对其境内的支流产生负面影响。

湄公河作为东南亚一条重要的国际河流，各流域国家间、上下游间、左右岸间的水资源开发都存在一定的相关性或相互影响。如果水资源开发造成径流的时空及质量巨幅变化，很可能会产生跨境生态环境问题。争端问题包括干季最低流量和湿季最高流量的确定和维持、上游国家灌溉和建坝对下游的影响，以及上游国家在流域内改道或向流域外引水对下游的影响。湄公河流域生态不安全热点地区主要包括：泰国东北地区的湄公河支流栖—蒙河次流域；柬埔寨东北和越南接壤的湄公河支流 "3S" 河次流域，即桑河、斯雷伯克河和公河；柬埔寨洞里萨河次流域；越南三角洲地区。跨境争端的典型案例包括：泰国东北部调水计划引发水量分配争端、越柬关于桑河水电站影响争端、老挝正在兴建的干流梯级水电站引发的跨境影响争议。

一　泰国东北部调水计划引发水量分配争端

在新湄委会体系下，上下游流域国家之间互相依存的关系发生了改变。1975 年签署的《下湄公河流域水资源利用原则联合声明》，曾要求涉及流域主要支流以及干流流量向流域外转移的任何项目都必须经过所有流域国家批准。然而，在 1995 年的湄公河协定中，由于泰国的坚持，该原则被 "单个国家无须经他国允许，有权实施单方国内项目" 所替代。泰国不

---

① Shlomi Dinar, *International Water Treaties: Negotiation and Cooperation along Transboundary Rivers*, Routledge, 2008, pp. 18 – 19, 转引自 D. Le Marquand, *International Rivers: The Politics of Cooperation*, Vancouver: Westwater Research Center, 1977, pp. 9 – 10。

② Hans Petter W. Toset et al., "Shared Rivers and Interstate Conflict", *Political Geography*, Vol. 19, Issue 8, 2000, pp. 971 – 996.

愿重启 1975 年《联合声明》的原因之一，就是为了方便自己实施东北部的湄—栖—蒙河调水计划，将位于泰国廊开和老挝万象之间的湄公河干流水沿着一条 200 千米长的水渠调至泰国乌汶府附近的湄公河支流栖河（Chi river）和蒙河（Mun river），解决其受干旱困扰的东北部伊善地区在干季的灌溉水源问题，同时缓解洪灾。

湄—栖—蒙河调水计划出台于 20 世纪 80 年代后期，其目标就是将伊善地区以雨水灌溉为主的种植方式转型为大面积的灌溉农业，以增加农业产量。1989 年，时任泰国总理春哈旺内阁通过决议，批准湄—栖—蒙河计划（见图 4 - 1），并要求泰国国家能源局来执行可行性研究。该可行性研究于 1992 年完成，决定将湄—栖—蒙河计划分三个阶段进行，总计需要 42 年时间。第一阶段是改善泰国兰保（Lam Pao）水库已有的灌溉系统，增加 4.88 万公顷（约合 488 平方千米）的灌溉面积；第二阶段是利用泰国东北部的水资源，兴建新的灌溉系统，增加 6.87 万公顷（约合 687 平方千米）的灌溉面积；第三阶段是直接从湄公河调水，增加 68.4 万公顷（约合 6840 平方千米）的灌溉面积。湄—栖—蒙河工程一旦全部竣工，将成为湄公河流域最大的灌溉工程，泰国东北部每个主要的湄公河支流上都将建有大型水坝、电泵站、灌溉渠及一些辅助设施，灌溉约 79.6 万公顷（约合 7960 平方千米）的土地。[1]

泰国的湄—栖—蒙河调水计划自 20 世纪 80 年代末提出以来，一直令下游的柬埔寨和越南深感不安。尽管尚无有关该调水计划影响的具体研究，但柬越两国担心该计划会造成下游河段水流量减少（尤其在干季）、改变湄公河流域现有的洪水脉冲生态系统、影响鱼类迁徙、威胁湄公河沿岸尤其是柬埔寨洞里萨湖和越南湄公河三角洲的渔业和农业生计。[2] 越南声称这个项目将使其干季流量减少 1/3，而泰国只承认减少 2% - 3%。泰国还急于扩容普密蓬和诗丽吉水坝，通过从湄公河干流和泰国东北部的支流引水，调节中央山谷昭披耶河的流量。尽管昭披耶河调水计划从地理上

---

[1] Lerdsak Kamkongsak and Margie Law, "Laying Waste to the Land: Thailand's Khong-Chi-Mun Irrigation Project", *Watershed*, Vol. 6, No. 3, March-June, 2001, pp. 25 - 35.

[2] 每年暴雨季节，湄公河及其支流河水漫堤，洪水冲刷周围土壤和菜园、分解动植物，产生数百万吨的营养淤泥。这些淤泥顺着河水流入下游成为鱼食，并且肥沃了河岸及周边的洪水平原，有利于粮食种植。

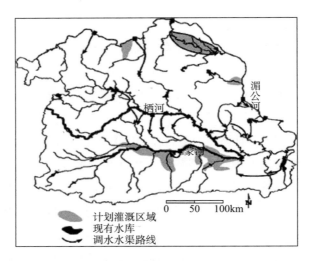

图 4 - 1 湄—栖—蒙河调水工程规划的调水水渠路线

资料来源：Chris Sneddon，"Reconfiguring Scale and Power：the Khong-Chi-Mun Pro-ject in Northeast Thailand"，*Environment and Planning A*，Vol. 35，2003，pp. 2229 - 2250。

来讲，属于泰国国内项目，但由于要抽调湄公河干流水量，因此遭到下游国家的强烈反对。泰国摆出一副不妥协的姿态，要求保留开发干流河水水量与其境内支流贡献水量均等的权利。曼谷方面宣称，它有权使用湄公河总流量 12% - 16% 的水量。[1]

20 世纪 90 年代初，随着泰国社会团体的发展和环保组织的壮大，泰国政府意识到应对具有潜在环境影响的大规模工程进行环境评估。1992年，阿南·班雅拉春总理内阁通过《加强和保护国家环境质量法案》。同年，泰国科技和环境部下属的环境规划和政策办公室选出了一个"环境影响分析专家委员会"来考察诸如湄—栖—蒙河调水计划这种大规模基础设施工程的影响。在 1993 年发布的报告中，专家委员会称，湄—栖—蒙河调水工程设计不适合泰国东北部地区的地理地形，并且之前完成的该工程可行性研究存在信息缺失的问题。专家委员会警告称，从湄公河调水可能引发土壤盐碱化等问题，并且批评关于该项目负面影响的信息不透明。专家委员会建议暂时搁置湄—栖—蒙河调水工程，先对调水的影响和土壤盐碱

---

[1] Donald E. Weatherbee，"Cooperation and Conflict in Mekong"，*Studies in Conflict and Terror-ism*，Vol. 20，Issue 2，1997，pp. 167 - 184.

化问题进行充分研究。虽然专家委员会的建议并未被泰国政府接受,但后来的川·立派政府于 1994 年发布决议,缩小湄—栖—蒙河调水工程的规模,称该工程仅利用泰国东北部湄公河支流的水资源,不需要从湄公河干流调水。进入 21 世纪后,湄—栖—蒙河调水计划被搁置,取而代之的是"水网"计划,直到 2008 年颁猜内阁上台,决定重启湄—栖—蒙河调水工程,泰国皇家灌溉部 2008 - 2012 年进行了可行性研究并对工程重新规划,计划在湄公河与其支流黎河交汇处引水进入栖河和蒙河流域。泰国东北部涉及面积 16.56 万平方千米(约为 1/3 泰国国土面积),湄—黎—栖—蒙河调水工程(Mekong-Loei-Chi-Mun)有望新增灌溉面积 4.9 万平方千米。该工程现处于可行性研究阶段,工程预计分 9 期实施,工期 13 年 6 个月,总投资约合 4880 亿元人民币。[1] 第一期工程包括改善黎河河口、在黎河河床底开挖引水隧道、建造运河及栖—蒙河引水隧道等,工期 4 年 10 个月。然而,泰国本地居民、专家和非政府组织纷纷抗议此项计划,指其耗资巨大,且对环境具有潜在危害,会造成下游国家土壤盐碱化和水量匮乏,成本高于收益,这致使泰国政府又暂停实施工程。

　　2015 年底以来,受强厄尔尼诺现象影响,东南亚多国面临严重干旱,大批农作物歉收,泰国东北部经历 10 年来最严重的旱情,重要出口物资大米和橡胶的出口量骤跌。[2] 最大水源之一湄公河顿成各国必争之地,泰国在其境内一条湄公河支流上建闸,阻止支流水流入湄公河,并且设置了 4 个临时调水站,以 15 立方米/秒的速度抽取湄公河及其支流的水调入廊开府的河流。2016 年 1 月,泰国国家水资源理事会原则上通过湄—黎—栖—蒙河调水项目。如果该项目可行性研究完成,这些临时性调水站将被输水能力为 150 立方米/秒的长久性调水站所取代。[3]

---

[1] 《长江委专家参加泰国调水论坛》,中国水利网,2016 年 3 月 1 日,http://www. chinawa-ter. com. cn/newscenter/ly/cj/201603/t20160301_436399. html(登录时间:2016 年 3 月 15 日)。

[2] "Thais Turn on Mekong River Pumps without Consulting Regional Partners", Southeast Asia Globe, January 26, 2016, http://sea – globe. com/thais – turn – on – mekong – river – pumps – without – consulting – regional – partners/(登录时间:2016 年 3 月 1 日).

[3] The Straits Times, "Drought-hit Thailand Taps Mekong Water", February 20, 2016, http://www. straitstimes. com/asia/se – asia/drought – hit – thailand – taps – mekong – water(登录时间:2016 年 3 月 1 日).

泰国的湄—黎—栖—蒙河调水计划遭到柬埔寨、越南两国媒体和环保主义者以及域外专家学者的反对。越南新闻网站 VietNamNet 2016 年 2 月 16 日发表文章，题为"泰国抽取湄公河水，越南陷入危险"。越南芹苴大学副校长武通玄认为，泰国在上游建设大坝和水库以及大量调水灌溉的举动，会加剧湄公河水供给冲突和竞争，尤其在湄公河自然流量低的年份。① 悉尼大学地球科学学家菲利普·赫希（Philip Hirsch）表示，如果泰国从湄公河大规模调水，将对柬埔寨和越南干季的水安全造成威胁，因为这个调水计划主要是在干季调水，"越南湄公河三角洲农业及其他领域的用水者……依赖于干季的水流量供应以及防止海水盐分入侵，因此上游调水造成的流量的任何减少，都会对下游用水者产生大影响"。② 面对外界质疑，泰国皇家灌溉部称，泰国是从湄公河"利用"（using）水，而不是从湄公河"调取"（diverting）水，希望以此避开湄委会事前协商程序。皇家灌溉部专家巴差翁声称，只有从一个流域抽取水到另一个流域使用才被视为"调水"，既然泰国东北部属于湄公河流域的一部分，利用湄公河河水的行为就不应该被视为流域间"调水"。巴差翁表示，已得悉越南当局的反对声音，但认为越南误解了这项调水计划，称调取的水量不会对下游造成显著影响。但是，湄委会秘书处回应称："（根据湄委会协定）干季干流上的流域内用水也须履行事前协商程序，尽管不需要（在湄委会联合委员会内）达成一项特定协议。"它同时表示，"没有收到泰国政府提交的关于湄—黎—栖—蒙河调水计划的任何通知"。③

值得注意的是，柬埔寨和越南两国官方对泰国的湄—黎—栖—蒙河调水计划一直没有明确表态，柬埔寨外交部和水资源部官员在接受采访时均称对泰国修建临时调水站抽调湄公河河水一事不知情。不过，泰国政府考虑到对外影响，还是决定停止湄—黎—栖—蒙河工程内一个总长度 281 千

---

① Lerdsak Kamkongsak and Margie Law, "Laying Waste to the Land: Thailand's Khong – Chi – Mun Irrigation Project", Watershed, Vol. 6, No. 3, March – June, 2001, pp. 25 – 35.

② Southeast Asia Globe, "Thais Turn on Mekong River Pumps without Consulting Regional Partners", January 26, 2016, http: //sea – globe. com/thais – turn – on – mekong – river – pumps – without – consulting – regional – partners/（登录时间：2016 年 3 月 1 日）.

③ The Straits Times, "Drought – hit Thailand Taps Mekong Water", February 20, 2016, http: // www. straitstimes. com/asia/se – asia/drought – hit – thailand – taps – mekong – water（登录时间：2016 年 3 月 1 日）.

米的泄洪渠的建设，该项目原本旨在解决洪灾问题，但被认为会造成严重的环境影响。[①]

二 越柬关于桑河水电站影响的争端

湄公河国家将水电开发视为"保持国家经济持续增长，逐渐消除湄公河次区域广泛存在的贫穷的有机组成部分"。[②] 截至 2020 年，老、泰、柬、越四国在湄公河及其支流上已经建成一正在修建或计划修建的装机容量大于 1.5 万千瓦的水电站约 200 座，其中包括 11 座干流水电站。[③] 这些支流项目虽未被视为跨境项目，但对水文体系的改变会影响下游地区，有些影响甚至越过了国家边界，桑河上的亚历瀑布大坝就是其中之一。

桑河是湄公河一条重要支流。它发源于越南中央高地嘉莱省和昆嵩省交汇处，向西南流入柬埔寨的腊塔纳基里省，接着流向柬埔寨上丁省，在此与湄公河另外两条大支流公河和斯雷伯克河汇合，最后流入湄公河干流。桑河在柬埔寨境内的河段是最长的，这条河流和斯雷伯克河贡献了湄公河全部流量的 10.4%。[④]

桑河的水力潜能使它自 20 世纪 50 年代起就成为大规模水电开发的选址目标。湄委会 1970 年出台的《流域指导计划》，设计了在湄公河支流上建造 180 座水坝的宏伟蓝图，其中，16 座水坝选址在桑河流域。这 16 座水坝中，有 5 座选在柬埔寨境内河段，10 座选在越南境内河段，还有 1 座选在柬越边界河段。

---

① Phnom Penh Post, "Mekong Diversion under Way in Thailand", January 26, 2016, http://www.phnompenhpost.com/national/mekong - diversion - under - way - thailand（登录时间：2016 年 3 月 1 日）.

② Bird J, "Hydropower in the Context of Basin-Wide Water Resources Planning", Report presented at MRC regional multi - stakeholder consultation on the MRC hydropower programme, 2008, http://www.mrcmekong.org/download/Presentations/regional - hydro/1 - 1% 20Integration% 20 - % 20CEO% 2025sep08.pdf（登录时间：2014 年 12 月 20 日）.

③ Brian Eyler, "2020 Status of Lower Mekong Mainstream and Tributary Dams", Stimson, January 10, 2020, http://www.stimson.org/2020/2020 - status - of - lower - mekong - mainstream - and - tributary - dams/.

④ Philip Hirsch and Andrew Wyatt, "Negotiating Local Livelihoods: Scales of Conflict in the Se San River Basin", *Asia Pacific Viewpoint*, Vol. 45, No. 1, April 2004.

1993 年，越南在桑河向西流入柬埔寨入口处 80 千米的上游开始兴建桑河上游第一座大坝——亚历瀑布大坝。该大坝海拔 515 米，围成 64.5 平方千米的水库面积，装机容量 72 万千瓦，工程花费约 10 亿美元。亚历瀑布水电站和桑河上其他计划开建的水电站生产的电力，将通过一个 500 千伏的高压传输线送至越南南部以胡志明市为中心的工业区。

亚历瀑布水电站的建设自 1996 年中就开始改变桑河的水文和水质。到 2000 年 5 月 12 日，当四个涡轮机组中的前两个投入运作时，对越南昆嵩省和柬埔寨腊塔纳基里省和上丁省桑河沿岸社区环境、社会和经济已经产生了大规模的影响。然而，下游居民受到的环境、社会和经济影响既未得到缓解也未得到补偿。

国有的越南电力公司 （EVN） 承担了亚历瀑布水电站建造工作。1993 年，在瑞典国际开发署资助下，经湄公河临时委员会协调，总部设在瑞士的咨询公司瑞士依利华工程服务有限公司 （Electrowatt Engineering Services Ltd） 进行了大坝环境影响评估 （EIA）。根据评估，该项目对下游的影响不超过下游 8 千米范围。环评未考虑到桑河柬埔寨河段。越南电力公司对此辩称，这是由于当时柬埔寨局势未完全稳定，出于安全考虑未进入柬埔寨境内进行评估。2003 年 5 月，越南在亚历瀑布水电站下游约 30 千米处开建装机容量 26 万千瓦的桑河 3 号水电站 （Se San 3），规划阶段同样忽略了对柬埔寨河段影响的评估工作。桑河 3 号水电站建设所需的 2.6 亿美元最初预定由亚洲开发银行筹资，顾问方沃雷公司 （Worley WTL Ltd） 在亚洲开发银行资助下进行了环境影响评估，然而，2000 年 4 月，越南拒绝亚洲开发银行对外公布桑河 3 号水电站环境评估报告的要求。"这说明，沃雷公司和亚洲开发银行都认识到水电站的建设和运行将对柬埔寨造成严重灾难和不确定影响"。[1] 尽管沃雷公司建议，应该对柬埔寨境内的下游河段进行影响评估，但到 2000 年底，越南政府正式宣布 "不再需要亚洲开发银行继续对桑河 3 号水电项目的资助"。[2] 按照亚开行的说法，"越南没有正式告知我们其决定的缘由。

---

[1] Philip Hirsch and Andrew Wyatt, "Negotiating Local Livelihoods: Scales of Conflict in the Se San River Basin", *Asia Pacific Viewpoint*, Vol. 45, No. 1, April 2004, p. 55.

[2] Asian Development Bank, Se San 3 Update, 2000, http://www.adb.org/documents/profiles/ppta/Se San3.asp （登录时间：2014 年 10 月 2 日）。

然而，我们相信，这是因为越南担心进一步的研究将导致项目的搁置。因为亚开行并未保证一旦下游研究完成还会资助桑河 3 号项目"。[1]

　　2000 年初桑河下游发生大规模洪灾，给柬埔寨造成巨大损失，国际非政府组织和当地非政府组织在调查和记录当地关于腊塔纳基里省大面积洪灾报道的行动中，组建桑河工作组（SWG）协调调查行动。该工作组先于 2000 年 2 - 3 月在腊塔纳基里省进行了初步调查，认为下游反常的洪水现象部分归因于亚历瀑布大坝在湿季水量排放所致。之后，工作组又分两个阶段对柬埔寨境内 90 个桑河沿岸村庄进行快速评估（Rapid Rural Appraisals，缩写为 RRA），第一阶段研究于 2000 年 5 月在腊塔纳基里省进行，第二阶段研究于 2002 年 3 月在上丁省进行。研究发现，受洪灾影响的居民达 5 万人。桑河沿岸居民在 1996 年末就已观察到反常的洪水现象，但他们将之归结为神灵的惩罚，尚不知上游正在修建亚历瀑布大坝。此后几年，每到湿季洪水期，桑河沿岸都遭遇不同寻常的严重洪灾，洪水的流量和洪峰的高度均难以预料。桑河工作组的研究结论认为，水电站运行期间，河流径流量与水位有时每日出现波动，有时间隔几日才出现波动，呈现出不可预料性，致使下游居民的安全及渔业、农业生产受到影响，因为渔业活动需要水位保持相对稳定，而堤岸农业需要依靠裸露的河堤和沙洲来生产季节性补充作物。据调查，下游捕鱼量大幅减少。工作组认为，造成这种现象有两个原因：一是河岸侵蚀导致河流浑浊度不断加剧、泥沙沉积量增加，使海藻生长所需要的光变暗或使河底生长的海藻窒息而亡，海藻数量的减少使有些鱼类缺少重要的食物来源。泥沙沉积量的增加还会破坏鱼类栖息地。二是桑河河水非季节性波动造成鱼类迁徙失去方向感。而桑河沿岸居民主要依靠渔业为生，也主要通过吃鱼获得人体所需要的蛋白质，因此任何对下游生态造成不良影响的开发行为，都会威胁到他们的粮食安全和收入。

　　值得注意的是，2001 年 2 月，越南民族大学自然资源和环境研究中心对亚历瀑布大坝之于下游地区越南一方的影响进行的一项研究显示，306

---

[1]　Philip Hirsch and Andrew Wyatt, "Negotiating Local Livelihoods: Scales of Conflict in the Se San River Basin", *Asia Pacific Viewpoint*, Vol. 45, No. 1, April 2004, p. 55.

户家庭（家庭户数可能更多，因为只调查了下游越南境内 2/3 的村庄）受到大坝影响。该报告与来自柬埔寨境内的报告内容相似：亚历瀑布大坝对下游的影响包括不可预测的反常洪灾造成的财产、牲畜和农业损失，水质变化，以及对渔业的影响。[1]

作为对 2000 年 2 月桑河工作组关于亚历瀑布大坝影响初步报告的回应，湄公河委员会于 2000 年 3 月 16 – 19 日发起了对腊塔纳基里省的"事实发现"访问，接着在 2000 年 4 月 20 – 21 日，柬埔寨和越南官方举行了会议，但直到 2001 年中都未能产生有效的反馈。

2001 年上半年，桑河工作组、受影响社区、腊塔纳基里省和上丁省的省级及地方政府的代表经过讨论，决定成立覆盖腊塔纳基里省和上丁省的"桑河保护网络"（SPN）。"桑河保护网络"的秘书处设在腊塔纳基里省非政府组织"非林木产品设想"（Non-Timber Forests Products Project，缩写为NTFP）的总部里，其主要任务是在当地层面上实施"桑河保护网络"的工作计划。由"非林木产品设想"及其伙伴组织的当地高级成员组成"桑河指导委员会"，负责向秘书处提供策略建议。尽管觉察到湄委会、柬埔寨全国湄公河委员会和越南全国湄公河委员会对桑河问题的反应模糊，"桑河保护网络"仍将策略重心确定为推动这些重要机构和其他捐助机构对桑河问题的关注和谈判。

在 2002 年 11 月 27 日召开的第一届全国桑河研讨会上，"桑河保护网络"成功发表了一份对亚历瀑布大坝影响关切的统一声明。尽管柬埔寨全国湄公河委员会和水资源与气象部的代表被邀请参加研讨会，但他们以已有其他安排为由拒绝参加。由于越南方面没有被邀请，湄委会秘书处虽然接到邀请也拒绝参加，以免被视为偏心。[2] 然而，该研讨会吸引了来自两个省份的大量政府代表参加，包括腊塔纳基里省省长和上丁省副省长。

---

[1]　*Study into Impact of Yali Falls Dam on Resettled and Downstream Communities*，Hanoi：Centre for Natural Resources and Environmental Studies，Vietnam National University，February 2001.

[2]　越南全国湄公河委员会和湄委会秘书处本来都被邀请并且接受了邀请，但是"桑河指导委员会"后来决定只邀请柬埔寨政府和湄委会秘书处参加，以获得柬埔寨政府的最初支持，由此导致对越南全国湄公河委员会的邀请被紧急撤销。这是"桑河指导委员会"的一个战略决定，因为其感到尚未从柬埔寨国内政府获得坚定支持，一个过早成熟的囊括所有相关方的论坛事实会破坏与越南交涉的努力。

在研讨会上，来自腊塔纳基里省的"桑河保护网络"代表要求政府在五个方面给予援助。一是"要求政府和（国际）组织帮助阻止在桑河上建设水电大坝，特别是桑河 3 号和桑河 4 号水电站"。二是"要求恢复河流自然流量"。三是"要求大坝建造者和投资者赔偿村民所有的损失和被破坏的财产及设施"。四是"要求柬埔寨政府与越南政府举行谈判，寻求解决途径"。五是"要求湄委会和利益相关者到两个省来与桑河沿岸居民交流，对水坝的影响进行调查"。① 来自上丁省的"桑河保护网络"代表也提出了类似的要求。

在腊塔纳基里省和上丁省，省政府均对"桑河保护网络"的行动给予了强有力的支持。通过积极参与、提供人员和主持研讨会，他们要求、批准并且支持各种各样的研究调查。腊塔纳基里省省长是第一个将桑河沿岸问题通报给媒体的人，上丁省一名副省长亲自在上丁省境内的桑河沿岸进行现场调查。由于自身无力解决这个问题，省长们诉诸柬埔寨国家政府，要求其与越南政府一起寻找解决方案，并且请求湄委会秘书处对两国政府提供帮助。

实际上，在 2000 年 10 月湄委会第七届理事会会议上，湄委会曾为推动解决桑河问题，根据 1995 年湄公河协定第 34 条、18C 条、24F 条和 35 条成立了柬埔寨—越南桑河联合管理委员会。② 之后，联合管理委员会召开了几次会议，柬埔寨水资源部、柬埔寨环境部、柬埔寨全国湄公河委员会，越南工业部、越南电力公司、越南全国湄公河委员会以及亚历瀑

---

① *Joint Statement from Ethnic Minority Groups Living along the Se San River in Ratanakiri*, Se San Protection Network, 2002.

② 湄公河协定第 34 条规定：当协定的两方或多方之间，在协定范围内的任何问题上、或对协定执行机构下属各机构的行动，尤其是在有关协定解释和各方法律权利的问题上发生意见或分歧，湄委会应尽一切努力根据条款 18C 和 24F 来解决。第 18C 条规定：湄委会理事会应接待和解决由任一理事会成员、联合委员会或任一成员国就协定范围内的事宜产生的问题、分歧和争端。第 24F 条规定：湄委会联合委员会应尽一切努力解决理事会两次例会间隙，由联合委员会成员或成员国所提交的，就协定范围内的事宜发生的问题和争端。必要时将问题提交至理事会。第 35 条规定：当湄委会不能够及时解决意见或分歧时，该问题应提请当事国政府注意，及时通过外交途径协商解决，并且在需要执行决定时，将他们的决定告知理事会以便进一步推进。如果政府发现有必要推动问题的解决，或推动问题的解决是有益的，他们可以通过双方协定，要求通过某一共同认可的实体或某方来帮助调解，之后按照国际法的原则来处理。

布大坝管理方都参与会议，进行协商。然而，协商并未朝柬埔寨当地民众所期望的方向发展，越南方面称亚历瀑布大坝使下游每年干季流量得以增加，并口头承诺确保干季流量；柬埔寨官方则承认，他们没有足够的科学证据显示亚历瀑布大坝对下游的影响。据柬埔寨代表团的一名代表称，无论是柬埔寨政府还是湄委会秘书处都没有提供任何关于河流水位日变化数据，也没能解释或分析水位变化与村民遭受的影响之间是否有关联。

亚历瀑布大坝案例是对湄委会在共享河流管理中回应公众关切能力的一大考验。受到质疑的开发项目位于流域国家越南境内，开发利益也大多只惠及越南国内，然而下游的越南沿河社区和柬埔寨民众都感觉到了项目带来的影响，而其中大部分受影响的社区位于下游流域国家柬埔寨境内。2000年早期，越南曾承诺对最具破坏性的洪水季节水排放负责，但是仍继续推进桑河上更多大坝的建造，至今都没有对受影响的柬埔寨社区给予赔偿。

桑河问题似乎陷入僵局。受影响的柬埔寨社区民众坚持桑河上不能再建坝，并要求越南方面调节亚历瀑布大坝的运行系统，使河流的水文系统恢复到接近自然状态。但越南却没有取消在桑河上建设更多大坝的计划。湄委会则解释，其职责只是回应流域国家政府要求，而非社会团体的声音。柬埔寨沿河社区希望推动国家政府来解决问题，因为只有国家政府才有权与另一国进行交涉，而且根据1995年湄公河协定湄委会只会对国家要求做出回应。但迄今，这些努力的成果仅局限于柬埔寨当地省政府层面的参与。在更广泛的柬埔寨和越南权力关系不对等这一背景下，柬埔寨政府方面犹豫要不要在亚历瀑布大坝和桑河其他开发项目上挑起与越南的争论。湄委会没有接到来自国家政府方面的投诉，也就对该问题不予回应。

未来，桑河问题还将持续发酵。2010年3月挪威大学生命科学院发布一份研究报告，称桑河柬埔寨河段的河水中发现含量很高的有毒蓝藻和细菌。研究人员将蓝藻毒素及大肠杆菌含量很高的原因归为上游水库形成的死水，而这些水库位于越南境内的桑河河段。报告指出，"自从亚历瀑布大坝建成以来，桑河沿河居民出现了肠胃及皮肤疾病，这与挪威科研人员的研究结果相符"。①

桑河案例反映出柬埔寨下游民众对越南在上游开发的不满和抗议行动的升级。然而，总的来说，他们的行动效果有限，这主要源于两个因素：一是柬、越两国国家权力的不对等影响问题的解决。柬埔寨社会团体与越南电力公司进行直接谈判是难以实现的，而被社会团体最初寄予厚望的协调管理机构柬埔寨全国湄公河委员会和湄委会秘书处未能对其关切做出有效回应。柬埔寨政府的工作重点是维护与邻国关系发展国内经济，因此没有成为社会团体诉求代言人的积极愿望；而湄委会只对政府诉求负责，暴露出其管理机制的不足。二是政府公共机构与社会团体知识地位的不平等。一方面，越南电力公司主导的低质量的环境影响评估（亚历瀑布大坝建设前的环境影响评估后来也受到亚开行强烈批评②）居然支撑起了一个大的开发项目；另一方面，柬埔寨受影响的社会团体的说法不被相信，被认为"不具科学性"和"无法证实"。这种"知识地位"的不平等进一步削弱了柬埔寨社会团体在桑河问题上的谈判权。

三 湄公河干流水电站建设引发的跨境争端

在湄公河建造大规模多用途水电站，是湄公河委员会多年来的设想。1970 年，老湄委会出台《流域指导计划》（1970－2000 年），建议对湄公河进行综合性的多用途开发，推荐了湄公河干流上适合实施的 16 个项目、1 个三角洲开发项目，以及 180 个支流项目。③ 1975 年 1 月 31 日，老湄委会四个成员国政府共同签署了《下湄公河流域水资源利用原则联合声明》，限定所有干流项目、主要支流和流域间调水项目在实施前须经过全体成员

① 国际河流简报 2010 年第 4 期，http：//www. guojiheliu. org/（登录时间：2016 年 4 月 1 日）。

② Worley WTL Ltd. ，"Se San 3 Hydropower Project，Yali/Se San 3 Environmental and Social Impact Analysis Study"，PPTA 31362－01－VIE，Asian Development Bank，April 2000.

③ Mekong Secretariat，*Indicative Basin Plan*：*Committee for Coordination and Investigation of the Lower Mekong Basin*，Bangkok，Thailand，Mekong Secretariat，1970.

国一致同意。[①] 由于二战后地区经历长期政治动荡，水资源开发进程缓慢，湄公河成为"当前全世界少有的未被大规模水利基础设施予以不可逆转改变的大河之一"。[②]

冷战结束后，各流域国家更关注自身经济利益的实现，泰国作为一个上游国家，不愿意签署一个开发项目须遵从成员国一致同意原则的协定。1995年4月，四国签署了《湄公河流域可持续发展合作协定》，并成立了其执行机构湄公河委员会。[③] 1995年协定取消了"一致同意"原则，减少了上游国家的承诺，赋予了成员国更多的水资源开发权利。但针对不同的水资源利用情况，协定第5条规定了三种不同程度的约束性条款：通知、事前协商与湄委会联合委员会协议、特定协议。某个成员国在湄公河干流建造水电站，须履行事前协商程序征求其他成员国意见，并由湄委会联合委员会召开会议达成一致意见。

2006年以来，伴随着私营经济成分对电力领域投资力度的加大，湄公河下游国家对水电开发的兴趣升级，大部分湄公河支流已经建成或计划修建梯级水电站，在湄公河干流修建水电站的计划也被提上日程。过去10年，主要来自中国、马来西亚、泰国和越南的开发商提交了总共11座干流水电站开发计划，其中9座位于老挝境内，2座位于柬埔寨境内。根据设

---

① Joint Declaration of Principles for Utilization of the Waters of the Lower Mekong Basin, Committee for Co-ordination of Investigations of the Lower Mekong Basin, January 31, 1975. 联合声明共39条条款，其中最重要的两条是第10条"干流水资源属于公共利益资源，在未事前获得其他流域国家同意的情况下，不应受到任一流域国家单方拨用"；第11条"一个流域国家对干流水资源的主权管辖，服从于其他流域国家使用该水资源的平等权利"。这两条意味着，在未获得四国一致同意的情况下，不得实施任何干流项目。另外，第17条规定"实施项目的流域国家，无论该项目是否在其领土上，都应该在实施计划中的干流项目之前，向其他流域国提交一份关于所有可能对其他流域国境内产生的负面影响，包括短期和长期生态影响详细的研究报告，寻求正式通过。损害赔偿程序和金额都应写入这份研究报告中"。第20条和21条写明，从湄公河流域调水（即流域间调水）和主要支流上的项目受与干流项目同样规则的管理。第18条重申湄公河体制长期以来坚持的维持干季干流最低流量的原则。

② Marko Keskinen, Matti Kummu, Mira Kakonen, and Olli Varis, "Mekong at the Crossroads: Alternative Paths of Water Development and Impact Assessment", in Joakim Ojendal, Stina Hansson, Sofie Hellberg (eds.), Politics and Development in a Transboundary Watershed: The Case of Lower Mekong Basin, Springer, 2012, p. 103.

③ Cambodia-Laos-Thailand-Vietnam: Agreement on the Cooperation for the Sustainable Development of the Mekong River Basin, April 5, 1995.

计，这11座干流水电站生产的电能总计为1469.7万千瓦，占老、泰、柬、越四国水电潜能的23% - 28%和大湄公河次区域水电总潜能的5% - 8%。[①] 2025年，四国的高峰用电需求预计为13036.6万千瓦，干流水电站将提供2015 - 2025年四国增加的装机容量的约11%。[②]

湄公河下游四国由于所处的地理位置不同，自然资源分布差异和经济发展水平不一，导致其湄公河水电开发目标既有互补，又有冲突。利益互补主要表现在通过电网建设和电力贸易，实现电力互联互通，促进湄公河次区域电力资源优化配置；利益冲突则主要表现在上游国的大坝建设将改变河流的自然水文系统，如果开发造成径流的时空及质量巨大变化，很可能会产生跨境生态环境问题，加重下游国家的社会、经济与环境成本。

老挝这个地形以山地和高原为主的国家实行水电出口战略，计划成为亚洲"蓄电池"。泰国是老挝最大的水电进口国和老挝水电项目的主要投资者和开发者，越南也是老挝水电主要进口国。湄公河下游最先开建的三座干流水电站——沙耶武里、栋沙宏和北本都位于老挝境内，还有三座老挝境内的干流水电站——北礼、琅勃拉邦和萨拉康也已完成或正在进行事前协商程序。自沙耶武里项目准备建设以来，就遭遇激烈争议，呈现出"湄公河未来冲突的图景"。[③] 支持该计划的人表示，沙耶武里水电站的修建将给老挝这个东南亚最贫穷的国家带来急需的外汇收入。反对人士则认为，水电站的修建将严重影响湄公河周边的环境，特别是对下游柬埔寨和越南的渔业农业带来影响。争论主要集中在两个方面：一是建造大坝将打乱鱼群繁殖和迁徙的规律，会对鱼类物种造成影响；二是建造大坝还将对

---

①　MRC, "Fish Migration Emerges as Key Issue at Regional Hydropower Conference", *Catch and Culture*, 14 (3): 4 - 8, 2008; Scott W. D. Pearse - Smith, "'Water war' in the Mekong Basin?", Asia Pacific Viewpoint, Vol. 53, No. 2, August 2012, pp. 147 - 162; Strategic Environmental Assessment of Hydropower on the Mekong Mainstream: Summary of the Final Report, ICEM, October 2010, p. 6.

②　*Strategic Environmental Assessment of Hydropower on the Mekong Mainstream: Summary of the Final Report*, ICEM, October 2010, p. 9.

③　Joakim Ojendal and Kurt Morck Jensen, "Politics and Development of the Mekong River Basin: Transboundary Dilemmas and Participatory Ambitions", in Joakim Ojendal, Stina Hansson, Sofie Hellberg (eds.), *Politics and Development in a Transboundary Watershed: The Case of Lower Mekong Basin*, Springer, 2012, p. 45.

农业用地造成影响，因为营养丰富的淤泥是由湄公河对下游地区的冲刷而形成的。[①]

当前，湄公河国家将水电潜能开发视为经济发展推动力，对彼此的开发行为并无过多干涉。然而，由于湄公河干流建坝计划存在着重大的跨境影响，随着干流水电站的相继开建，湄公河开发中的跨境争端开始凸显，考验着湄公河各国的外交智慧和湄委会的协调能力。

第二节　湄委会四国争端成因分析

"水资源综合管理"被公认为是解决国际河流水安全问题的最佳途径，但实施起来却受到国内政治、国家发展压力、与邻国之间的关系、国际水法不够完善、科学技术发展水平有限等多种因素的制约。

解决水资源问题仅靠社会经济和技术议程是不够的，在追逐国家利益和经济利益的表象之下，潜藏着的文化因素以微妙、含蓄、非直接方式影响着流域各国之间的关系和它们关于水资源管理的行为方式。很多水资源专家分析认为，"流域国家越少，合作前景就越乐观"。[②] 也就是说，拥有同一水源的国家越多，越容易爆发水冲突；拥有同一水源的国家在意识形态、文化、宗教信仰等方面的差异越大，越容易爆发水冲突。

大体而言，泰国、老挝、柬埔寨和越南这四个流域国家在湄公河开发问题上的冲突源于以下因素。

一　目标差异和利益分歧

各流域国家由于所处的地理位置不同，社会经济发展水平的差异，导致需求不同，直接体现为流域开发的目标互不协调，甚至存在冲突。如一

---

① 《老挝要在湄公河建水电站》，《中国能源报》2012 年 11 月 12 日，第 7 版。
② Shlomi Dinar, *International Water Treaties: Negotiation and Cooperation along Transboundary Rivers*, Routledge, 2008, p. 6.

般上游国注重水电开发，下游国注重灌溉、渔业和防洪控洪。各国从自身国家利益的角度出发，通常在看待同一个问题时，存在片面性，强调他国对本国造成的损失，而忽视一些正面的作用。如上游国通常强调水库建设对下游的径流调节和洪水控制功能，而下游国强调上游国水库可能对下游国径流和生态带来的负面影响。这些主观性和片面性的认识，将直接影响流域规划和项目实施，妨碍各国之间的合作。

此外，由于河流流动具有方向性，从上游流至下游，意味着上游国可以随心所欲地开发水资源，而下游国能做的相对很少。因此，河流引发了不对称关系。无论是对岸国还是上下游国，都会因为对水资源的多样性使用而发生冲突。

具体到湄公河下游国家而言，虽然它们拥有共同的目标——经济增长，但各自处于不同的发展阶段，对湄公河的依赖形式不同、其自身关切和战略也互不相同。20世纪90年代早期，流域国家之间的利益分歧浮现出来。泰国需要廉价能源，并且需要获取更多的水用于实现东北部地区农业现代化，还计划调湄公河的水到中部的昭披耶河流域；越南计划在中部高地湄公河支流建设水电站，同时希望至少保持当前流入湄公河三角洲的干季流量以维持水稻收成并抵抗海水入侵；老挝希望开发其国内丰富的水电潜能并维持干季航运，因为湄公河是老挝的主要运输动脉；柬埔寨则希望保持湿季从洞里萨河进入洞里萨湖的充足的反转流量，以保护洞里萨湖水文和生态完整性。一些分析家认为，沿岸各国的国家利益阻碍了多边框架的整体有效性，在沿岸国家利益多样化的背景下，跨境管理实施起来面临很大挑战。① 在下游四国中，泰国是经济最发达的国家，越南是经济增长最快的国家，相对而言它们是主要力量，其中泰国更是处于上游国地位，因此是核心参与者。老挝和柬埔寨的影响力则较小。

（一）泰国寻求在湄公河合作框架内实现国家利益最大化

泰国是湄公河国家中寻求在区域主义框架内实现国家利益最大化的典型

---

① Naho Mirumachi, "Domestic Water Policy Implications on International Transboundary Water Development: A Case Study of Thailand", in Joakim Ojendal, Stina Hansson, Sofie Hellberg (eds.), *Politics and Development in a Transboundary Watershed: The Case of Lower Mekong Basin*, Springer, 2012, p. 84.

例子。其开发利用湄公河水资源，主要表现在两个方面：一是引水。如前所述，泰国需要在干季引湄公河的水，大幅度提高泰国东北部地区的灌溉面积；泰国还计划从湄公河引水至昭披耶河（又称"湄南河"）流域，以满足泰国中央平原和首都曼谷的用水需求。但这一目标与下游越南需要在干季保证相当水量以防止海水入侵的目标相冲突。二是开发水电。自20世纪50年代开始，泰国就潜心修建水电站，截至90年代早期，泰国已经开发完了几乎所有合适建坝的选址。面对国内不断增长的用电需求，泰国实行从邻国进口策略，因此积极投资邻国的水电建设。

1. "水力任务"和"反思性管理"共存

从临时湄委会末期到新湄委会时期，泰国水政策的特点是"水力任务"和"反思性管理"共存。首先，中央政府继续在东北部实施"水力任务"，泰国国家能源局1992年实施了栖—蒙河计划可行性研究。1992 - 2000年修建完工了拉西·萨莱大坝（Rasi Salai）和华纳大坝（Huana）。尽管栖—蒙河工程进展缓慢，但泰国利用湄公河干流水资源的意图显露无疑。2003年，泰国总理他信提出"水网"概念。第九个国家经济和社会发展规划（2002 - 2006年）旨在增加约13%的灌溉面积。[1] 为了实现这些目标，"水网"规划了几个跨流域调水计划和从柬埔寨、老挝改道引水项目，总成本约需50亿美元。2004年，泰国皇家灌溉部推出了一个资本密集型项目，通过管道网络，计划在60年内增加灌溉面积达到约2100万公顷。[2] 但随着2006年泰国政变，他信下台，这些计划大部分都还停留在纸面上。

与此同时，泰国国内公众对于建坝导致生态环境恶化的批评声浪自20世纪70年代以来不断上升，促使泰国政府注意强调包容性的政治决策和水资源的经济利用。至少在字面上，泰国国家水资源政策中开始强调"反思性管理"。比如，第六个国家经济和社会发展规划（1987 - 1991年）开始建议以更经济的方式利用水资源。第七个国家经济和社会发展规划（1992 -

---

[1] Budhaka B, Srikajorn M, Boonkird, V, "Thailand Country Report on Investment in Water", in *Investment in Land and Water*, *Proceedings of the Regional Consultation*, FAO, Bangkok, pp. 325 - 337.

[2] Molle F, Floch P, "Megaprojects and Social and Environmental Changes: the Case of the Thai 'Water Grid'", *Ambio*, Vol. 37, Issue 3, pp. 199 - 204.

1996 年）鼓励水资源管理的指导方针向综合管理方向发展。第八个国家经济和社会发展规划（1997 - 2001 年）提出"大众治理"，更加强调自然资源的综合管理。决策中的公众参与被视为水资源治理的重要组成部分。2000 年，泰国发布《国家水愿景》，明确提出水资源综合管理道路。基于这些政策，泰国开始改革水资源部门并逐渐破除水资源管理集权制。[1]

2. 积极投资邻国的水电开发战略

泰国的工厂和城市大部分位于昭披耶河流域，是电力消费大户，每年电力需求以 12% - 16% 的幅度增长，从 1994 年的 930 万千瓦到 2020 年的预计 8800 万千瓦，而泰国总的水电潜能约为 1062.6 万千瓦。在泰国 GDP 组成中，工业占据 40%，服务业为 49%，农业仅占 11%。1995 年，在四国总需求电量的 1650 万千瓦中，泰国消费了 81%，越南为 17.6%，老挝和柬埔寨各只占 1.4%。相反，老挝和柬埔寨拥有供应量的 84%。由此可见，泰国是四个流域国家中对能源需求最多的国家。[2] 近年来，泰国政府寻求改变主要依靠天然气的现状，实现包括水电在内的能源组合多样化。

由于泰国建坝可选地址几乎殆尽，剩下的极少数可开发地点位于泰国北部最后一片柚木森林，而对这片地带的开发很有可能招来激烈的抗议浪潮，因此负责水电站建设事宜的泰国电力局越来越倾向于从邻国进口电力，并着力推动邻国境内水电项目的开发。[3] 而邻国相关法律的不健全和对出口创汇的渴望，也为泰国电力局制定进口替代战略（即投资邻国水电发展，然后进口电力到泰国）创造了条件。

泰国是老挝最大的电力进口国，1971 年老挝南俄 1 号水电站竣工后，70% - 80% 的电力出口到泰国。1990 年泰老两国政府签署 300 万千瓦电力购销谅解备忘录，南俄 2 号水电站是备忘录中确定的重要项目之一。老挝南俄 3 号预计 2020 年完工，生产的电量计划通过输电系统并入泰国电力局

---

[1]　Naho Mirumachi, "Domestic Water Policy Implications on International Transboundary Water Development: A Case Study of Thailand", in Joakim Ojendal, Stina Hansson and Sofie Hellberg (eds.), *Politics and Development in a Transboundary Watershed: The Case of the Lower Mekong Basin*, 2012, p. 91.

[2]　Nguyen Thi Dieu, *The Mekong River and the Struggle for Indochina*, Praeger, p. 208.

[3]　泰国推动邻国境内水电项目的开发，除了希望通过进口电力满足本国用电需求外，还认为从长远考虑，发展泰国东北部经济的关键在于对与该地区毗邻的柬埔寨和老挝的开发。

的电网。2013 年 8 月，泰国朝甘昌集团下属的南俄 2 号电力公司与老挝政府签署了一项价值 200 亿泰铢（约合 6.4 亿美元）的老挝南帕水电站建设合同，该水电站项目于 2014 年底开始施工，建设工期为 4 年半，建成后总装机容量达 16 万千瓦；在中国云南西双版纳州景洪市，泰国与中国共同规划设计了总装机容量 17.5 万千瓦的景洪水电站，所产电量部分输往泰国。[①] 泰国还计划投资 60 亿美元，在缅甸掸邦南部的萨尔温江上建设装机容量为 711 万千瓦的大山水电站。为此，缅甸第一电力部水电司与泰国 MDX 公司成立合资公司，从 2007 年初开始大山水电站项目的实施，建设工期为 15 年。这是缅甸近几年来建设计划中最大的水电站项目。

根据泰国 2007 年发布的《2007 电力发展规划》，计划 2008 - 2015 年从老挝进口 400 万千瓦的水电，到 2021 年再从邻国进口 870 万千瓦的水电。[②] 泰国 2010 年发布的《2010 电力发展规划》指出，到 2030 年，发电能力将从 3000 万千瓦增至 7000 万千瓦，新增电量中，1000 万千瓦来自进口。

除投资邻国水电外，泰国还投资邻国的木材和矿石。随着泰国森林的消失，泰国的特许权获得者们进入缅甸、老挝和柬埔寨，砍伐森林，通过特设的军事公路，将原木运输到泰国的工厂。然而，随着对邻国资源的依赖性越来越强，泰国被认为企图将污染、自然资源耗费、环境破坏等问题转嫁他国。老挝和缅甸开始在一定程度上对泰国帮助修建水电站、砍伐树木和修建公路持谨慎态度。

（二）老挝致力于成为东南亚"蓄电池"

战后独立的老挝，是世界上最贫穷的国家之一。经济不发达、人口数量

---

① 景洪水电站为澜沧江干流中下游规划中的八个梯级水电站中的第六级，上游和糯扎渡水电站衔接，下游为橄榄坝水电站。2000 年 9 月，中泰签署了《中泰投资者合作投资开发云南景洪水电站投资协议书》，明确景洪电站建成后电量原则上全部销售给泰国电力局（EGAT）。后因泰国金融危机等多种原因，泰方企业被迫从景洪水电站撤资。云南省及华能集团经与泰国方面协商后，将景洪水电站与糯扎渡水电站作为一组电源，由华能澜沧江集团全资建设，电站建成后先送电广东省，然后根据泰国电力市场情况，由南方电网作为对外合作机构向泰国送电。2009 年 5 月 27 日，景洪水电站全部机组投产发电。

② EGAT, *Thailand Power Development Plan 2007 - 2021*: *Revision* 1, *Systems Planning Division*, January 2008.

小（约 450 万）、缺乏基础设施，长期严重依赖外援（外援占 GDP 的 15% –
20%）、严重的贸易不平衡（1.3 亿 – 1.4 亿美元赤字）以及战争后遗症
（像川圹等省仍然密布地雷），[①] 使得老挝亟须寻找收入和出口来源。幸运
的是，老挝拥有黄金、铁矿石、煤等丰富的矿产资源、森林和河流。

　　对于老挝而言，湄公河及其水资源是其未来繁荣的希望。老挝被称为
东南亚的"科威特"和"蓄电池"，就是因为其国内相对于人口而言丰富
的水电潜能。湄公河流域差不多覆盖了老挝全境，老挝也是对湄公河体系
水量贡献最大的国家。在老挝境内，湄公河沿峭壁流动，落差大，是电力
开发的理想选址。据估计，一半以上的湄公河水电潜能来自老挝。瑞典国
际开发署的一项研究显示，老挝的水电潜力高达 1800 万千瓦。[②] 但截至
2010 年，老挝对湄公河水资源开发利用程度仍很低，特别是支流水能的开
发。老挝对流域水资源的开发目标主要有三。第一，开发水电资源，满足
国家发展需求，并且拓展外部电力市场，实现外汇创收。电力出口是老挝
主要的收入来源，预计还将大幅上升。第二，作为流域内唯一的内陆国
家，积极打通国际航运通道，改善内陆交通。第三，发展灌溉农业。尽管
老挝狭窄平原上的可耕地非常有限，但农业是老挝的经济支柱，农业产出
占其国内生产总值的 2/3，约 3/4 的人口靠农业为生。然而，老挝近 80 万
公顷的可耕地，只有 1% 得到灌溉。[③] 值得关注的是，老挝境内的农业发
展，至今仍采用大面积刀耕火种的方式，造成水土流失，径流泥沙含量增
加造成下游河道淤积。

　　尽管自 1971 年南俄 1 号水电站竣工后，老挝开始向泰国出口电力，但
直到 20 世纪 80 年代末，随着地区局势的稳定，广泛的水电开发才成为可
能。到 20 世纪 90 年代早期，通过两个由国际援助建成的水电站南俄水电
站和色赛水电站，老挝每年向泰国出口电力，成为其最重要的收入来源。
老挝政府还分别与泰国和越南签署了水电出口谅解备忘录，计划到 2015 年
向泰国出口 700 万千瓦的电力，到 2020 年向越南出口 300 万千瓦的电力。

①　Nguyen Thi Dieu, *The Mekong River and the Struggle for Indochina*, Praeger, p. 210.

②　Donald E. Weatherbee, "Cooperation and Conflict in Mekong", *Studies in Conflict and Terrorism*, Vol. 20, Issue 2, 1997, pp. 167 – 184.

③　Nguyen Thi Dieu, *The Mekong River and the Struggle for Indochina*, Praeger, p. 210.

1996 年，老挝电力局（EDL）副局长莫讷汉姆曾表示，希望水电站未来 25 年内能为老挝创造每年 1.5 亿美元的外汇收入。① 2003 年，老挝的《国家发展与消除贫困战略》认为发展国家丰富的水电潜能将带来广泛的利益，因此是国家发展框架中的组成部分。② 老挝政府计划到 2020 年建成 60 个 BOT③ 类型的水电项目，其中大部分集中在湄公河支流所在的阿塔埔市、波里坎塞和万象。④ 过去老挝只有 4 个彼此独立的电网，除了一个 115 千伏的传输系统外，还有两条 230 千伏的线路与老挝电网没有连接，而是向泰国传输电力，另有一条 500 千伏的传输线从南屯 2 号水电站向泰国传输电力。2010 - 2020 年，老挝将扩张电网，包括扩张 115 千伏的传输网络、兴建一条新的 230 千伏传输线，从该国北部向南部传输电力，以及一个 500 千伏的地区电网。老挝电网扩张的主要目的是出口电力。而电网扩张完全要依靠兴建大规模水电站来实现，这将产生不确定的环境和社会风险，引发有关大坝建设对于河流流量、水质及生态影响等更大范围的讨论。

老挝大部分已建或计划兴建的水电站都是为了向泰国提供电力，而水电站建设所要付出的社会和环境成本却由老挝本地居民来承担。老挝政府设想的 60 个水电项目中，纳入考虑中的坝址却普遍过早地遭到乱砍滥伐，因为老挝政府允许在水电站准备建设的地区进行"抢救式砍伐"。总的来说，在水电站建设问题上，老挝政府应该考虑三个问题：谁将受益，代价是什么，以及谁将为这些代价埋单？

（三）柬埔寨关注洞里萨湖生态安全并且国内电力需求迫切

从 20 世纪 70 年代开始，柬埔寨经历了长期的战乱。1993 年在国际社

---

① Maya Weber, "The Money of Power", *World Trade*, November 1996, p. 30.

② Government of Lao PDR, *National Growth and Poverty Eradication Strategy* (*NGPES*), 2003.

③ BOT 是英文 Build-Operate-Transfer 的缩写。BOT 实质上是基础设施投资、建设和经营的一种方式，由政府向私人机构颁布特许，允许其在一定时期内筹集资金建设某一基础设施并管理和经营该设施及其相应的产品与服务。整个过程中的风险由政府和私人机构分担。当特许期限结束时，私人机构按约定将该设施移交给政府部门，转由政府指定部门经营和管理。

④ Nguyen Thi Dieu, *The Mekong River and the Struggle for Indochina*, Praeger, p. 211.

会的斡旋和监督下，柬埔寨举行大选，恢复了君主立宪制。此后，随着柬国家权力机构的成立与民族和解的实现，柬埔寨进入和平与发展的新时期。

柬埔寨境内的战争进行的时间最长，也最为残酷。战争结束后，柬埔寨最重要的任务是获得充足的粮食和建造优良的灌溉系统，因为柬埔寨只有不到7%的稻田得到灌溉。由于缺乏灌溉系统，除了洞里萨湖附近外，柬埔寨其他地区超过85%的农业产量不得不依赖于不规则的降雨。此外，由于长期的战争、当地居民乱砍木材作为燃料使用和日本、中国台湾及泰国木材公司不加分辨地疯狂开采，柬埔寨的森林覆盖面积从1969年时的1300万公顷降至20世纪80年代早期的750万公顷。[①] 生态环境的恶化，使东南亚最大的淡水湖、柬埔寨洞里萨湖的鱼类繁殖面临危险。因为在湿季，90%的湄公河鱼类不是在河流里产卵，而是在周围的湖泊、被淹的田地和森林里产卵，等湿季结束洪水退去，靠食周围植被为生的鱼类就回到湖里，这个自然过程可使渔民们收获丰盛，甚至可以捕捞到著名的叶吻银鲛和重达几百公斤的巨大鲶鱼。然而，到了20世纪90年代，森林被迅速破坏导致河水淤塞，洪泛面积缩小，洞里萨湖捕鱼量比60年代少了一半。[②]

洞里萨湖是东南亚最大的淡水湖，其渔业和周边农业是柬埔寨的经济命脉，特别是渔业产量占湄公河全流域渔业总产量的约60%，是柬埔寨境内解决贫困人口蛋白质供给的主要来源。柬埔寨对上游水资源开发的关注点集中在：一方面，需要上游地区维持一定的洪峰流量，保证洞里萨湖每年产生一定的洪泛面积，提高土壤肥力，同时向湖内供应大量营养物质，为鱼类提供饵料；另一方面，又担心洪水造成境内洪灾，以及大量泥沙下泄造成河道、湖泊的淤塞等。1996年，柬埔寨在湄委会年度工作会议上提交了一系列需要实施的项目，包括研究湄公河鱼类迁徙和产卵问题以及柬埔寨湿地的盘存清查。1996年的大湄公河次区域会议上，柬埔寨规划部长谢长塔称，"柬埔寨今天面临的最大挑战是恢复和管理其自然资源"。[③]

在传统电力方面，柬埔寨主要依赖于进口煤气和石油发电，但在水电

---

① Nguyen Thi Dieu, *The Mekong River and the Struggle for Indochina*, Praeger, p. 213.

② Nguyen Thi Dieu, *The Mekong River and the Struggle for Indochina*, Praeger, p. 214.

③ Presentation by H. E. Chea Chanto in Economic Cooperation in the Greater Mekong Subregion, 1996, p. 38.

生产和农业生产上，柬埔寨潜力巨大：北部拥有松博等瀑布和急流，适合开发水电；洞里萨湖周边的南部平原土壤肥沃，利于发展农业。由于柬埔寨一度退出湄委会，所以其境内的湄公河水电开发项目很少。当柬埔寨于1995年回归湄委会大家庭后，金边西南部的特诺河计划的复兴成为关注的焦点。该项目于1968年动建，但1971年中断。如果该项目完工，不仅可以向金边供应电力，还能灌溉柬埔寨最贫穷地区之一磅士卑省和其他三省的7万公顷干旱土地。柬埔寨还希望在干流建设系列多用途水坝，以增加更多的灌溉面积，并提供电力用于国内消费以及出口给越南。虽然柬埔寨国内电力需求迫切，但这些水电项目因为规模过于庞大，一时间很难得到开发，而柬埔寨国内电力供应几乎完全依赖进口石油和天然气。

（四）越南关注三角洲盐碱化问题并且国内电力需求迫切

越南作为最下游国家，迫切需要实现流域范围的水资源管理，以保护其在三角洲的农业利益。越南境内的湄公河三角洲面积3.95万平方千米，占其全国总面积的12%，是越南人口密度最大的地区之一。湄公河三角洲是越南的"粮仓"，90%的农业土地都用来种植水稻，其水稻产量占全国的50%，占全国农业总产值的40%。越南也因此成为世界上继泰国和美国之后的第三大大米出口国。但广阔的冲积平原面临着干季海水倒灌与湿季大量洪水泄入的压力。越南需要在湄公河水资源开发中实现两个目标：一是减少湿季洪水对三角洲地区农田及居民的危害；二是在干季增加径流量，防止海水入侵造成这一地区的土地盐碱化，并且对已经出现盐碱化的土地进行冲盐处理，以保证这一地区的农业生产、居民的粮食安全与国家经济的发展。为此，越南坚决反对泰国在上游的引水计划，并且关注中国境内的水电开发对流域径流量的影响。越南水资源部负责国际合作的一名官员将泰国视为越南的"安全风险"，因为"湄公河的低流量将断绝我们主要的粮仓"。[①] 它自身则通过修建一套完整的水渠和低压泵网络，控制洪水和盐碱化。

不过，受市场因素刺激，越南农民在三角洲河口地区大面积砍伐红树

---

① Nguyen Thi Dieu, *The Mekong River and the Struggle for Indochina*, Praeger, p. 226.

林和乔木森林，将其变为能赚取外汇的对虾养殖场，对生态环境造成极大破坏。此外，农民为提高农业产量，增加农药和化肥使用量，导致土地非可持续性使用。

在关注上游开发的同时，越南自身也有水电开发的需求。越南正经历经济迅速增长期，电力需求以每年 16% 的增长率大幅攀升，每年新的发电站和传输网的建设投资约为 30 亿美元，大大超过越南电力公司的承受能力。[①] 到 21 世纪初，越南具有经济可行性的水电开发中，约有 1/4 投入了运营，越南政府正努力争取到 2025 年利用剩下的水电潜能。[②] 世界银行和亚洲开发银行自 20 世纪 90 年代初重新参与越南水电开发，对越南电力公司提供巨额贷款，同时还着力推动越南电力行业改革，倡导私营经济成分在电力生产中发挥更大作用，推动越南电力公司重组为股份公司，建立竞争性的电力市场。随着 2004 年新电力法的颁布和越南电力监管机构的建立，改革达到高潮。自 2004 年起，越南电力公司经历公司化改革，出售其旗下电厂和其他子公司 50% 的股份，但保留了在电力传输网络和山罗（Son La）、和平（Hoa Binh）和亚历瀑布（Yali Falls）这些大型水电站中的国有垄断地位。

除湄公河三角洲外，越南中央高地（湄公河重要支流桑河和斯雷伯克河发源地）也处于湄公河流域。中央高地地形有利于水电开发，越南计划增加发电机组，扩大 20 世纪 60 年代修建的德瑞宁（Drayling）小水电站。桑河上游和斯雷伯克河上游，也有一些水电项目，其中最重要的是桑河上游的亚历瀑布水电站，该计划旨在为（昆嵩省）昆嵩市和（嘉莱省）波来古市提供廉价电力并灌溉嘉莱省和昆嵩省农田。

与泰国相似，为确保国内电力供应，越南还将目光投向其邻国。自 2004 年 9 月起，依靠大湄公河次区域合作框架，越南开始从中国进口电力，同时出口煤炭。2010 年，越南开始从老挝色可曼（Xekaman）3 号水电站进口电力。2007 年 6 月，越南电力公司还与柬埔寨政府达成协议，对

---

① *Vietnam Infrastructure Strategy: Power Strategy-Managing Growth and Reform*, World Bank, Washingtong DC, 2006.

② *Master Plan IV on Power Development of Vietnam in Period 2006 - 2015 with the Vision to 2025*, Institute of Energy, Vietnam, 2006.

位于桑河下游的桑河 2 号电站进行可行性研究，准备投资该水电站建设并进口电力。

简而言之，下湄公河流域具有巨大的水电潜能，而需求量预计会大幅增加。预计到 2025 年，下湄公河流域电力总需求量的 96% 来自泰国和越南，这两个国家计划在未来购买该地区干流水电站生产的近 90% 的电力（湄公河国家电力需求量见图 4 - 2）。① 在这种背景下，水电成为一种畅销商品，老挝和柬埔寨政府都表达了成为东南亚 "蓄电池" 的意愿，将电力出口到邻国。泰国和越南则打算通过从邻国进口电力满足国内不断增长的能源需求。而同时，在湄公河流域，由于水生生物系统和三角洲湿地的敏感性，柬埔寨的洞里萨湖和越南的湄公河三角洲受上游建坝、支流开发和其他调水计划影响最大。正如瑞典国家开发署代表迈克尔·巴尔克所言："整个河流流域是一个非常脆弱的系统。任何一个项目都会对下游造成影响。如果你想建坝，必须非常慎重地考虑环境问题，特别是湄公河三角洲的环境问题。"② 沿岸国家对湄公河的开发目标各有侧重，决定了它们在合作中既会存在利益互补又会发生矛盾冲突。

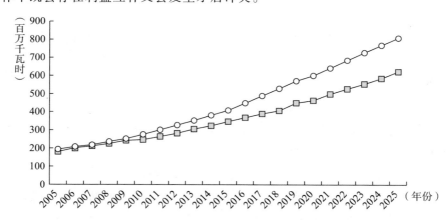

图 4 - 2　湄公河国家到 2025 年电力需求量

资料来源：*Strategic Environmental Assessment of Hydropower on the Mekong Mainstream：Summary of the Final Report*，ICEM，October 2010。

---

① Strategic Environmental Assessment of Hydropower on the Mekong Mainstream：Summary of the Final Report，ICEM，October 2010，p. 8.

② Nguyen Thi Dieu，*The Mekong River and the Struggle for Indochina*，Praeger，p. 216.

二 文化冲突和历史纠纷

（一）文化冲突

水资源的冲突不仅是由于资源本身稀缺而产生的，还与资源使用者有关。这些使用者具有不同的国家历史、不同的宗教信仰和不同的冲突管理风格，并对生活本身持不同的态度。在这里，文化是影响水资源合作的一个有效因素。

文化是一个复杂的概念，迄今没有统一的定义。人类学家克鲁伯和克拉克霍恩曾收集了 160 多个关于文化的不同定义。[①] 富尔和索斯泰德在《文化和谈判：水争端解决道路》一书中提出的文化的定义是："文化是使国家、种族或其他团体具有特征，并指导其行为的一套共享和持久的意义、价值观及信仰。"[②]

在共享水资源冲突与合作中，基于文化的影响因素具体包括以下方面。

同质程度：流域各国在地理、历史、意识形态、价值观等方面的相似度。比如，20 世纪 80 年代后期以来，合作治理莱茵河行动的顺利推进，得益于沿岸六国瑞士、列支敦士登、奥地利、法国、德国和荷兰具有高度的文化认同：拥有共同的历史传统、密切的地理和交通联系、极其相似的基本规范和价值观。而更重要的是，在通向欧洲一体化的道路上，这些国家之间的认同感进一步增强，使得关于莱茵河水资源合作的谈判能在互信和随和的氛围中展开，各方都以更加积极、建设性的心态展开合作。

情感差异：由于生命之初就有河流存在，并且河流推动了文明的最初出现，因此一条大河成为流域每一个文化共同记忆、历史情感和民族情结

[①] A. Kroeber, and C. Kluckhohn, *Culture: A Critical Review of Concepts and Definitions*, Random House, 1963.

[②] Guy Olivier Faure and Gunnar Sjostedt, "Culture and Negotiation: An Introduction", in Guy Olivier Faure and Jeffrey Z. Rubin (eds.), *Culture and Negotiation: The Resolution of Water Disputes*, Sage Publications Inc., 1993, p. 3.

的一部分。各流域国家对待同一条河流的情感是不尽相同的，情感的差异带来水资源利用方面的冲突。例如，恒河流经印度和孟加拉境内，它对印度教徒而言，是最神圣、最受尊敬的"母亲河"。印度史诗《摩诃婆罗多》描述，"在恒河里浸泡，能净化七代人"。每天都有大量的印度教徒在恒河中洗澡或下葬，对河流造成严重污染，引发下游国家孟加拉国的强烈不满。

环保观念：参与水资源合作开发和管理的各流域国家，尽管都会认识到维护环境和生态的重要性，但对环境问题的关切度和敏感度是不一样的。一般来说，经济发达的国家，更注重生活质量的提高，环境保护的意识也更强；经济落后的国家，更倾向于将经济增长置于优先考虑，制定的环保标准较松。此外，一个国家内部的绿色团体和党派的力量越强，该国在水资源开发中对环境的考虑也越多。

在上述文化影响因素中，文化同质性是最重要的因素。各参与方之间的文化背景相似度越高、文化认同度越强，就越能塑造和谐的谈判或合作氛围，解决问题的政治意愿也就越强烈。但需要强调的是，水资源合作过程不仅受到与文化相关因素的推动，还受共同目标、共同责任感和共同利益这些客观因素的推动。此外，参与水资源问题谈判及合作事宜的各国代表的个人风格、代表之间的关系等，也会影响合作的进程。

东南亚是一个充满多样性的地区，在这个地区，人种、民族、语言、宗教和文化多样，导致了地区内长期发展的不平衡。数百年来，西方列强在东南亚的割据统治，进一步加剧了东南亚各国在政治制度、经济制度和文化类型方面的差异性。"世界上很少有哪个地区像东南亚这样更能鲜明地说明在千差万别中求得一致所将遇到的各种问题"。[①] 具体到中南半岛地区，如果我们追溯其历史和文化的发展，就不难发现各国文化同质化程度较低。

其一是主体民族、语言、宗教、文字等具有多样性。由于大河与高山的阻隔，中南半岛地区各地文化的发展，包括越南北部、泰国北部、缅甸中部和柬埔寨中部文化的发展的主要特征，表现为流域型的而非区域型的发展，即在越北红河流域、泰北湄公河上游、缅甸伊洛瓦底江中

---

① 〔美〕斯卡拉皮诺：《亚洲及其前途》，新华出版社，1983，第18页。

游和柬埔寨湄公河流域的发展并没有一个中心。段渝先生在分析流域文明与区域文化时指出：区域文化是在相互毗邻的一个广阔空间内的同一文化，不但是整合的，而且具有空间的广延性特征和时间上的连续性特征，其发展演变是受区域文化的中心所引导、推动和制约的；流域文化则由域内的各个地域类型所共同构成的，各个地域类型内部虽然有主体文化与非主体文化之分，但地域类型之间既不存在同一文化的整合状态，也不存在同一文化的空间广延性和时间连续性，并且不存在所有地域类型的共同文化中心。① 但是，流域文化的非整合性是就其整体形态而言的，这并不排除域内各个地域类型之间某些文化因素的整合性或交融性，也不排除某些文化特征和共同地域传统在局部或全局上的形成。整体形态的非整合性与局部或某些文化因素的整合、交融性，便构成东南亚流域文化的典型形态特征。

从时间脉络来看，公元前后，早期国家在东南亚出现。10 世纪 11 世纪之交，随着越北地区成为中国藩属国和印度佛教向南方和东南方传播，外来文化和宗教的传入并与当地社会原有的文化结合，塑造了当地意识形态和古代早期国家的宗教、文化。② 在越南北方，主要是中国古代文化特别是儒家文化传入；在伊洛瓦底江流域，骠人发展了他们的骠文化；而湄公河中下游以扶南为中心发展了扶南—高棉文化；南海西侧今越南中部沿海地区的占人发展了占婆文化。这几支文化的共同特点是都受到了外来文化尤其是印度文化的影响，但它们是分别接受印度文化影响，结合本国的特点而得到发展，并不是由一个中心所引导、推动和制约的。在东南亚区域内并没有一个共同的文化中心，其主体民族分别是骠人、孟—高棉人和占人，使用的语言（骠语、孟语、高棉语、占语）也不同。从 10 世纪末

---

① 段渝：《酋邦与国家起源：长江流域文明起源比较研究》，中华书局，2007。
② 公元初的几个世纪，印度佛教开始向南方和东南方传播，主要通过两种途径：一是国际交往，二是国外殖民。印度人通过国际贸易、文化往来和宗教团体的活动，把佛教传入锡兰（斯里兰卡）、缅甸和暹罗（泰国）。传入这三个国家的佛教主要是"南传上座部"佛教。印度还通过国外殖民把印度文化和印度宗教传入柬埔寨、占婆和爪哇。到 6 - 7 世纪，佛教在东南亚各国已相当隆盛，大约在 10 世纪前后，受到各国封建君主的推崇，成为占据统治地位的宗教。参见吴于廑、齐世荣主编《世界史—古代史编》（下卷），高等教育出版社，1994，第 107 - 108 页。

到 19 世纪中叶，以某一个民族为主体的多民族国家在中南半岛形成。外来文化影响与各国历史传统民族特点和文化结合，形成了新的统一度较高、明显的民族文化。在中南半岛东部，越族在 10 世纪摆脱中国藩属国地位建立自己的独立国家后，朝着类似于中国式的封建社会的方向发展，继续主动吸纳中国文化尤其是儒家文化，发展了传自中国而有越南特色的佛教并形成越南的佛教派别（竹林派等），同时发展了本国的语言（越语）、文字（南字）；随着越南封建王朝的扩张和越族的南下，到 18 世纪末这一文化已扩展到相当于现代越南的整个中南半岛东部沿海地区。在中南半岛中南部，泰语系民族在 8 世纪前后进入并由北向南发展，于 13 世纪后迅速崛起，先后建立素可泰、阿瑜陀耶、曼谷王朝，形成和发展了以小乘佛教为主而又兼容印度教内容的宗教文化。中南半岛西侧则有缅族的进入，先后建立了蒲甘、东吁和贡榜这三个以缅族为主体的封建王朝，发展了强大的缅人国家和主要传自锡兰（斯里兰卡）的小乘佛教。缅、泰两国的主体民族缅族、泰族也都发展了本民族的语言、文字，在以巴利文南传佛教三藏为经典的同时，产生了本民族的宗教典籍。而古代柬埔寨在吴哥时期盛极一时，印度教和大乘佛教文化在迄今尚存的辉煌吴哥建筑中得到了充分的体现，但也随着吴哥王朝由盛而衰，在 13 世纪以后转向了小乘佛教。这样，中南半岛的文明，形成了由中国传入的儒、佛文化在越南，由印度和锡兰（斯里兰卡）传入的小乘佛教在缅、泰、老、柬四国的格局。这一时期，中南半岛民族国家之间的联系和影响虽有所增强，但往往通过战争的方式，缅泰之间的战争尤为频繁，泰柬之间和柬越之间的战争也不少。长期的征战使各方的领土此长彼消，但中南半岛的天下从来没有统一过。由于高山大河的阻隔（这种阻隔在每年 5 - 10 月的湿季更为严重，往往难以通行）等，东南亚大陆东西之间（缅泰、泰越）交往困难，难以形成一统几个流域的强大国家，实现整个大陆地区的整合，在文化上完全打成一片。因此，东南亚大陆国家在文化扩展的态势上主要还是流域型的，形成了缅人及缅人文化在缅甸沿伊洛瓦底江由中北部向南扩展，泰人及泰人文化由昭披耶河中上游向南扩展消融了孟人文化，以及越人及其主导的文化由北向南扩展消融了中部的占人文化和南部的孟—高棉人文化的趋势。从 19 世纪中叶法国入侵到二战结束，原来文化上的多样性又加上了各国遭受不同程度的殖民统治以及该时期的多种国外思潮的影响，中南半岛文化变得更为多样和更加复杂了。二战结束后，世界发生了深刻的变化，中南半岛各国也相继独立，在新的变化的内外环境中，各国文化获得了新的发展，经历了巨大而深刻的变化，但各国之间的文化差异仍然很大。

其二是意识形态、政权组织形式和民主化程度存在差异。从当前各国的政权组织形式来说，泰国和柬埔寨仍保留着君主立宪制，并实行多党联合执政；老挝是社会主义国家，人民革命党是老挝唯一政党；越南也是社会主义国家；缅甸则刚由军政府统治转变为民选政府。从政府和社会团体的关系来看，泰国的社会团体政治参与度最高，其次是柬埔寨，越南。

其三是经济体制和经济发展水平存在差异。四个国家中，泰国发展程度最高，市场经济也最为活跃；越南长期处于计划经济体制中，但近年来实行改革开放，发展速度加快；柬埔寨和老挝虽然也在逐渐实行改革，但仍处于世界最不发达国家之列。流域国家在社会经济发展水平上存在广泛差异，导致环保观念也有所不同。

（二）历史矛盾纠纷

湄公河流域被称为亚洲的"巴尔干"，不仅仅源于地理因素。如前所述，几个世纪以来，湄公河流域的政治历史充斥着不同民族、王国，以及后来出现的民族国家之间的战争。当国家间和平的合作模式成为东盟的期望时，旧有的敌对、野心、猜忌和恐惧仍潜伏在新的政治文化中。随着更强大的市场经济扩大并渗透进邻国，传统的竞争模式被经济利益的竞争所取代。其中泰越矛盾尤为突出。

自 15 世纪以来，泰越一直在为争夺中南半岛的领导权而对抗。泰国与越南在 1995 年湄公协定草案上的对抗，反映出双方对于中南半岛主导权的争夺。泰国不仅是东盟创始国，也是大湄公河次区域合作计划的主要推动者之一，湄公河开发对该国有着重要的政治经济及战略意义。为了借助区域合作建立泰国在中南半岛甚至东南亚地区的领导地位，泰国时任总理他信在 2003 年邀请缅甸、老挝及柬埔寨在缅甸蒲甘召开经济合作高峰会，共同签署了《伊洛瓦底江—湄南河—湄公河经济合作战略》与《经济合作战略行动计划 2003－2012》，希望在 10 年内一起执行 46 项共同计划与 224

项双边计划。由于此计划以泰国提供大量援助为基础，凸显了其建立泰铢经济圈的企图。而越南不甘于中南半岛被边缘化，自1998年以来，不断地游说各国参与其倡议的"东西走廊"计划，并获得日本大力赞助。

总的来说，历史上越南对柬埔寨的多次入侵、泰国和越南在法国入侵中南半岛前对老挝的"肢解"，以及泰国和柬埔寨至今存在的边界纠纷，都给相互间的信任留下了阴影。虽然在后冷战时期，东南亚地缘政治和地缘经济环境发生了巨大的变化，所有流域国家不得不重新思考和重塑其国内政体和对外关系，过去的敌意开始让位于就一些共同关心的问题进行谨慎合作，分享它们共同拥有的水资源产生的"红利"，但是经济快速发展、人口大量增多以及湄公河次区域长期以来的不稳定，增加了该地区发生水冲突的可能性，这也使得该地区的水资源争夺越来越受到全球的关注。

三　国家发展与共同利益的矛盾

从某种程度而言，水资源类似矿产资源，被国家看作是本国自然资源的一部分。但是，不同于矿产资源，"谁拥有水资源的主权"这一问题并不明确。比如，当雪降落大地时，它是这块土地所有国的财产，但一旦雪融化成水，沿着国际水道向下游流去时，所有权就变得不明晰了。再比如，某国公民用勺子从溪流里舀了一勺水，谁才是水的所有者？是上游国，还是该公民所在国？

国际水道的水资源并不是按照政治边界流动的。同一水道内的各国，在开发利用共享水资源时，不能仅从当地层次考虑，必须考虑其有可能产生的区域或国际影响，避免产生国际水冲突。在国际水法中，依据国际主权属性，各水道国对位于其领土内的国际流域的一部分及其水资源拥有主权，但各水道国同时也不能单方面地"自由"利用而不顾及对其他水道国的影响，各国间必须通过合作，促成"公平合理利用和参与"及"不造成重大危害"。

传统的国际水资源利用理论包括绝对领土主权理论、绝对领土完整理论和在先占用主义等。尽管这三种传统理论所维护的利益的出发点有所不同，但是都有一个共同特点：只保护一国的权利和利益。这些理论和主义没有为上下游沿岸国之间冲突性利益的协调提供解决办法，也不利于对国际水资源和水生生态系统的保护，因此已普遍不被承认。

防止国际水资源利用冲突的关键是平衡各沿岸国的主权和利益，于是国际水资源利用和保护的现行理论，包括限制领土主权理论和共同利益理论应运而生。限制领土主权理论是指，国家在行使自身的主权时，应以不损害他国的主权和利益为限。在坚持主权原则的同时尊重有关国家的主权和利益，应是国际水资源利用和保护的基本原则。根据限制领土主权理论，各沿岸国可以自由地利用其领土内的水资源，只要不对其他沿岸国的权利和利用造成重大损害。这种权利和义务的平衡，反映了国家积极应对对淡水资源日益增长的需求，以及避免和解决共享水资源利用和保护相冲突的期望。限制领土主权理论被国际社会普遍接受，已成为国家主权的支配性理论，构成了习惯国际法原则。[1] 针对国际水资源的利用，不论是双边和多边条约，都承认限制领土主权理论。1995 年的湄公河协定就采纳了限制领土主权理论。协定第 3 章第 7 款 "预防和制止有害影响" 规定：应尽一切努力避免、减少和缓解湄公河流域水源开发和利用，或废物排放和回流有可能对环境，特别是水量和水质、水生生态系统条件，以及河流系统生态平衡产生的影响。当某个或某几个国家被适当的、有效的证据告知，其利用或排放湄公河河水的行为正在对一个或多个流域国家产生实质影响，它应立即停止造成危害的行为直至造成危害的原因得到确认。[2] 不过，限制领土主权理论强调国家主权的维护和国家利益的满足在国际水资源利用中的核心地位，忽视了国际水资源的水文特性和生态系统的整体性，在水资源的经济、社会和生态环境需求发生冲突时，往往牺牲生态环境需求，不利于对国际水资源和水生生态系统的保护。因此，一些水文学家和环境保护组织提出了一项有利于生态系统保护的理论，即共同利益理论。

共同利益理论又称 "共同管辖权理论"，是以生态系统为本位，旨在

---

[1]　何艳梅：《国际水资源利用和保护领域的法律理论与实践》，法律出版社，2007，第55 页。

[2]　*Agreement on the Cooperation for the Sustainable Development of the Mekong River Basin*，Chapter 3，Article 7，1995.

实现对国际水资源的综合管理和最佳利用。1995 年的湄公河协定也提出了共同利益理论。协定第 1 章第 1 款 "合作领域" 规定：在湄公河流域水及相关资源可持续发展、利用、管理和维护的所有领域展开合作，包括但不限于灌溉、水力、航运、控洪、渔业、木材漂运、娱乐休闲和旅游，实现多种用途和所有流域国家共同利益的最优化，减少因自然现象和人为活动造成的有害影响；[①] 第 1 章第 3 款 "保护环境和生态平衡" 规定：保护湄公河流域的环境、自然资源、水生生物和环境以及生态平衡，避免由任何开发规划和水及相关资源利用造成的污染或其他有害影响。[②]

共同利益理论是当今世界形势下最有益、最理想的理论，它以流域水文特征而不是以政治边界为基础，提出了最佳开发和利用国际水资源的目标，寻求实现经济效益和尽可能大的水益。然而，这一理论只有在利益相关者处于较高的经济发展阶段时，才能得到很好地使用。[③] 在下湄公河流域，虽然流域国家都支持水资源综合管理理念，并且在国内水法和水资源政策中采纳了水资源综合管理原则，[④] 但是由于这一理念难免会以牺牲流域国家极为重视的经济发展速度为代价，并且破坏共享水资源国家之间利益的公平分配，所以难以被流域国家在实践中采用。前文提及的亚历瀑布水电站和沙耶武里水电站就是典型的例子。在湄公河开发中，占主要地位的是建立在每个民族国家主权和国家发展优先权之上的国家利益需求，占次要地位的是流域共同利益需求，即将湄公河看作一个整体的水文单位追求可持续性发展。经济利益优先论之所以在湄公河次区域更为流行，是因为它能带来工作岗位、政治选票、钱、影响力和权力。

---

① *Agreement on the Cooperation for the Sustainable Development of the Mekong River Basin*, Chapter 1, Article 1, 1995.

② *Agreement on the Cooperation for the Sustainable Development of the Mekong River Basin*, Chapter 1, Article 3, 1995.

③ Gabriel E. Eckstein, "Application of International Water Law to Transboundary Groundwater Resources, and the Slovak-Hungarian Dispute over Gabcikovo-Nagymaros", *Suffolk Transnational Law Review*, Vol. 19, 1995, p. 67.

④ 强调 3E 原则（有效、公平和环境可持续）的 IWRM 理念认为，"利用水资源创造经济利益的同时，不应该牺牲社会公正和环境可持续"。参见 Varis O, Rahaman M, Stucki V, "The Rocky Road from Integrated Plans to Implementation: Lessons Learned from the Mekong and Senegal River Basin", *International Journal of Water Resources Development*, Vol. 24, Issue 1, 2008, pp. 103 – 121。

·

水资源综合管理要求将社会和环境考虑并入到水资源管理中。直至今日，湄公河流域社会团体都在担忧，在基础设施的开发中经济考虑会凌驾于社会和环境考虑之上。[①] 为了增强自身的影响力，湄委会一方面加强与流域国家决策部门之间的联系；另一方面积极投身于大量行动中来，如对干流开发进行战略环境评估（SEA），增强对列入计划的水电项目累积影响的了解。但遗憾的是，在湄公河流域，生态科学还没有融入水资源决策制定中，很多水资源管理决策或者方案还是以工程为主要考虑因素，对于水生态投入的关注甚少。

四　跨国公司开发忽视社会和环境影响

20 世纪 90 年代湄公河委员会成立后，湄公河次区域水电开发热潮继 20 年的停顿后卷土而来。湄公河水电开发的可观前景对项目开发商、投资者和所在国政府而言，都是很大的诱惑。然而，随着泰国水电行业的私有化改革以及更多的域外私营开发商参与到湄公河水电开发中，湄公河开发项目以盈利为主要目的，鲜少恪守社会和环境标准，也很少在决策中引进公众参与机制。这种准入标准的缺失，对沿河社区的环境和社会经济问题产生了负面的影响，影响到流域可持续发展。

（一）20 世纪 90 年代前，国际组织、西方援助机构以及本地公用事业机构担任主要角色

20 世纪 60 年代，湄公河开发早期，世界银行、亚洲开发银行和西方双边援助机构（如美国国际开发署、澳大利亚国际开发署等）参与进来，承担了技术研究、咨询和主要筹资者的角色。众多西方私营基金和私营公司（如福特基金、日本电气公司、壳牌公司）和顾问长期参与推进湄公河水电开发议程。其目的各不相同，有的从意识形态出发，有的是为了扩大

---

① Rachel Cooper, "The Potential of MRC to Pursue IWRM in the Mekong: Trade-offs and Public Participation", in Joakim Ojendal, Stina Hansson, Sofie Hellberg (eds.), *Politics and Development in a Transboundary Watershed: The Case of Lower Mekong Basin*, Springer, 2012, p. 63.

政治影响力，有的则是为了单纯的经济利益。[①]

作为美国在东南亚大陆最亲密的盟友，泰国得到来自美国和世行的大量资金援助和技术支持，重点领域包括电气化、道路建设、水库和河渠修建。20世纪60年代，美国和世行的技术支持和资金援助促成了泰国几个大型发电项目，包括电力传输网的早期建设。

20世纪60年代早期，泰国为服从冷战需要，在能源供应上选择走集中式的公用事业模式。当时，泰国政府希望通过可靠的电力供应承诺迅速赢得民心。为此，泰国成立了国有事业机构——延河电力局、褐煤局和东北电力局。然而，靠泰国自身的有限资本难以推动能源领域的发展，世界银行和其他开发机构在这一过程中发挥了关键作用。从60年代到90年代，来自国际金融机构的资金推动了泰国电力领域的快速扩张，这一时期内，泰国的电气化率升至90%，为经济增长打下了基础。1968年，在美国和世行的建议下，泰国将延河电力局、褐煤局和东北电力局合而为一，建立了公用事业机构——泰国电力局（EGAT），从属于泰国能源部。

与此相似，越南在苏联的支持下，也成立了国有的垄断机构——越南电力公司（EVN）。苏联对越南早期的水电开发给予了重要的技术和经济支持，包括1979年开建1994年竣工、1988年第一台机组投产运行的红河支流沱江上庞大的和平水电站。该水电站总装机容量192万千瓦，迄今仍是东南亚最大水利工程。[②]

进入20世纪70年代，当战争态势越过越南边界而向老挝和柬埔寨蔓延时，湄委会的干流梯级水电开发计划被搁置，湄委会也因柬埔寨的退出而于1975年陷入瘫痪。虽然1978年泰国、老挝和越南成立了临时委员会，但水电整体开发陷于停顿。

---

① 美国出于冷战需要，越来越重视东南亚的地缘战略地位，将之作为遏制中华人民共和国成立后共产主义思想蔓延的关键地带，并将援助该地区经济发展作为遏制政策的一个组成部分。参见屠酥《美国与湄公河开发计划探研》，《武汉大学学报》（人文科学版）2013年第2期，第122-126页。日本则将对外援助看作其整体亚洲政策的组成部分。参见 Saburo Okita, "Japanese Economic Cooperation in Asia in the 1970s", in Gerald Curtis (ed.), *Japanese-American Relations in the 1970's*, Columbia Books Inc., 1970, p. 104。

② 《越南和平水电站运行10周年》，李庆艳译自俄刊《水工建设》2000年第3期，《水利水电快报》2000年第18期，第33页。

尽管很多早期项目的遗留问题已经显示出修建大型水电站所要付出的环境和社会代价，但总的来说，受地区政治形势长期动荡的影响，湄公河水资源开发进程缓慢，水电开发项目数量有限。[①]

（二）20 世纪 90 年代后期以来湄公河水电开发私营化趋势

1991 年苏联解体及其卫星国自 20 世纪 80 年代中期以来的弱化，深刻地改变了湄公河次区域的政治经济图景。1986 年，老挝和越南政府在保持社会主义制度的同时，开启了以市场为导向的经济改革。在柬埔寨，1991 年巴黎和平协议的签署为 1993 年国内民主选举和向市场经济转型铺平了道路。在新形势下，泰国总理差猜·春哈旺发出了著名的呼吁，要将湄公河次区域"从战场转向市场"，预示对外政策从冷战时期的敌对向促进地区贸易和投资转变。

随着中南半岛政治形势逐渐稳定，西方双边援助机构、世界银行和亚洲开发银行重拾热情，为湄公河流域开发提供援助和投资，水电项目建设被列入重要议程。但与以前不同的是，自 20 世纪 80 年代以来，世界银行和亚洲开发银行作为湄公河开发筹资者的重要性相对下降。一方面，国际社会对水电站建设之于环境与社会影响的意识上升。面对来自非政府组织和当地及环保组织的压力，世界银行和亚洲开发银行采取了更为严格的贷款规则，更多关注移民和环境问题，而不仅是产量和收益。对于那些环境和社会影响未得到充分评估的项目，世行和亚开行延期、停止或取消对它们的贷款和捐助。[②] 另一方面，1997 年亚洲金融危机爆发后，西方国家撤资东南亚，来自泰国、越南、中国、马来西亚和俄罗斯的水电开发商，成为湄公河水资源开发的主要参与者，并且得到各自国家政府和金融部门的支持。

与此同时，湄公河水资源开发进入了复杂的转型期，由政府主导转向

① 　到 20 世纪 70 年代早期，在湄委会的支持下，只建成了包括老挝南俄 1 号水电站和泰国东北部几座水电站在内的 8 座水电站。
② 　世界银行最近一次给泰国国内水电行业贷款是帕穆（Pak Mun）水电站项目，该水电站于 1994 年开始运行。世界银行和亚洲开发银行都寻求通过知识技术转让而非资金投入与泰国政府建立关系，如推进京都议定书清洁发展机制下的碳交易。

私营开发。自 20 世纪 90 年代以来，在新自由思潮的影响下，世界各国纷纷进行电力行业私营化改革或国有电力企业改制。1992 年 3 月，泰国政府出台了《国家企业私有化法令》，同年，泰国政府为弥补国家电力局资金的不足，将电力行业向私人开放，允许小型发电商（SPP）和独立发电商（IPP）的出现。[①] 外国私人资本也被吸纳进来，与泰国本土能源公司建立合资企业。随着泰国水电行业的私营化改革以及更多的域外私营开发商参与湄公河水电开发中，私营开发商成为湄公河水电开发的主角，水电开发往往采用 BOT 合约的模式来进行。

泰国本土学者认为，紧随电力商品化而来的，是河流和土壤这些原属于当地农村社区的自然资源的商品化，导致的结果是，仅注重开发自然资源的经济价值，而没有考虑开发行为将对当地社区和野生动物造成的环境破坏。此外，即使把社会和环境影响考虑进来，赔偿也是远远不够的，因为缺乏对受影响的生态系统或社会关系的内在价值的认识。[②]

与泰国水电进口战略相反，老挝和柬埔寨这两个东南亚最贫穷的国家实行出口战略。世界银行、亚洲开发银行和联合国开发计划署以及西方双边援助机构一致建议老挝政府，水电是这个内陆贫穷国家为数不多的适宜发展的行业之一。[③] 世行和亚开行设想通过公私合作的开发模式，帮助老挝脱贫，它们建议：用于老挝国内电力需求的较小规模的项目应用优惠贷款和双边援助方式开发，由老挝国有电力公用事业机构老挝电力公司（EDL）拥有和运营；用于出口的大规模水电项目，则在 BOT 合约下，由私营公司开发，老挝政府获得特许收益、税收和电力销售收入。

作为老挝水电开发主要投资者之一，早在 20 世纪 90 年代，泰国就参与了西方开发老挝屯欣本（Theun-Hinboun）和会湖（Houay Ho）水电站项目的合作，两家泰国公司还是老挝南屯 2 号水电站的主要股东，但是直

---

① 中华人民共和国商务部，《出口商品技术指南 电能表》，2005 年 11 月印制，http://www.cccdw. cn/uploads/soft/120305/1 - 120305100117. pdf（登录时间：2019 年 8 月 3 日）。

② Cheunchom Sangarasri Greacen, *Rethinking Thailand's Power Development Plan*, Presented at the Conference "Know Your Power—Towards a Participatory Approach for Sustainable Power Development in the Mekong Region", January 18 - 19, 2012, Chulalongkorn University, Thailand.

③ International Rivers Network, *Power Struggle: The Impacts of Hydro Development in Laos*, Berkeley, CA, February 1999.

到 2006 年 61.5 万千瓦的南俄 2 号水电站破土动工，泰国才真正成为老挝水电项目的主要投资者和开发者——包括泰国朝甘昌集团和拉查布里公司在内的建设和能源公司成为主要持股者；该项目所需资金约 8.32 亿美元，泰国的商业银行是主要筹资者；老挝电力公司在泰国进出口银行的担保下通过发行债券获得股权。

除了泰国外，越南—老挝联合股份公司于 2006 年开始 25 万千瓦色可曼 3 号水电站的建设。该项目资金大部分由包括越南外贸银行和越南投资开发银行在内的越南财团提供。2010 年左右，该财团研究的老挝南部公河和色可曼河这两条湄公河支流上的水电项目至少有 4 个，旨在向越南出口电力。①

然而，以 BOT 模式开发的水电站存在的问题是，其资金大部分由私营公司提供，项目所在国将自然资源租赁给私营公司，从而丧失了对该项目的主权，因此，建设和环境标准难以严格执行。然而，如果老挝不进行大规模的水电开发，将会继续处于东盟最穷国家的境地。在面临发展经济和保护生态环境两难的情况下，老挝政府选择了经济优先。因此，有可能的结果是不协调的、各自为政的、与全流域综合管理目标相悖的私营开发在老挝遍地开花。

柬埔寨也正处于大规模水电开发的入口。受数十年内战的侵扰，柬埔寨是世界上电价最高的国家之一，电力基础设施还处于初级阶段。柬埔寨政府强烈支持大规模水电项目的建设，认为柬埔寨经济发展必须要有廉价电力的供应。因此，柬埔寨一直致力于引进外资发展水电。西方双边援助机构和多边开发银行在向柬埔寨提供支持问题上，一直犹豫不决，部分是考虑到环境和社会影响。世行和亚开行最初的工作也主要集中在帮助恢复金边及柬埔寨其他省份中心城市的电力供应、扩大电力传输和分配、农村

---

① 越南与老挝合作投资的最大水电项目——色可曼水电站一期工程于 2011 年 3 月 6 日举行开工仪式。该水电站项目位于老挝境内距越老边境约 80 千米的色可曼河下游，设计装机容量为 32.2 万千瓦，总投资额为 4.41 亿美元，项目共分两期进行。一期工程为两台 2×14.5 万千瓦机组，2014 年竣工，年发电量约为 10 亿度。二期工程为两台 2×1.6 万千瓦机组，工期 3 年，年发电量约为 1.312 亿度。色可曼水电站项目由越南—老挝股份公司以 BOT 方式投资兴建，建成后由该公司经营 25 年。其中，20% 的电量供老挝使用，其余 80% 将向越南境内输送。（资料来源：商务部网站）

电气化、帮助建立柬埔寨水电开发机制和法律框架上。世行和亚开行还遵循其一贯政策，推动柬埔寨电力系统私营成分的发展。

总之，来自泰国、中国、俄罗斯和印度等国的国企或私营公司已成为湄公河开发的主力，它们受到流域国家的欢迎，因为其资金援助不附带严格的政治、社会和环境条件。

（三）湄公河水电开发私营化的作用与影响

湄公河水资源开发需要巨额资金，私营化开发是筹集资金的最佳方式。为了促进湄公河水电资源的广泛开发，亚开行和世行也调整了自身角色，从过去"以项目为导向的融资者"转向"专业解决方案的提供者"，帮助相关国家确定优先开发重点和改革目标，并推动以私营成分为导向的投资。[①]

湄公河开发由私营经济成分主导，是社会发展的必然选择。首先，湄公河开发需要巨额资金，单靠国际组织贷款和湄公河国家政府投资是远远不够的，更多地要依靠私营机构的参与。2003年9月17日，亚洲开发银行湄公局局长拉雅·纳格在大理举行的大湄公河次区域经济合作第十二届部长会议高官会议上指出，未来10年，私营机构将在大湄公河次区域合作中发挥主要作用。大湄公河次区域合作项目中，仅基础设施建设一项就需要150亿－200亿美元的投资，单靠国际组织贷款和6国政府的投资是远远不够的。[②] 其次，湄公河国家都是发展中国家，老挝和柬埔寨更是处于世界最不发达国家之列，缺乏技术和资金来开发和运作庞大复杂的水电项目。再次，电力互联是大湄公河次区域合作的重要一环，"成熟市场制度的培植需要活跃的跨国企业通过投资经营来推动，而非政府之间或国际组织的经济安排所能实现的"。[③]

然而，湄公河流域国家的水电开发，在给政府增加收入、给私营投资者带来利润的同时，也带来了大量的难以解决的环境问题和高昂的社会成本。以前，流域国家实施项目开发，需要向世行或亚开行融资贷款，两个

① ADB, *Strategy 2020: The Long Term Strategic Framework of the Asian Development Bank* 2008 – 2020, April 2008.
② 《推动大湄公河次区域合作必须改善设施和投资环境》，新华社大理2003年9月18日电。
③ 《湄公河经略》，《南方能源观察》2011年10月刊。

银行的融资常常带有政治、环境等附加条件。如今，在私营开发商和投资者主导下，资金问题更容易解决，向世行或亚开行的贷款需求下降，流域国家摆脱了附带条件的束缚，在获得主权的同时，也放松了环境标准。世行或亚开行在水电投资领域地位的下降，使其奉行的"最佳实践标准"①对追逐短期利益的私营开发商甚至流域国家政府都没有吸引力。

世行和亚开行协助老挝政府建立了一些社会和环境方面的法律法规和政策，以规范水电行业的发展开发，如1999年制定的《老挝环境保护法》、2005年制定的《开发项目赔偿及移民条例》和《水电领域环境和社会可持续性国家政策》，这些法律法规包含重要的条款，保证受影响的社区民众享有参与协商权、信息知情权以及获得相关赔偿和移民服务。然而，在现实中，这些条款经常未被开发商所遵循，也未被老挝政府强制实施。

总的来说，与以往不同，如今在湄公河次区域，流域开发不再严格、合理、协调地进行，政府普遍怀着巨型项目必胜信念，将经济的发展需要凌驾于环境之上。新的水电投资建设参与者缺乏可遵循的环境和社会保护政策，再加上项目所在国的法律执行不力，流域生态安全面临威胁。

第三节　湄公河社会团体利益诉求

尽管建造水电站有利于发电、防洪控洪和灌溉，但巨型大坝也会严重破坏淡水生态系统，对人和自然带来深刻影响，包括对沿岸传统渔业和农业的影响、库区移民问题、大坝导致的泥沙和洪水系统的改变对下游的影响等。虽然湄公河国家政府之间的争端有限，但社会团体（包括非政府组织、沿河社区民众和部分专家学者）的反坝运动自20世纪90年代初以来越来越强烈，尤其在泰国和柬埔寨。

---

① 所谓最佳实践标准，是诸如世界大坝委员会2000年报告所列出的一些建议。参见 World Commission on Dams, *Dams and Development: A New Framework for Decision Making*, Earthscan Publications, London and Sterling, VA, 2000。

一 湄公河国家环保非政府组织的发展

冷战结束后，非政府组织（NGO）发展迅速，对国际河流生态系统的维护和可持续发展的研究和参与规模越来越大，在国际河流修坝、跨境引水、湿地开发等问题上，几乎都可以看到 NGO 的参与身影。

湄公河社会团体及其行动空间虽然在不同国家存在不同情况，但总的来说是有限的。1996 年 4 月 1 日，"国际河流网络"组织写信给湄委会秘书处首任 CEO，对湄委会这个新成立的组织在公众参与问题上的态度表示不满。信上说："最令人沮丧的是……湄委会的行动中完全没有打算引入公众参与。您居然认为，'鼓励公众参与并非湄委会的责任，而是成员国的责任……'。"[1] 悉尼大学地球科学学家菲利普·赫希认为，在湄公河国家"让社会团体清晰地表达对威胁社会和环境可持续发展的水电开发项目担忧的"政治空间有限。[2]

在湄公河流域，泰国是民主化程度最高的国家，NGO 也最为活跃，是国内重要的社会力量。柬埔寨的非政府组织也十分发达，甚至被人称作"由 NGO 撑起的国家"。缅甸自 2010 年实行政治改革后，其社会团体力量的增强反映出这个国家正在发生的变化。老挝和越南的 NGO 虽然近年来有了发展，但参与受到限制，在湄公河开发问题中表现不怎么活跃。最后，次区域外和捐助国的非政府组织表现活跃，比如以澳大利亚为基地的非政府组织 AID/WATCH 多年来一直游说澳大利亚公众和政府，旨在改变澳大利亚投资者尤其是对水电感兴趣的投资者参与湄公河次区域发展的方式。非政府组织的参与也得到联合国开发计划署和湄委会的大力支持，很多非政府组织参与湄委会和联合国开发计划署组织的"规划洞悉工作组"，讨论和探索湄公河发展的愿景。"规划洞悉工作组"论坛给非政府组织提供

---

[1] Philip Hirsch, "IWRM as a Participatory Governance Framework for the Mekong River Basin?", in Joakim Ojendal, Stina Hansson, Sofie Hellberg (eds.), *Politics and Development in a Transboundary Watershed: The Case of Lower Mekong Basin*, Springer, 2012, p. 156.

[2] Philip Hirsch, "Globalisation, Regionalisation and Local Voices: The Asian Development Bank and Re-scaled Politics of Environment in the Mekong Region", *Singapore Journal of Tropical Geography*, Vol. 22, Issue 3, pp. 237 – 251.

了大量的正式参与湄公河政治的机会。

　　经济不均衡发展所带来的社会问题以及政府在解决这些问题方面的有限能力，是 20 世纪 80 年代泰国 NGO 兴起的重要背景。当时，泰国执行自由经济政策，以出口为导向的外向型经济建立在对于自然资源大量消耗的基础上，由此激发了国家与社区在环境保护方面的矛盾。此外，贫富差距的急剧扩大也让贫困阶层产生了强烈的不满和对于社会公正的要求。但是，政府在解决环境问题和贫困问题方面都缺乏有力的措施，人民的要求也很难通过代议制度得到反映和满足。在这种情况下，NGO 及其领导的社会运动开始引导民众介入国家的决策过程，政府也开始逐步承认 NGO 在农村发展和环境保护等方面的作用。

　　当代泰国的 NGO 具有伞形组织结构，拥有发达的沟通网络，是社会法团主义的典型代表。[①] 比如，"生态恢复与区域联盟"（TERRA）是总部设在泰国的区域性组织，在湄公河次区域层面有较强的动员能力，与社区民众运动有着紧密的联系。作为"拯救湄公河联盟"（Save the Mekong Coalition）的重要成员，TERRA 在 2009 年参与发起了影响力较大的拯救湄公河运动，强烈抵制在湄公河干流建设 11 座大坝。为此，该联盟在湄公河各国（也包括湄公河以外国家）发起了反对大坝的民众签名请愿活动，共收集了 23000 多个签名。同年 6 月，联盟约见了泰国总理阿披实，向他面呈请愿信，10 月又将获得的签名请愿信递交给柬埔寨、老挝、泰国和越南四国总理；而"关注全球南方"（Focus），是一个发起和引领气候公正运动的全球性组织之一，总部设在泰国曼谷，并在印度和菲律宾设有办事处，长于在国际层面进行联合、协调。该组织有很强的理论、政策研究能力，以左翼反全球化思想理论为基础，汇聚了来自南半球和北半球国家社会运动的研究者和实践者，试图通过系统理论建构，去引导行动，反思和批判资本主导的全球化。TERRA 本土性较强，长于联系和动员社区民众运动，而 Focus 更擅长于与其他国家（如欧洲）的同道组织打交道，在国际层面沟

---

　　①　所谓社会法团主义（social corporatism），是指通过社团之间自愿达成的协议而非通过国家的强制性权力，来形成社团的等级化组织结构以及代表性的垄断，并在某种程度上获得国家的承认。见顾昕《公民社会发展的法团主义之道——能促型国家与国家和社会的相互增权》，《浙江学刊》2004 年第 6 期。

通协调。从草根运动到 TERRA 再到 Focus，呈现出一种递进关系。通过 TERRA 和 Focus 的传递，泰国村民成为环境运动的一个组成部分。面对各种问题（工业污染、开发、环保与发展的冲突等等）带来的利益损害，村民们自发抗争效果微弱，只有经过非政府组织如 TERRA 和 Focus 的引导，才能使泰国的草根运动成为国际网络的一部分。非政府组织将长远的视角和草根民众运动的短期行为相结合，使后者有了更持续的动力和方向感，也使当地问题在更广泛的层面上获得关注。

在柬埔寨，20 世纪 90 年代前期，NGO 作为民主和发展的象征开始蓬勃发展起来，国际 NGO 大规模涌向柬埔寨，本土 NGO 也如雨后春笋般涌现出来。至今，在柬埔寨注册的 NGO 达 3000 多个，虽然一大半的 NGO 已经不再活跃，但是基本上每 1 万柬埔寨人民就有 1 个活跃的 NGO，人均 NGO 数量仍然可以排在世界第二，仅次于卢旺达，其中包括 300 多个国际 NGO 和 600 个本土 NGO。[①] 在政策制定和具体项目的开展上，柬政府也越来越重视 NGO 的意见，并与之展开政府层面的对话。从前述柬埔寨民众反对越南在桑河上的开发可以看出，柬埔寨村社居民、当地 NGO、地方政府和国际 NGO 已形成一个有效的联盟，旨在推动柬埔寨中央政府做出积极反应，以政府立场与越南交涉。

在缅甸，2011 年民选总统吴登盛上台后，大力推动社会政治、经济改革和对外开放。随着国门的打开，NGO 也蜂拥而至。2012 年 2 月 17 日，缅甸内政部长在回答议会代表提问时透露，已有 53 个国际非政府组织（INGO）在缅甸开展社会活动，涉及农业、畜牧、粮食、教育、卫生等领域共 67 个项目。[②] 自然与环境对于缅甸人来说，直接关乎他们的家园、思想以及信仰。不断涌入缅甸的外国投资往往都集中在自然资源部门，使之成为缅甸 NGO 的一个重要活动领域。缅甸在 2011 年决定搁置由中缅两国合作兴建的密松水电站，"湄公河生态网络"就是参与反密松大坝活动的

---

① Helena Domashneva, "NGOs in Cambodia: It's Complicated", *The Diplomat*, December 3, 2013, http://thediplomat.com/2013/12/ngos-in-cambodia-its-complicated/（登录时间：2019 年 8 月 3 日）.

② 《缅甸正式批准 6 个国际非政府组织注册》，中国商务部网站，2012 年 2 月 23 日，http://www.mofcom.gov.cn/aarticle/i/jyjl/j/201202/20120207979917.html（登录时间：2019 年 8 月 3 日）.

主要 NGO 之一。缅甸国内，由不同的受水坝影响群体组成的同盟已经或正在形成，其中包括缅甸河流网络、克钦发展网络、全国民主联盟及一些环保、民主和媒体人士。

在老挝和越南，非政府组织也在逐渐发展中。近年来由于实行开放政策，引进外国直接投资，老挝的 GDP 增速很快，保持在年均 7.5% 以上。而 GDP 的增长一定程度上也刺激了社会阶层的分化，依靠传统农业生活的人群被边缘化，从而引起非政府组织和知识界的不满。整体上老挝是个局势稳定的国家，政府与民众的对抗冲突非常罕见。但近年来，民间自发参与社会治理的空间逐步扩大，2009 年老挝政府正式允许 NGO 的存在。到 2012 年，估计已有约 100 个本土 NGO 在健康、教育和农村发展的领域工作，同时还有约 80 个外国 NGO 在老挝活动。[①] 不过，老挝国内社会团体总体上由政府代表组成。越南从 1986 年开始实施"革新与开放"政策，私有经济成分的激增、劳动关系的改变、社会组织（如总工会、农民协会、共青团、妇联等）的改革和其他政治改革，对其社会产生了深远的影响。近年来，越南在民主改革方面所取得的显著进展越来越引起世人的高度关注。越南虽然总体上处于相对封闭的政治结构之下，但从地方活动者的角度来看，越南的政治结构已经为社会团体表达诉求提供了越来越大的行动空间。

二　湄公河流域社会团体反坝运动及主要利益诉求

从 20 世纪 80 年代开始，随着环保意识的提高，"反坝主义"开始在国际上盛行，一批学者、环境保护者和大坝受害者组织起来，形成了一些有影响力的反坝组织，建坝工程遇到的阻力越来越大。与此同时，在湄公河流域，二战后建设的一些计划不周或管理不良的水坝工程的负面影响开始凸显。无论是全球性的环境非政府组织如"国际河流网络"（International Rivers Network）、地区性的非政府组织如泰国著名的"生态恢复计划"

① 秦轩：《老挝：寻找失踪的桑姆丰》，《南方周末》2013 年 2 月 7 日，http：//www. infzm. com/content/87905（登录时间：2019 年 8 月 3 日）。

（PER）和"生态恢复与区域联盟"，还是坝址当地的人民权益组织，都竭力通过吸引国际社会关注建坝会给环境和当地居民生计带来的破坏和风险，来遏止流域各国政府看似不可避免的建坝趋势。湄公河社会团体抗议的目标，既包括本国政府的建坝行为，也包括邻国建坝导致的跨境影响。如湄公河支流蒙河流域的帕穆水电站（Pak Mun）在项目建设前后一直遭到泰国沿河社区的强烈反对，抗议力度之大、持续时间之长，以致有分析家早在20世纪90年代初就预测，"帕穆项目争议预兆了围绕大型项目建设的未来冲突"；① 越南在湄公河支流桑河修建的亚历瀑布水电站，对下游柬埔寨腊塔纳基里省和上丁省沿岸社区产生了大规模的环境、社会和经济影响，以至于国际非政府组织和当地NGO、受影响社区、腊塔纳基里省和上丁省的省级及地方政府成立了"桑河保护网络"（SPN），多年来一直致力于推动湄委会、柬埔寨国家政府和越南国家政府对桑河问题的关注。

从本质上讲，社会团体的抗议，涉及水电站建设的风险承担和利益分配问题——谁担风险？谁获益？其主要观点包括：第一，虽然从政府和开发商的角度，出口导向型的水电开发有助于根除贫困，但也只是使城市精英获益，由私营开发商控制的水电站与实现农村电气化或改善居民生活条件之间并没有明显的关联。第二，建大型水坝会对湄公河的渔业、沿岸农业和整个生态环境造成极大影响，从而影响当地居民的生计。渔业在湄公河居民（尤其是老挝和柬埔寨）的生活中具有重要的地位，不仅对当地的粮食安全而言极为重要，还提供了各种就业机会。湄公河每年的捕鱼量高达200万吨，价值达25亿美元，4000万人口靠全职或兼职打鱼为生，64% -93%的农村家庭在不同程度上从事渔业活动，鱼类等水产资源的消费占流域居民动物蛋白摄取量的47% -80%。② 而一系列研究显示，已有的支流水电站已经对下游水文、水质、鱼类数量和泥沙沉积

---

① Paul Handley and Susumu Awanohara, "Power Struggles", *Far Eastern Economic Review*, October 17, 1991, p. 98.

② *Mekong River Commission*, *State of the Basin Report*, Phnom Penh, 2003, p. 57; Rachel Cooper, "The Potential of MRC to Pursue IWRM in the Mekong: Trade-offs and Public Participation", in Joakim Ojendal, Stina Hansson, Sofie Hellberg (eds.), *Politics and Development in a Transboundary Watershed: The Case of Lower Mekong Basin*, Springer, 2012, p. 63.

产生影响。① 干流水电站将对鱼类造成更大威胁，因为湄公河干流河段就像一个长廊，逾 70% 的鱼类繁殖是依靠长距离的迁徙，梯级大坝将阻碍鱼类迁徙的道路。② 第三，湄公河的开发行动不透明，政府和利益相关方对民众封锁信息，指导决策的科学依据不可靠，践踏了沿河居民获取透明信息的权利和在项目规划中更广泛的参与权。第四，缺乏对受影响群体的补偿机制。对于那些生存环境遭到不可修复性破坏的居民，开发商在给予足够赔偿一事上行动不力。土地被淹的农民被重新安置在土壤贫瘠的地方，面临生计问题。

针对水电站建设问题，湄公河社会团体的诉求可以概括为以下几个方面。

（一）确定切合实际需求的电力发展目标，避免无效的过度投资

2012 年 1 月，湄公河次区域 NGO 和学者在泰国朱拉隆功大学召开主题为 "Know Your Power" 的会议。很多与会人士呼吁政府给予民众足够的信息：国家发展到底在多大程度上需要水电？有无替代选择？正确估算未来电力需求量（尤其是泰国和越南，因为湄公河次区域大规模的水电开发正是建立在这两国电量需求高增长的预测之上）、提高能源利用率、避免无效的过度投资，成为电力决策者们不能回避的重要问题。

关于越南和泰国的能源需求预测，存在巨大争议。亚洲开发银行的《2025 年大湄公河次区域能源期货基本研究》所估计的越南国家能源需求，只有越南政府估计的 54%，差异相当于计划中的 11 个干流水电站项目年发电量的 3.5 倍。③ 在泰国，国家电力发展规划由泰国电力局基于对未来需求的预期而定期提出，包括决定建设什么类型的电厂、需要建设多少

---

① 参见 Bruce Shoemaker, "Trouble on the Theun-Hinboun: A Field Report on the Socio-Economic and Environmental Effects of the Nam Theun-Hinboun Hydropower Project in Laos", International Rivers Network, http://www.irn.org/programs/mekong/threport.html; Shoemaker, B., Baird, I., and Baird, M., "The People and their River: A Survey of River-Based Livelihoods in the Xe Bang Fai River Basin in Central Lao PDR, Lao PDR/Canada Fund for Local Initiatives", Vientiane, Laos, 2001; State of the Basin Report 2010, MRC, Vientiane 等报告和文件。

② P. Dugan, "Mainstream Dams as Barriers to Fish Migration: International Learning and Implications for the Mekong", Catch Cult 14 (3): 9 – 15.

③ ICEM, Strategic Environmental Assessment of Hydropower on the Mekong Mainstream, October 2010, p. 7.

家、在哪儿建造、什么时候建造等等。而对未来电力需求的预期，是建立在对该国未来 15 年 GDP 预测基础之上。但是，预计需求与实际需求相比，经常过于乐观（见图 4 - 3）。

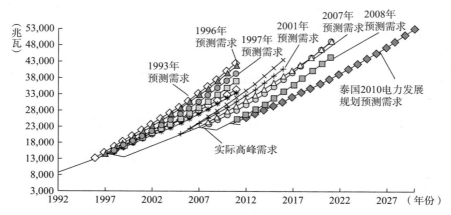

图 4 - 3　泰国实际用电高峰需求量与政府电力发展规划历年预测量之比较

注：1 兆瓦 = 0.1 万千瓦。

资料来源：Cheunchom Sangarasri Greacen and Chris Greacen，"Proposed Power Development Plan（PDP）2012 and Framework for Improving Accountability and Performance of Power Sector Planning"，April 2012。

　　泰国社会团体认为，造成泰国电力发展规划与实际需求相脱节的原因，一是泰国政府制定的电力发展规划，部分是建立在对泰国经济未来增长的预测之上，而经济增速预测往往过于乐观。以泰国 2010 年《电力发展规划》为例，它是以未来 5 年 GDP 年增 4.4%、未来 20 年 GDP 年增 4.11% 为假设前提来预测电力需求量的，而实际上，2006 - 2010 年泰国 GDP 平均增速只有 2.9%。[①] 二是备用容量过大。传统上，15% 的备用容量被认为足以维持电力可靠供应。然而，泰国 2010 年《电力发展规划》要求的备用容量远超这一数值。比如，电力发展规划要求从老挝南屯 2 号水电站进口的电量的备用容量 >28%；要求从老挝南俄 2 号水电站进口的电

---

① Chuenchom Sangarasri Greacen and Chris Greacen，"An Alternative Power Development Plan for Thailand"，December 2，2011，http：//www. internationalrivers. org/resources/an - alternative - power - development - plan - for - thailand - 2446.

量的备用容量＞27％。[①] 三是在泰国电力行业私有化改革中，一些负责制定能源发展政策的政府机构高级官员（如能源部、能源政策和规划办公室）兼任能源公司负责人，他们既拿政府薪水，又从能源公司获得高于政府数倍的酬劳。因此，一些官员会在决策中优先考虑公司利益，而非公众利益。

预计到2025年，泰国和越南计划在未来购买该地区干流水电站生产的近90％的电力。[②] 因此，这两个国家对未来电力需求量的过高估计，会直接影响到邻国老挝的水电发展。而老挝这个地形以山地和高原为主的内陆贫穷国家正在实行电力出口战略。

（二）提高能源使用效率，开发可更新能源

湄公河流域社会团体认为，作为电力需求大户的泰国和越南，应提高能源使用效率，减少湄公河开发项目数量，维护其现有的自然资源和河流生态系统。反映湄公河国家能源使用效率水平偏低的一个主要指标是能耗强度。能耗强度是衡量能源效率的综合评价指标，指的是每单元经济产出的能源消费量，计算方法通常把一个国家当年的能源总消费除以GDP。世界整体的能源强度是呈下降趋势，而泰国和越南则是呈上升趋势（见图4-4）。

如何提高能源使用效率？一些能源专家呼吁在湄公河流域实施需求侧管理（Demand-side Management）。国际能源机构对需求侧管理的定义是：通过有针对性的政策、管理用电需求，以及市场调整，达到大幅提高能源效率的一种方式。[③] 就在老挝南屯2号水电站项目获世行融资批准后，一份公布的受世行委托的研究称，如果在泰国进行适当的需求侧管理、实施节能措施和开发可更新能源，泰国获得的电力将超过老挝南屯2号的产量，

---

① Cheunchom Sangarasri Greacen，"Rethinking Thailand's Power Development Plan"，Presented at the Conference "Know Your Power-Towards a Participatory Approach for Sustainable Power Development in the Mekong Region"，January 18 - 19，2012，Chulalongkorn University，Thailand.

② *Strategic Environmental Assessment of Hydropower on the Mekong Mainstream*：*Summary of the Final Report*，ICEM，2000，p. 8.

③ International Energy Agency，https://www.iea.org/techinitiatives/end - use - electricity/demand - sidemanagement/（登录时间：2016年4月1日）.

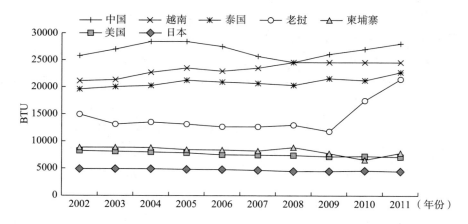

图4-4 湄公河下游国家能耗强度与中美日对比

注：BTU 为能量单位，1 BTU 相当于 1.06 千焦耳。

资料来源：U. S. Energy Information Administration，http：//www. eia. gov/cfapps/ip-dbproject/iedindex3. cfm? tid = 92andpid = 46andaid = 2。

并且消费者付出的成本比购买南屯 2 号的电力便宜 25%。[1]

提高能源使用效率的另一个途径是减少电力传输损耗。有研究指出，从传输损耗角度而言，湄公河流域不宜搞大水电站开发，因为大水电站坐落于偏远地区，远程传输损耗太大，比如，老挝南屯 2 号水电站虽然邻近老、泰边界，仍需要通过逾 500 千米的 500 千伏传输线才能并入泰国那空沙旺附近的输电网，传输成本超过 1.5 亿美元，而这些成本最终将转嫁给消费者。[2]

一些学者提出电力替代发展规划。2012 年，在泰国朱拉隆功大学召开的主题为 "Know Your Power" 的会议上，有学者认为农村社区应直接开发非电网系统，而不是等待电网延伸到该地区。尤其是老挝，大部分是山地，农村人口稀少，偏远地区电气化率低，电价昂贵，可以开发农村多种

---

① P. DuPont，"Nam Theun 2 Hydropower Project：Impact of Energy Conservation，DSM and Re-newable Energy Generation on EGAT's Power Development Plan"，Dinish Energy Management A/S for the World Bank，Bangkok，2005.

② Chris Greacen and Apsara Palettu，"Electricity Sector Planning and Hydropower"，in Louis Leb-el，John Dore et al.（eds.），*Democratizing Water Governance in the Mekong Region*，Mekong Press，2007，p. 119.

能源，如小水电、太阳能和生物能源，减少对薪材的需求，以保护森林，减少水土流失。[①] 也有人提议，放弃大水电，在越南开发小水电和太阳能，在泰国开发太阳能。[②] 还有专家建议，可在延长现存电厂使用寿命 5 - 10 年的同时，开发太阳能、风能、生物肥料、沼气、地热能、市政废水和装机容量 1 万千瓦以下的小型水电站。[③]

总的来说，近年来一些 NGO 和能源专家纷纷提出与政府方案不同的湄公河次区域能源发展替代方案，这些方案的可行性尚待进一步评估。不过，提高能源使用效率、实施能源节约措施、开发可更新能源是总体趋势。

（三）在水电项目决策中提高社会团体的参与度

虽然湄公河流域社会团体比较活跃，但非政府行为者真正参与湄公河管理的机会有限，流域发展战略由精英制定，很少有群众参与。所谓的"公众参与治理"，局限于社区会议或一些利益相关者[④]论坛上，而且是项目已经被政府列入日程之后，连参与者名单都是经过仔细审查的。正因为缺乏合理有效的参与机制，受影响群体一般倾向于通过抵制和抗议来参与湄公河水资源开发项目。

例如，泰国帕穆水电站兴建时，随着工程人员不断通过爆破将岩石从河中运出，当地居民才清楚工程的选址。而老挝南屯 2 号水电站获批时，42 个国家 153 个社会团体写信给世行行长，抗议在南屯 2 号水电站项目规划阶段，公众参与未能真正实现。他们表示，尽管南屯 2 号比起老挝其他项目，已经重视了公众参与，但却不是在是否应开发南屯 2 号这一关键问题上

---

① Mattijs Smits, "Power Sector Development in Laos: Big Picture", Presented at the Conference "Know Your Power-Towards a Participatory Approach for Sustainable Power Development in the Mekong Region", January 18 - 19, 2012, Chulalongkorn University, Thailand.

② David Robert, "No More Dams on the Mekong", *New York Time*, September 3, 2014, http://www. nytimes. com/2014/09/04/opinion/no - more - dams - on - the - mekong. html? _ r = 0 （登录时间：2016 年 4 月 1 日）.

③ Chuenchom Sangarasri Greacen and Chris Greacen, "An Alternative Power Development Plan for Thailand", December 2, 2011, http://www. internationalrivers. org/resources/an - alternative - power - development - plan - for - thailand -2446 （登录时间：2016 年 4 月 1 日）.

④ 湄委会的 2006 -2010 年战略规划将利益相关者大致定义为"在湄公河水资源上有直接利益的人和那些拥有丰富的知识和观点能够指导规划进程的人"，参见 *Strategic Plan 2006 - 2010*, Mekong River Commission, Vientiane, p. ix。

征求公民意见，而是在项目获批后召集公众协商如何缓解开发导致的影响。①

社会团体认为，湄公河开发利用的目的不是使一部分人受益，而是实现公共利益。

（四）项目实施前执行严格的环境和社会影响评估

当前，湄公河水资源开发项目的决策是建立在对潜在影响进行评估的基础之上。为了预测这种影响究竟有多大，湄委会开发了多种计算机模型，模拟河流系统在不同开发情形下的变化，以便进行定量分析。已有评估多集中在水位、泥沙沉积量这类相对简单的指标上，而在水电开发对洪水平原和鱼类的影响程度问题上，则很难做出评估，因为这些系统受到多重直接或间接的因素影响。此外，鉴于洪水冲积平原和渔业对湄公河流域社会经济的重要性，影响评估需要将物理、生态影响与更广泛的社会和政治影响密切结合起来进行研究，这类研究在湄公河流域还处于初始阶段。而就当前而言，开发商在实施某个水电项目之前，应进行尽量严格的环境和社会评估，如果该水电项目会产生跨境影响，则应该在项目开工之前，向其他流域国家提交一份可能对其产生的负面影响，包括短期和长期影响的详细研究报告。损害赔偿程序和金额都应写入这份报告中。

然而，在实际操作中，开发商为了利益追求，难以花足够的时间和资金来进行环境和社会评估。亚历瀑布水电站就是一个典型案例。如前所述，1993 年越南开始兴建桑河上游第一座大坝——亚历瀑布大坝。然而，该项目实施前的环境评估未考虑到桑河柬埔寨河段。越南电力公司对此辩称，这是由于当时柬埔寨局势没有完全稳定，出于安全考虑未进入柬埔寨境内进行评估。2003 年 5 月，越南在亚历瀑布大坝下游约 30 千米处开建装机容量 26 万千瓦的桑河 3 号水电站，规划阶段同样忽略了对柬埔寨河段影响的评估工作。② 这导致后来下游柬埔寨民众对越南在上游开发的不满

---

① Shannon Lawrence, "The Nam Theun 2 Controversy and Its Lessons for Laos", in Francois Molle, Tira Foran and Mira Kakonen (eds.), *Contested Waterscapes in the Mekong Region：Hydropower, Livelihoods and Governance*, Earthscan, 2009, p. 88.

② Philip Hirsch and Andrew Wyatt, "Negotiating Local Livelihoods：Scales of Conflict in the Se San River Basin", *Asia Pacific Viewpoint*, Vol. 45, No. 1, April 2004, pp. 51 - 68.

和抗议行动的升级。湄公河第一座干流水电站沙耶武里也是一个典型案例。国际河流组织报告称，该项目之所以不等湄委会成员国执行一项为期2－3年的环境影响联合调查，在争议极大的情况下开工，是因为按照泰国政府和沙耶武里电力公司 2010 年 10 月 29 日签订的电力购买协议，项目必须在协议签署 70 个月内完工，如果届时机组不能正常运作，沙耶武里电力公司将承担一切责任。①

　　对于湄公河流域的居民而言，湄公河自然生态系统和社会经济是不可分割的，他们大多靠捕鱼、河岸农业和林业为生，因此担心大坝的建设会改变河流生态，影响鱼类生存，并导致水质下降水量减少。虽然在湄委会 2006－2010 年战略规划、2011－2015 年战略规划以及 2011 年湄委会成员国通过的《基于水资源综合管理的下湄公河流域发展战略》② 中，"水资源综合管理"理念③被明确提出，并被置于核心地位，但是由于这一理念难免会以牺牲流域国家的经济发展速度为代价，所以难被采用。湄公河流域沿河社区一直担忧在基础设施开发中，经济考虑会凌驾于社会和环境考虑之上。④ 在湄公河流域，生态科学还没有真正融入水资源决策中，很多水资源管理决策或者项目方案还是以工程技术和经济效益为优先考虑因素进行的，对生态影响考虑不足。

---

① "Why did Laos Proceed with the Xayaburi Dam, in the Face of Strong Opposition from Neighboring Countries? New Insight from the Project's 'Power Purchase Agreement'", International Rivers Organization, August 2013, http://www.internationalrivers.org/files/attached - files/summary _of_ppa_analysis_august_2013.pdf（登录时间：2019 年 6 月 1 日）.

② *Strategic Plan* 2006 - 2010, MRC, 2006; *Strategic Plan* 2011 - 2015, MRC, 2011; *IWRM - based Basin Development Strategy for the Lower Mekong Basin*, MRC, January 2011.

③ 强调 3E 原则（有效、公平和环境可持续）的 IWRM 理念认为，"利用水资源创造经济利益的同时，不应该牺牲社会公正和环境可持续"。一方面，"综合"意味着在地理上超越国家领土的划分，将湄公河视为一个整体来看待和行动。与水资源利用、管理和储存相关的经济、环境和社会等方面被看作是互相依存关系，而不是分裂或竞争关系；另一方面，"综合"意味着将来自不同部门、地方、国家和利益团体等各类利益相关者考虑进来，平衡各方诉求。参见 Varis O, Rahaman M, Stucki V, "The Rocky Road from Integrated Plans to Implementation: Lessons Learned from the Mekong and Senegal River Basin", *International Journal of Water Resource*, Vol. 24, Issue 1, 2008, pp. 103 - 121.

④ Rachel Cooper, "The Potential of MRC to Pursue IWRM in the Mekong: Trade - offs and Public Participation", in Joakim Ojendal, Stina Hansson, Sofie Hellberg (eds.), *Politics and Development in a Transboundary Watershed: The Case of Lower Mekong Basin*, Springer, 2012, p. 63.

（五）解决受影响社区的移民安置和赔偿问题

库区移民问题解决不力和对下游受影响社区的赔偿不到位，也是引发湄公河流域社会不满和社会冲突的一大原因。老挝迄今最大的水电项目南屯2号水电站之所以成为NGO抗议的焦点，就是在于移民安置问题。该项目位于湄公河第四大支流、老挝中部甘蒙省那凯高原的南屯河河段上，大坝采用BOT方式建设，2009年末竣工，装机容量107万千瓦，其中95%的电力输往泰国。那凯高原上6200个以少数民族为主体的人口需要重新安置，濒危的亚洲象种群和其他野生动物的栖息地将被水库淹没。项目实施后，老挝政府和南屯2号电力公司并未严格遵照世行政策和项目开发许可协议的规定，在征地之前没有补偿到位，没有及时发布项目信息，也没有为移民提供灌溉系统。按计划，那凯高原上的17个村庄应在2006－2007年干季安置到位，但由于永久性住宅建设拖沓，很多人在临时住所度过了两个湿季。直至2008年4月，移民基础设施建设才最终完成，剩下的村民搬迁完毕。虽然很多村民获得了更好的房屋、更好的水供应条件和卫生状况，并对通电通路感到满意，然而，他们的生计修复仍存在困难，主要靠南屯2号电力公司提供的大米和蛋白质为生，但每个月获得的大米通常不够维持一家人的生活。① 可以说，南屯2号项目最大的挑战就是为那凯高原移民制定可持续性的民生规划。

综上所述，当前湄公河下游水电开发项目采取投标或援建方式，以BOT模式进行，但实际的项目风险和利益分配并未反映出BOT模式最初的合理性，开发商成为最大获利者，项目所在地以及河段下游的社区民众承担的风险最大，却未能得到合理的补偿，由此滋生了社会团体的反坝情绪。很多时候，民众反对的并不是水坝本身，而是建坝决策过程的不透明，以及弱势移民被排斥在外的利益分配机制——水电企业发财致富，能源效益被输送外流，相比之下，移民得到的补偿不成比例，原有生计遭到破坏，无法分享水电带来的利益。

---

① Shannon Lawrence, "The Nam Theun 2 Controversy and Its Lessons for Laos", in Francois Molle, Tira Foran, Mira Kakonen (eds.), *Contested Waterscapes in the Mekong Region: Hydropower, Livelihood and Governance*, Earthscan, 2009, p. 95.

三　社会团体运动的影响

湄公河社会团体及其行动空间虽然在不同国家存在不同情况，但总的来说是有限的。泰、老、柬、越四国政府都以发展国家经济为首要任务，并希望维护和邻国的良好关系，而对本国水电站建设可能造成的社会和环境影响，以及邻国水电站建设可能对本国造成的影响，总的来说反应并不积极。然而，从客观上讲，社会团体运动在促进社会公平、推动合理开发、督促国家实现善治等方面，仍发挥了一定的作用，取得了一定的成效。例如，在泰国帕穆水电站案例上，社会团体运动迫使泰国政府对受影响村民做出积极补偿，并通过实施每年 4 个月的开闸措施缓解渔业损失，以求解决争端。在老挝南屯 2 号水电站案例上，世行意识到公众反对声浪的不断高涨，于 2002 年 6 月起草了一个关于南屯 2 号的"决策框架"，明确了老挝政府要想接受世行帮助需要达到的三项标准——该项目必须被置于一个旨在减少贫困和保护环境的开发框架内；必须在技术、融资、管理和经济上合理有效并符合世行的环境和社会保护政策；必须获得国际捐助团体和社会团体的理解和广泛支持，① 并且要求南屯 2 号的开发商进行更多的经济、社会和环境影响研究。来自国际 NGO 的压力，也迫使南屯 2 号开发商增加了缓解下游影响和补偿受影响村民的费用预算，并增加了一条下游河道的修建计划以减少下游河岸的腐蚀和河道泥沙沉积。② 虽然南屯 2 号水电站十余年来引起争议不断，③ 但该项目超越了老挝早期水电项目标准，并在多个方面进行了改革，如设立独立监督员、建立收益管理体系、信息更为公开等。④

---

① *Decision Framework for Processing the Proposed NT2 Project*，World Bank，Washington DC，2002.

② Shannon Lawrence，"The Nam Theun 2 Controversy and Its Lessons for Laos"，in Francois Molle，Tira Foran and Mira Kakonen（eds.），*Contested Waterscapes in the Mekong Region：Hydropower，Livelihoods and Governance*，Earthscan，2009，p. 88.

③ 开发商为了使该水电站早日投入运营从而获益，制订的项目完成时间表很紧张，经济收益被置于社会和环境考虑之上。

④ Shannon Lawrence，"The Nam Theun 2 Controversy and Its Lessons for Laos"，in Francois Molle，Tira Foran and Mira Kakonen（eds.），*Contested Waterscapes in the Mekong Region：Hydropower，Livelihoods and Governance*，Earthscan，2009，pp. 91 – 92.

此外，为回应社会团体诉求、缓解社会矛盾，湄公河国家近年来纷纷在环境和资源开发领域提出更为严格的法律要求。[①] 比如，2013年老挝颁布了新修订的《环境保护法》和《水资源法》。与1999年的《环境保护法》相比，2013年的《环境保护法》修订版做了很大调整，进一步认识到"社会和自然环境之间平衡"以及"严格实施环境保护条例、方法和措施"的重要性，要求"在制定能源和矿业、农业和森林、工业和商业、公共事业和运输业、邮政通讯和电信、资讯文化和旅游等领域的政策、战略规划和计划时，必须实施战略环境评估"，[②] "自然资源的使用者应以经济、合理、有效和可持续的方式使用自然资源；应评估使用自然资源对环境和社会的潜在影响，并遵循相关法律防止或减轻那些影响；……纠正自然资源使用导致的影响，修复受影响地区；依照法律相关规则，支付环境税和环境保护费用；……公民、法人实体或组织实施项目投资或活动的过程中，如果造成了环境和社会影响，应纠正、改善、恢复和赔偿受影响地区的损失"。[③]《水资源法》修订版明确指出，政府支持水资源综合管理，并提出水资源活动的原则，包括：保证利益相关方在水资源规划、开发、利用和保护中的参与；保证水资源的保护和利用能解决当前需求并能使未来获得足够的使用量；可持续地和有效地利用水资源，并对水资源实施可持续性管理和保护；防范和减少对水资源和依赖水资源生存的社区造成严重影响的风险；确保利益相关方获得水资源数据和信息的权利；对水资源活动导致的损失给予应有的赔偿。[④]

近年来，联合国开发计划署和湄委会也为NGO的参与给予了较大支持。很多NGO参与湄委会和联合国开发计划署组织的"流域发展规划洞悉工作组"（Insight Workshop on Basin Development）论坛，讨论和探索湄公河开发前景，获得了正式参与湄公河水治理的机会。

可见，社会团体运动虽然不能阻止湄公河开发的进程，但给流域国家

① 刘稚主编《大湄公河次区域蓝皮书：大湄公河次区域合作发展报告（2012–2013）》，社会科学文献出版社，2013。
② Lao's Environmental Law (Revised Version), 2013, Part III, Chapter 1, Article 19.
③ Lao's Environmental Law (Revised Version), 2013, Part IV, Article 52.
④ Lao's Law on Water Resources (Revised Version), 2013, Part I, Article 5.

政府和项目开发商带来很大压力，促使他们逐步实现信息公开透明，完善公民参与机制，在决策中更多地考虑受影响的民众的利益。湄公河国家虽然在法律法规的执行上仍存在不少问题，但总的来说，近年来对外来投资采取了更为审慎的态度。

小　结

1995 年湄公河协定的初衷，旨在促进共同使用和管理湄公河水资源，但由于泰国的坚持，协定对各成员国水资源开发的约束力很小。湄委会四个成员国一方面意识到有必要就湄公河水资源治理展开合作；另一方面，由于未能建立各方认可的利益分享机制，直接造成了四国在积极推动本国国内的大坝建设的同时，又对他国的开发行为保持警惕，担心利益由他国获得，而环境成本由本国承担。对于下游国家越南和柬埔寨而言，它们一方面担心泰国和老挝在湄公河上游的开发会对本国生态环境造成影响；另一方面又在积极筹备本国的大坝建设，因此在指责老挝时显得"底气不足"。沙耶武里和栋沙宏水电站的建设，拉开了湄公河下游干流开发争端的序幕，虽然沿岸国家之间的对抗尚处于温和状态，但如果干流水电站建成运行后对下游国家产生实质性的严重影响，将会使矛盾激化。湄委会迫切需要转变角色，成为一个更具影响力的组织，积极参与从地方到地区不同层次的环境影响评估，就成员国的水资源开发项目是否符合国际最佳实践标准做出判断，并通过进一步细化和严格通知、事前协商与协议规则以及组织多层协商机制，对湄公河水资源开发实施良性管理。

第五章

湄公河水资源开发争端协调机制

　　为协调成员国之间的水资源开发争端，实现对水资源公平合理的利用，1995 年的湄公河协定确定了协商机制，并出台了相关细则。2010 年以来，随着老挝不断推进湄公河干流水电站的建设，干流开发成为当前湄公河国家之间最主要的水资源跨境争端，湄委会也先后 6 次启动"事前协商"程序。当前，湄公河流域的机会与挑战并存：湄公河干流与支流提供了水电开发、灌溉、渔业、航运和旅游等领域的发展机会，但与此同时，快速的经济和人口增长，对水、粮食和能源需求量上升，以及城镇化和工业化，使流域开发处于无序状态，环境和生物多样性遭到破坏，气候变化更是导致洪旱灾害频发。通过知识构建和协调管理减少流域面临的风险，实现对水及相关资源的最佳利用，是湄委会的使命所在。本章将在梳理湄公河委员会协调机制内容及其实践的基础上，深入分析湄委会协调机制的有效性问题。沿岸国泰国、越南和柬埔寨对老挝建坝行为的态度和老挝的应对策略，反映出国际河流问题不仅是水本身的问题，更是一个涉及地区安全和发展的高级政治问题。此外，本章还将论述湄委会转型和改革措施及当前工作的优先方向。

第一节　"事前协商"机制在实践中的运用

一　湄公河协定中的"事前协商"机制

1995 年的湄公河协定第 5 条规定了三种不同程度的约束性条款，即通知、事前协商与湄委会联合委员会协议、特定协议。2003 年，湄委会批准通过细则《通知、事前协商与协议程序》（PNPCA），对通知、事前协商与协议、特定协议的范围、时间、内容、形式和机制进行了规范。[①]

根据 PNPCA 规定，湄公河支流的流域内使用（包括洞里萨湖）和流域间调水以及湿季干流上的流域内使用，须履行"通知（湄委会联合委员会）"程序，通知国所提交的通知文件包括：用水目标的可行性研究报告、实施计划、时间安排和所有相关数据；湿季从干流进行的流域间调水、干季干流上的流域内用水以及干季对剩余水量（各国计划用水之后所剩余的水量）的流域间调水，须履行"事前协商"程序，"湄委会联合委员会将致力于就水资源利用计划达成一项协议""通知国不得在不给其他成员国提供讨论和评估机会的前提下实施项目"；任何一个在干季时从干流进行流域间调水的计划，须在湄委会联合委员会内经过一个全面的协商过程，针对项目的条款和条件达成一项"特定协议"，由所有成员国签署。简单而言，是履行"通知"程序，还是"事前协商"或"特定协议"程序，取决于水资源利用中的三个因素：河流类型（干流还是支流）、季节（干季还是湿季）和水利用范围（流域间还是流域内）。干流项目一般要履行比支流项目更复杂的程序，干季水利用必须履行比湿季水利用更严格的程序，从湄公河向其他流域调水比流域内调水要履行更全面的程序。

根据湄委会对 PNPCA 的解释，"湄公河干流开发，考虑到其更多的潜

---

① *Procedures for Notification*, *Prior Consultation and Agreement*, MRC for Sustainable Development, November 30, 2003.

在的跨境影响，需要进行事前协商以便成员国能严格审核该开发计划，就是否推进该计划或者在什么样的条件下推进该计划达成一致意见"。①PNPCA 只是一种水资源利用地区合作机制，并不承担对某个项目批准或否决的责任（见表 5-1）。

表 5-1 PNPCA 程序步骤

步骤	具体程序
第一步 通知	有开发计划的成员国通知湄委会秘书处，并提交关于该项目的详细文件。湄委会秘书处在一个月内审核文件材料是否完整，然后将该案例呈送给湄委会联合委员会（即湄委会管理机构，由四国政府司局级或以上级别成员组成）
第二步 技术审核	湄委会联合委员会所有成员收到通知和项目文件，启动事前协商程序。接下来的6个月，联合委员会将对项目的技术方面进行审核，以判断该项目是否遵循湄委会《维持干流流量程序》和《水质管理程序》，并评估项目造成的环境和生计影响，提出相关解决建议
第三步 达成协议	6个月后，联合委员会就该项目在何种条件下推进达成一项协议。该协议并不意味着批准或否决项目，而是由被通知国提出具体建议供开发国采纳，以缓解项目的潜在负面影响，寻求利益共享的更好方式。如果联合委员会要求更多讨论时间，事前协商阶段将被延长
第四步 理事会决议	一旦协商程序走完，通知国就可以推进项目实施。如果联合委员会未能达成一项协议，可以将案例提交给由四国部长组成的湄委会理事会进行决议
第五步 外交解决	如果理事会未能达成决议，案例将会被移交给相关国政府通过正常外交渠道解决

资料来源：根据湄委会网站上的 Procedures for Notification, Prior Consultationand Agreement（PNPCA）整理。

从 1995 年到 2016 年底，湄委会收到成员国提交的水利用项目文件共 53 份，其中 50 个项目是履行"通知"程序，3 个项目履行"事前协商"程序，即沙耶武里、栋沙宏和北本水电站项目。而在 50 个履行"通知"程序的项目里，45 个是支流利用，5 个是干流利用。从项目领域来看，39 个是水电项目，其余项目涉及灌溉、排涝和洪水控制。从提交国来看，绝大多数是老挝和越南提交的。

① MRC, *FAQs to the MRC Procedures for Notification*, *Prior Consultation and Agreement Process*, http://www. mrcmekong. org/news - and - events/consultations/xayaburi - hydropower - project - prior - consultation - process/faqs - to - the - mrc - procedures - for - notification - prior - consultation - and - agreement - process/（登录时间：2015 年 11 月 25 日）。

　　无论是 1995 年协定，还是 PNPCA 程序，对湄委会成员国都无强制约束力。1995 年协定第 35 条规定，"当湄委会不能够及时解决意见或分歧时，应提请（通知国）政府注意，及时通过外交途径协商解决，并将其决定告知湄委会以便于进一步推进决定的执行"。湄委会对"如果成员国不能通过 PNPCA 达成一致意见时怎么办"的解释是，"若有必要，湄委会联合委员会可以延长 PNPCA 过程以求达成一致意见。若还不能达成，湄委会将负责记录各方观点，通知国在就水资源使用计划做出最后决定时应考虑这些因素。如果通知国决定推进该计划，应按湄委会协定条款对有可能导致的危害给予特别考虑"。① 这些含糊松散的规定意味着湄委会仅是一个咨询性机构和维持各方对话的平台，缺乏权威性，无法影响其成员国的政策，也不能防范任意成员国采取单边行动。

二　五座干流水电站的 "事前协商" 过程

　　自 2010 年至 2020 年，老挝政府根据《湄公河协定》及其细则《通知、事前协商与协议程序》② 先后向湄委会秘书处提交 6 座干流水电站建设的官方通知及相关材料。③ 在沙耶武里和栋沙宏项目上，湄委会成员国未能达成一致，之后老挝单边推进项目建设。在北本、北礼和琅勃拉邦项目上，经湄委会斡旋，成员国达成一致：同意老挝推进项目建设，但须采取一切措施解决或减轻潜在的负面跨境影响。④ 与此同时，成员国通过《联合行动计划》，决定在老挝和湄委会之间就北本、北礼和琅勃拉邦项目

---

① MRC, FAQs to the MRC Procedures for Notification, Prior Consultation and Agreement Process, http：//www. mrcmekong. org/news – and – events/consultations/xayaburi – hydropower – project – prior – consultation – process/faqs – to – the – mrc – procedures – for – notification – prior – consul-tation – and – agreement – process/（登录时间：2015 年 11 月 25 日）.

② *Procedures for Notification, Prior Consultation and Agreement*（*PNPCA*），MRC，2013.

③ 2019 年 9 月，在向湄委会秘书处提交琅勃拉邦水电站建设的官方通知及相关材料后不久，老挝又通知湄委会秘书处其计划启动萨拉康水电站（Sana Kam）事前协商正式程序。但湄委会联合委员会决定搁置萨拉康项目事前协商，直至琅勃拉邦项目程序走完。之后又因新冠肺炎疫情延后。

④ *Statement on the Prior Consultation Process for the Pak Lay Hydropower Project in Lao PDR*，MRC，April 4，2019.

的设计、建设和未来运营建立实时跟踪反馈、数据交流及知识共享机制，以监督老挝贯彻落实成员国达成的声明（见表5－2）。①

表5－2　已启动事前协商程序的湄公河干流水电项目

干流项目	装机容量	PNPCA 启动	湄委会成员国协商结果	动工时间	计划运营时间
沙耶武里	128.5 万千瓦	2010 年 10 月	湄委会联合委员会特别会议未能达成一致意见，决定将该问题提交给由四国水资源和环境部长组成的最高管理机构湄委会理事会讨论。理事会会议也未能达成一致意见，决定将争议交由相关国家通过外交途径协商解决	2012 年底	2019 年
栋沙宏	26 万千瓦	2014 年 7 月		2016 年初	2020 年
北本	91.2 万千瓦	2016 年 12 月	湄委会联合委员会特别会议达成一致意见，确认《下湄公河流域发展战略（2016－2020）》所述的干流水电站建设对流域发展来说是个机会，同时，潜在的负面跨境影响需降至最低。对北本项目建设提出了一些改进意见	2017 年底	2023 年
北礼	77 万千瓦	2018 年 8 月	湄委会联合委员会特别会议达成一致意见，要求老挝采取任何必要措施解决或减轻潜在的负面跨境影响	2022 年	2029 年
琅勃拉邦	146 万千瓦	2019 年 10 月	截至本书完稿时尚未出炉	计划 2020 年	2007 年

资料来源：综合湄委会网站内容整理而成。

沙耶武里水电站（Xayaburi）

2010 年 9 月 22 日，老挝政府提交沙耶武里项目的官方通知，一个月后 PNPCA 程序第一次全面启动。投资 38 亿美元、设计总装机容量 128.5 万千瓦、年发电能力 74.05 亿千瓦时的沙耶武里水电站，于 2019 年 10 月开始运营。它是老挝建设的第 14 座水电站，也是湄公河下游干流首个开建

---

① *Joint Action Plan for the Implementation of the Statement on the Prior Consultation Process for the Pak Lay Hydropower Project in Lao PDR*，MRC，April 4，2019.

的大型水电项目。沙耶武里水电站位于老挝北部琅勃拉邦下游约 80 千米处，坝长 820 米、坝高 32 米，排水区域 27 平方千米，开发商是泰国最大的基建开发商朝甘昌集团（Ch. Karnchang Public Co. Ltd），由泰国银行提供融资，建成后生产的电力的 95% 将被输送到泰国。①

2011 年 3 月，来自 51 个国家的 263 个非政府组织致信老挝和泰国政府，要求搁置该项目。2011 年 4 月，湄委会召开特别会议，泰、老、柬、越四个成员国未能就沙耶武里水电站建设达成一致，决定将该问题留待当年稍后举行的四国部长会议做决定。2011 年 5 月 7 日，在雅加达召开的东盟峰会上，老挝首相和越南总理举行了闭门会议，老挝首相宣布老挝将暂时搁置沙耶武里项目，两位领导人同意在湄委会框架下授权相关研究机构就该项目的未来决策寻求坚实的科学依据。② 2011 年 12 月 8 日，四国环境部长在柬埔寨小镇暹粒会谈后，向外界宣布：老挝将推迟沙耶武里水电站建设计划，直到由日本方面承担的环境评估结果出来之后再做决定。③ 2012 年 4 月，老挝政府确认，在当年 10 月或 11 月湄委会四国环境部长特别会议之前暂停大坝建设，但表示已委托有关机构对沙耶武里项目的 PNPCA 进行了研究，发现所有程序都是完备的。老挝声称，将在与湄委会其他 3 个成员国充分协商的前提下，在自己权限范围内推动大坝工程建设。④ 2012 年 11 月 6 日，老挝能源与矿产部副部长维拉蓬在万象举行的亚欧会议期间宣布，沙耶武里水电站项目已获老挝政府放行，预计 2019 年底完工。他在接受英国广播公司（BBC）采访时表示："我们相信沙耶武里项目不会对湄公河产生任何负面影响。不过只要是人为工程都会改变（自然环境）。所以我们一定会在收益和成本之间寻找一个最佳平衡点。"维拉蓬还强调，老挝方面对大坝原设计方案做出的修改，可以消除邻国对渔业

---

① "Xayaburi Hydro Power Plant, LAO PDR: Background Material on Poyry's Assignment", Poyry, November 9, 2012, p. 7.

② "Laos Temporarily Suspends Xayaburi Dam", Vietnam Net, May 9, 2011, http://english. vietnamnet. vn/en/politics/7993/laos - temporarily - suspends - xayaburi - dam. html（登录时间：2015 年 11 月 30 日）.

③《湄委会四国决定推迟沙耶武里水电站建设》，金边晚报网，2011 年 12 月 9 日，http://www. jinbianwanbao. com/List. asp? ID = 8147（登录时间：2015 年 11 月 29 日）.

④《老挝要在湄公河建水电站》，《中国能源报》2012 年 11 月 12 日，第 7 版。

资源以及下游河道受影响的担忧。据透露，光是这些设计上的改动，就给造价加码 1 亿多美元。新设计允许大坝底部沉积物通过轮机扇叶和升降机定期排出，大坝上配备的特殊梯子也能帮助鱼类通过，游到上游。"我觉得现在柬埔寨和越南应该能够理解我们的苦心了，"维拉蓬说。① 2012 年 11 月 7 日，沙耶武里水电站项目奠基仪式举行。老挝能源与矿产部部长苏里冯·达拉冯在奠基仪式上表示，项目按正确完整的步骤推进，设计调整到位，通过模拟验证，不会对湄公河生态系统产生负面影响。②

栋沙宏水电站（Don Sahong）

2013 年 11 月，老挝开建湄公河下游干流第二座水电站——栋沙宏水电站，预计 2020 年正式投入使用，建成后主要向泰国出口电力。开发商是马来西亚美佳第一有限公司（MFCB）。栋沙宏水电站设计装机容量 26 万千瓦，是湄公河下游干流装机容量最小的水电站。然而，由于栋沙宏水电站非常靠近柬埔寨（距老、柬边境以北 2 千米处），其建造遭到柬埔寨国内很多非政府组织的批评。渔业专家、环保组织和湄公河沿岸居民最担心的问题是，栋沙宏拦水建坝会对湄公河鱼类洄游产生影响。③ 因为在老、柬交界地带，湄公河干流形成众多分支，并因断层形成 20 多米的落差。一些支流落差大、水量充沛，形成壮观的瀑布，其中最著名的是孔恩瀑布；还有一些支流虽水量略小，但落差同样很大。不过支流胡沙宏河是个例外，其河床地势变化较为和缓，适宜鱼群通行，几乎是干季鱼类唯一的洄游产卵通道。

2013 年 9 月 30 日，老挝通知湄委会其建设栋沙宏水电站的计划，并向湄委会提交栋沙宏水电站可行性报告，并附以其对社会和环境的影响评估文件。与沙耶武里水电站不同，老挝政府起初并不打算就建设栋沙宏水电站与湄委会其他成员国进行事前协商。老挝方面的理由是，栋沙宏坝并

---

① 《老挝要在湄公河建水电站》，《中国能源报》2012 年 11 月 12 日，第 7 版。
② 《沙耶武里水电站开工建设 将促进老挝经济发展》，中国国际广播电台国际在线，2012 年 11 月 13 日，http：//gb. cri. cn/27824/2012/11/13/3245s3924634. htm（登录时间：2015 年 11 月 20 日）。
③ 《老挝湄公河建坝再惹争议 环保组织担忧生态受创》，环球网，2013 年 12 月 2 日，http：// hope. huanqiu. com/globalnews/2013 – 12/4619709. html（登录时间：2015 年 11 月 3 日）。

没有跨越干流河岸，不会将干流的水全部拦截，因此不属于干流水坝。[①]
然而，湄委会秘书处2007年的一份文件已明确指出，"栋沙宏坝属于干流
水坝，因为它的水不是来自支流，而是通过孔恩瀑布断层处由大量岛屿组
成的一个相联的网状渠道来自上游干流"。[②] 湄委会其他三国和欧盟、日
本、美国等国际捐助国均呼吁开启栋沙宏水电站事前协商程序。虽然沙耶
武里案例表明，"事前协商"并不能阻止老挝的单边行动，但该程序是其
他成员国有机会提出异议、创造谈判空间的主要平台。2013年12月，柬、
越、泰三国国家湄公河委员会分别致函老挝政府，要求其遵守1995年协定
下承诺的地区合作。"我们……建议计划中的项目应置于事前协商的程序
下进行考量"，越方在信中称。[③] 在外界压力下，2014年6月，老挝承认栋
沙宏水电站建设在干流上，并向湄委会秘书处提交相关材料以便启动事前
协商程序。2015年1月16日，湄委会联合委员会在万象举行特别会议，
争议焦点集中于栋沙宏项目对包括鱼类迁徙、河流流量及泥沙沉积量在内
的社会经济和环境影响。老挝代表团坚持认为，该项目仅涉及湄公河15%
的流量，因此不会造成实质影响，并提出与胡沙宏河毗邻的两条水道——
胡萨达姆河和胡项浦格河能作为干季鱼类迁徙替代路线。但其他三国对替
代鱼道的可行性表示怀疑。[④] 其间，老挝宣称关于栋沙宏水电站的事前协
商程序已经走完，称已根据PNPCA程序要求，考虑并解决了其他成员国的
合理关切，并表示会继续与湄委会合作保证该项目的可持续开发。但柬、
越、泰三国要求延长PNPCA期限，以便对栋沙宏项目的环境影响进行进一
步的调查研究。会后，联合委员会发表声明："鉴于成员国之间的分歧，
决定将栋沙宏问题提交由四国水资源和环境部长组成的最高管理机构湄委

---

① International Rivers Organization, "Progress on Don Sahong Dam Sets off a Time Bomb for Mekong Fish", July 16, 2013, http://www.internationalrivers.org/blogs/263/progress-on-don-sahong-dam-sets-off-a-time-bomb-for-mekong-fish-0（登录时间：2015年11月23日）.

② *Environmental Impact Assessment Report: Don Sahong Hydropower Project, Laos PDR, Review Report*, MRC Secretariat, November 19, 2007.

③ "Nations Unite Against Dam", *The Phnom Penh Post*, December 2, 2013, http://www.phnompenhpost.com/national/nations-unite-against-dam（登录时间：2015年11月29日）.

④ MRC, "MRC Takes Don Sahong Project Discussions to Ministerial Level", January 16, 2014, http://www.mrcmekong.org/news-and-events/news/mrc-takes-don-sahong-project-discussions-to-ministerial-level/（登录时间：2015年11月23日）.

会理事会讨论。"① 2015 年 6 月 19 日，湄委会理事会举行会议，宣布成员国之间就栋沙宏项目事前协商程序是否走完仍存在争议，决定按照 1995 年湄公河协定第 35 条，将该问题交由各国政府自行解决。②

北本水电站（Pak Beng）和北礼水电站（Pak Lay）

北本水电站位于老挝北部乌多姆赛省北本县上游 7 千米左右的湄公河干流。是湄公河干流上兴建的第三座水电站，也是湄公河干流梯级开发方案的第一个梯级，处于上游中国澜沧江景洪水电站和沙耶武里水电站之间。中国大唐集团新能源股份有限公司为投资方，工程开发任务以发电为主，兼顾航运，水库占地 7659 公顷（合 76.59 平方千米），总库容约 7.8 亿立方米，装机容量 91.2 万千瓦，预计建成后年发电量 47.75 亿千瓦时，90% 的电力生产出口到泰国，其他用于国内消费。③ 该工程计划 2017 年 12 月开始筹建期工程施工，工程筹建期 18 个月；施工总工期 70 个月，其中施工准备期 25 个月，主体工程施工期 25 个月，工程完建期 20 个月。

湄委会关于北本项目的 PNPCA 程序于 2016 年 12 月 20 日启动，2017 年 6 月 19 日结束。在"事前协商"阶段，湄委会先后于 2017 年 2 月和 5 月组织了两次北本水电站项目有关各方论坛，并于 4 月组织了一次坝址调查活动。在 2 月份的论坛上，湄委会秘书处 CEO 范俊潘，越南、老挝、柬埔寨和泰国国家湄委会代表，各发展伙伴代表，各非政府组织代表，地区和国际研究机构的学者等出席。范俊潘介绍水电站建设对水文、生态系统、生物资源、经济和社会的影响的评价方法，与会代表听取了沙耶武里水电站、栋沙宏水电站等项目咨询过程中相关经验，根据北本水电站项目

---

① MRC，"Lower Mekong Countries Take Prior Consultation on the Don Sahong Project to the Governmental Level"，June 19，2015，http：//www.mrcmekong.org/news－and－events/news/lower－mekong－countries－take－prior－consultation－on－the－don－sahong－project－to－the－governmental－level/（登录时间：2015 年 11 月 23 日）.

② 根据湄公河协定第 35 条，"当湄委会不能够及时解决意见或分歧时，该问题应提请当事国政府注意，及时通过外交途径协商解决，并且在需要执行决定时，将他们的决定告知委员会以便进行进一步推进。如果政府发现有必要推动问题的解决，或推动问题的解决是有益的，他们可以通过双方协定，要求通过某一共同认可的实体或某方来帮助调解，之后按照国际法的原则来进行"。

③ MRC，"Pak Beng Hydropower Project"，January 17，2017，http：//www.mrcmekong.org/topics/pnpca－prior－consultation/pak－beng－hydropower－project/（登录时间：2019 年 8 月 3 日）.

咨询目的和水电站可持续发展战略，提出北本水电站咨询建议和意见。5月份论坛举行的目的，在于解答各位代表在第一次论坛上所提出的问题和意见，公布由湄委会秘书处实施的北本水电站项目技术评估初步结果并进一步分享该项目的相关信息。

2017 年 6 月 19 日，湄委会联合委员会召开特别会议，就北本水电站项目达成一致声明，要求老挝尽全力解决任何潜在的跨境危害，并在减轻水电站建设对上下游河段的水利和水文影响、促进泥沙下泄、改善鱼类洄游通道等问题上给出具体的措施建议。声明还要求湄委会秘书处起草一个后"事前协商"阶段联合行动方案。[①]

2018 年 8 月 8 日，老挝计划建设的第四座干流水电站——北礼水电站项目进入 PNPCA 程序。北礼水电站属于径流式水电站，全年运作，装机容量约 77 万千瓦。坝址位于老挝沙耶武里省，在沙耶武里水电站的下游河段，距离老挝首都万象 241 千米。项目投资约 21 亿美元，将于 2022 年开建，2029 年完工，产生的电力主要用于国内消费。中国电建集团海外投资公司是投资商。

在事前协商阶段，湄委会分别于 2018 年 9 月和 2019 年 1 月组织了两次地区利益相关者论坛，还组织了一次坝址调查活动。包括沿河社区、政府机构、非政府组织、科研院所、私营企业和发展伙伴在内的各利益相关群体共 160 多人参加了论坛，针对北礼项目提出关切和建议。2019 年 4 月 4 日，湄委会联合委员会召开特别会议，四个成员国达成一致声明，呼吁老挝采纳湄委会秘书处技术审查报告中提出的建议，采取任何必要措施解决和缓解该项目潜在的负面跨境影响。[②] 在越南的推动下，当天的特别会议还通过了贯彻执行之前北本项目声明的"联合行动方案"以及贯彻执行当前北礼项目声明的"联合行动方案"，从即刻起，在两个项目的设计、开发和运营阶段建立老挝、开发商、湄委会和利益相关者之间的信息交流、数据共享和反馈机制。

[①] *Statement on Prior Consultation Process for the Pak Beng Hydropower Project in Lao PDR*，MRC，June 19，2017.

[②] *Statement on Prior Consultation Process for Pak Lay Agreed*，*Joint Action Plans for Pak Beng and Pak Lay Approved*，MRC，April 4，2019.

虽然北本水电站和北礼水电站已经开建，但关于湄公河干流水电站建设的争议仍不绝于耳。国际河流组织、当地非政府组织、越南官员和专家以及一些域外专家质疑项目的影响评估报告，他们认为大坝建造未能考虑整个湄公河流域生态环境的相互关联以及开发之于整个生态环境的累积影响，指责项目报告采用的数据不充足和过时，对下游的环境和社会影响评估不充分等。湄委会则表示，叫停水电项目超出了湄委会的能力范畴，湄委会不是一个监管机构，而是"一个水外交和地区合作的平台"，一个"地区水资源管理的知识枢纽"，但是开发国应参考湄委会联合委员会特别会议上对北本项目提出的技术审查意见。[①]

琅勃拉邦水电站（Luang Prabang）

琅勃拉邦水电站位于老挝琅勃拉邦省胡伊诺（Houygno）村，距离琅勃拉邦市25千米，上游是北本水电站，下游是沙耶武里水电站。琅勃拉邦水电站是径流式水电站，全年运转，年发电量146万千瓦，电力出口泰国和越南。该水电站计划2020年开工、2027年竣工。琅勃拉邦电力有限公司由老挝政府和越南国家油气集团（PetroVietnam）合资。2019年10月8日，关于琅勃拉邦水电站建设的事前协商程序启动，原本于2020年4月7日结束，但因新冠肺炎疫情缘故，湄委会联合委员会未能按原定计划召开特别会议就该项目达成协议。会议最后推迟到2020年6月30日，以视频方式召开。会议通过联合声明，要求老挝政府尽一切努力解决项目开发和未来运营中存在的任何潜在的跨境负面影响，尤其考虑气候变化的叠加影响、保护琅勃拉邦和下游沙耶武里水电站之间自由流动的河段中重要生物栖息地、升级鱼梯设施、建立一个独立的水电站安全评估小组，保证水电站基础设施设计符合老挝国家标准和国际良好实践。[②] 为了声明能得到贯彻执行，会议出台一个联合行动计划，列出后"事前协商"阶段对该水电

---

① Jenny Denton, "Concerned Groups Condemn Laos' Planned Pak Beng Dam", Mongbay. com, June 6, 2017, http://www. eco - business. com/news/concerned - groups - condemn - laos - planned - pak - beng - dam/（登录时间：2019年8月3日）.

② *Statement on the Prior Consultation Process for the Luang Prabang Hydropower Project in Lao PDR*, MRC, June 30, 2020.

站运作进行监督的程序。① 2019 年 12 月和 2020 年 3 月，湄委会还就琅勃拉邦水电站项目组织了两次地区利益相关者论坛。

第二节　湄公河国家之间的水外交

一　湄公河国家之间的利益关联

（一）能源利益关联

湄公河国家都处在工业化发展的重要阶段，能源需求不断增长。2018年 10 月，泰国首部《国家 20 年发展战略规划》（2018－2037 年）出台，力争到 2037 年跻身发达国家行列，成为稳定、富裕、可持续发展的国家。2019 年 1 月，泰国《国家能源发展规划》（2018－2037 年）获批，最新版的国家能源发展规划对未来 20 年的用电需求进行预估，估计规划后期国内用电需求达到 7721.1 万千瓦，5643.1 万千瓦是新增发电量，其中循环能源发电厂发电量为 2076.6 万千瓦、水库发电量 50 万千瓦、电气厂发电量211.2 万千瓦、热能发电 1315.6 万千瓦、煤炭重油发电 174 万千瓦、境外购买电力 585.7 万千瓦、新改造发电厂发电 830 万千瓦，同时计划发展的清洁环保能源发电电力为 400 万千瓦。②

越南更是处于能源需求快速增长期。至 2030 年，越南经济持续增长，年均增长率预计达 6.5%－7.5%。③ 越南经济发展将带动对能源及电力的

① *Joint Action Plan for the Implementation of the Statement on the Prior Consultation Process of the Luang Prabang Hydropower Project*，MRC，June 30，2020.

② 《泰国国家能源发展规划（2018－2037 年）获批》，中国国际贸易促进委员会网站，2019年 1 月 31 日，http://www.ccpit.org/Contents/Channel_4114/2019/0131/1121482/content_1121482.htm（登录时间：2019 年 8 月 3 日）。

③ 《越南优先发展可再生能源》，越南人民报网，2019 年 3 月 12 日，https://cn.nhandan.com.vn/society/environment/item/6844301－越南优先发展可再生能源.html（登录时间：2019 年 8 月 3 日）。

需求，据世界银行估计，未来 10 年越南电力需求年均增长 8%。[①] 越南国内大型电力项目由于资金问题建设进度迟缓，导致越南将从 2021 年起出现电力短缺情况，而越南对太阳能电力的刺激措施促使太阳能电站的大量涌现，将大大超过国家电网的传输能力。越南从中国和老挝进口的电力占其全国电力总需求的 3.1%。[②] 未来几年，越南仍需继续从中国和老挝进口电力。越南电力短缺主要发生在南部地区，如果从中国购买电力，电力公司将不得不考虑通过 500 千伏输电线路向南方输送电力的方案。因此，从老挝和柬埔寨进口电力是越南的最优选择。老越两国有意加快深化电力合作，双方已就未来电力合作目标达成一致意向，越南将在 2020 年从老挝进口 100 万千瓦的电力，2030 年从老挝进口 500 万千瓦的电力。[③]

老挝大力发展水电恰好与泰国和越南的能源需求相契合。2016 年，老挝出台第 8 个国家社会经济发展计划（2016 - 2020 年），提出年经济增速不低于 7.5% 的目标，争取 2020 年摆脱最不发达国家地位，并将人均国内生产总值从 2015 年的 1970 美元提高到 3190 美元，将全国居民贫困率降至 10% 以下。至 2025 年人均国内生产总值超过 2015 年 1970 美元的两倍，并将贫困率降低至 5% 以下。2030 年远景规划目标则是实现中等收入国家地位。[④] 泰国、越南、柬埔寨等周边邻国旺盛的电力进口需求一直是助力老挝经济增长、推动电力行业发展的主要动力之一，其发电量将近 70% 都用于出口。邻国泰国是老挝最重要的电力交易对象。

与此同时，由于老挝国内主要电站装机均为水电，其电力出口主要是在湿季，在干季时则不得不从邻国进口电力以满足国内用电需求，2016 年

---

① 《越南急需停止建设燃煤电厂》，中国驻越南大使馆网站，2019 年 12 月 2 日，http://vn. mofcom. gov. cn/article/jmxw/201912/20191202918669. shtml（登录时间：2019 年 8 月 3 日）。

② 《越南将继续从中国和老挝进口电力 占全国电力总需求的 3.1%》，《中国—东盟博览（政经版）》2016 年第 11 期。

③ 王虹、赵众、卜曾荣：《简评老挝电力市场发展概况以及未来发展建议》，《国际工程与劳务杂志》2019 年 2 月 14 日，http://www. energynews. com. cn/show - 55 - 16652 - 1. html（登录时间：2019 年 8 月 3 日）。

④ 新华社电：《老挝国会审议通过第八个五年社会经济发展计划》，2016 年 4 月 27 日。

老挝电力进口中约 80% 来自泰国，15% 来自中国，5% 来自越南。[①] 老挝通过多条跨境 115 千伏及 22 千伏线路同泰国、越南、中国、柬埔寨国家电网连接，除与泰国和越南进行电力交易外，还通过网对网从中国进口少量电力、向柬埔寨出口少量电力，并与缅甸就未来向老挝购买 20 万千瓦电力举行多次磋商，双方也有积极开展跨境电力合作的意愿。老挝未来的目标是向泰国出售 900 万千瓦的电力，向越南出售 500 万千瓦的电力，向缅甸出售 50 万千瓦的电力，向柬埔寨出售 20 万千瓦的电力，并向马来西亚出售 10 万千瓦的电力。[②]

老挝电力方面存在结构不科学、跨境电网建设迟缓、线路老旧的问题，跨境贸易的潜力尚未完全开发出来。未来，完善湄公河区域电网合作将成为湄公河国家的合作重点，以保证电力大容量传输的稳定性。2017 年柬埔寨在北本水电站事前协商阶段给老挝的回复中要求基于 1995 年湄公河协定倡导的共同利益合作，实施包括电力交易和水利用在内的跨境利益共享。[③] 能源利益已将湄公河国家紧紧联系在一起。

（二）安全利益关联

湄公河国家均属发展中国家，人口增长和经济发展带来的水资源压力不断增大，在国内河流开发程度比较饱和或大部分国土面积位于国际河流流域内的情况下，都有开发利用国际河流的需求。而国际河流的开发利用不可避免地会产生跨境影响，加上气候变化导致流域面临的风险加大，使水及相关资源（如能源、粮食、生态、渔业等）的安全成为流域国家的普遍关切。国际组织"全球水伙伴"认为，"水安全"存在于从家庭到全球的各个层面，它意味着每一个人都能够以可承受的成本获得足量又安全的

---

① 王虹、赵众、卜曾荣：《简评老挝电力市场发展概况以及未来发展建议》，《国际工程与劳务杂志》2019 年 2 月 14 日，http：//www. energynews. com. cn/show－55－16652－1. html（登录时间：2019 年 8 月 3 日）。
② 《老挝电力进口下降 出口拉动增长》，中国电力企业联合会，2019 年 6 月 5 日，http：//www. cec. org. cn/guojidianli/2019－06－05/191598. html（登录时间：2019 年 8 月 3 日）。
③ "Mekong River Commission Procedures for Notification，Prior Consultation and Agreement Form/Format for Reply to Prior Consultation"，Replying State：Kingdom of Cambodia，Date of Reply：June 15，2017.

水，过着干净、健康和高效的生活，同时保证自然环境得到保护和改善。[①]随着水利用范围的扩大和多学科视角的切入，"水安全"内涵从最初的"爆发水资源冲突和军事对手或恐怖分子袭击饮用水设施产生的潜在危险"，发展为"保障人类和经济发展所需的水量和水质"，再延伸至"旨在维护人类健康所需的生物圈的水管理"，直至现在"强调人类和生态系统用水，以及资源之间的关联性"，即"水—粮食—能源"关联。"水—粮食—能源"关联的核心议题是"平衡人类和环境用水需求，同时维护重要的生态系统服务功能和生物多样性"。[②]加拿大水资源专家克里斯蒂娜·库克（Christina Cook）等由此总结出"水安全"的四个维度：水量和可用水量；水灾害和水设施脆弱性问题；包括获取水、粮食安全和人类发展等在内的人类需求；可持续性利用问题。[③]湄公河作为一条国际河流，其健康程度关系到沿岸所有国家能否获得保障人类生活和经济发展所需的水质水量，以及与水相关的生态安全、能源安全和粮食安全。虽然沿岸国家的水资源开发目标不尽相同，但均视湄公河为重要的自然资源，面对气候变化和高强度人类活动的双重影响给流域自然带来的双重挑战如极端旱涝灾害频现、河流水质下降、鱼群种类和数量减少、土壤肥沃度降低、三角洲海水倒灌等，愈来愈认识到合作治理的重要性。对于"同饮一江水，命运紧相连"的"水命运共同体"的认知的逐渐深入，给水外交的开展创造了空间。

（三）政治经济利益关联

由于地理位置相近，气候、人文、消费习惯等比较相似，湄公河国家之间的贸易往来和投资比较频繁。泰国是老挝的最大贸易伙伴，越南是老挝和柬埔寨的第三大贸易伙伴，老挝是越南企业对外投资第一大目的地，越南是老挝和柬埔寨第三大外资来源国，泰国是柬埔寨第九大外资来源国，泰国是越南十大外资来源地之一，越南、老挝、泰国是柬埔寨第二到

① Global Water Partnership, *Towards Water Security: A Framework for Action*, Stockholm, Sweden, 2000, p. 12.

② Karen Bakker, "Water Security: Research Challenges and Opportunities", *Science*, Vol. 337, 2012, pp. 914 – 915.

③ Christina Cook and Karen Bakker, "Water Security: Debating and Emerging Paradigm", *Global Environmental Change*, Vol. 22, Issue 1, 2012, pp. 94 – 102.

第四大游客来源国。

　　老挝是越南的传统盟友，鉴于它们传统友好关系以及在社会主义革命中建立的联盟，越南一直是老挝的重要经济援助国，对老挝政府给予军事支持，并在老挝需要时在国际政治舞台上给予外交支持。迄今，两国仍在党政军方面保持着密切的交流合作。2017 年两国举行系列活动庆祝建交 55 周年及越老友好合作条约签署 40 周年。2017 年 2 月越南、老挝两国总理（阮春福、通伦）共同主持了政府间的双边合作委员会第 39 次会议，强调双方在政治外交关系、国家安全、相互投资上应该追求更高的水平，双方将在安保、国防、科技、自然资源、环保、农业、通信、劳务合作、文化、旅游及打击跨国犯罪等方面进一步加强合作。两位总理级别领导人共同主持会议，这对双方来说还是第一次，两边政府对此次会议的重视程度体现了越南和老挝在建立前所未有的亲密合作关系的问题上达成共识。两国代表都认为老挝和越南不应仅仅是友好国家、交融经济体，还是血肉共存的亲人。在会后的记者接待会中，通伦用"这是两国历史性的一次会议"来评论这次政府内部委员会会谈。阮春福表示："双方政府各自都派出了各行业近 30 个部门参与磋商，巩固了两国政府达成的高级别协议，两国的贸易合作也会因此有空前的机遇。"[1]

　　越南虽然反对老挝在上游建坝，但认识到无法阻挡老挝建坝进程，因此除了不断呼吁老挝将水电站跨境影响降至最低外，还不得不采取实际利益优先的外交方针，参与老挝和柬埔寨的水电站建设投资，希望从水电站收益中分得一杯羹。2018 年底投运的柬埔寨最大水电站桑河二级水电站项目（也称"桑河下游 2 号水电站"）位于柬埔寨东北部上丁省境内的湄公河支流桑河，属 BOT 投资方式（建设—运营—移交），总投资 7.8 亿美元，由泰国陈丰明勋爵的王家集团和中国、越南公司合资成立的"桑河下游 2 号水电有限公司"（Hydropower Lower Sesan 2）承建，王家集团持股 39%、中国云南澜沧江国际能源有限公司持股 51%、越南电力国际合资股份公司（EVN International Joint Stock Company）持股 10%。公司获得 45 年的特许

---

[1]　"VN, Laos Sign Key Documents", Vietnam News Online, February 9, 2017, https://vietnamnews. vn/politics – laws/350888/vn – laos – sign – key – documents. html（登录时间：2019 年 8 月 3 日）。

经营权，其中建设期 5 年，经营期 40 年。其间，柬埔寨政府给予 9 年免盈利税、免除建设期及头一年经营期的机械、设备和原料进口税等优惠。①桑河下游 2 号水电站正式发电后，将解决柬埔寨电力缺乏的状况，提高柬埔寨供电方面的独立性和安全性，促进柬埔寨经济发展和减贫，并进一步拉低电价。2019 年，越南国家油气集团（PetroVietnam）更是决定参与投资老挝干流水电站琅勃拉邦项目。②

17 世纪末至 18 世纪末，老挝曾遭受暹罗的侵略沦为属国，一百多年间反抗暹罗统治的斗争不断出现。冷战初期，泰国与美国紧密合作，在政治和军事上全面支持老挝右翼。1975 年老挝人民民主共和国成立前后，老泰关系进入一个急剧变化的阶段，但是以边境贸易为主要形式的进出口贸易始终广泛存在。冷战结束后，湄公河次区域的政治现实发生了巨大变化，老挝制定了"少树敌、广交友"的外交政策，保持同越南的特殊团结友好关系，加强与中国全面战略合作，与东盟国家睦邻友好，积极争取国际经济和技术援助，在对外关系上走上一条独具特色的道路。老挝与泰国民族同源，风俗习惯、宗教信仰及语言、文化都极为相似，居住在两国长达 1750 千米的共同边界线两侧的边民，大多有着亲戚关系，而且来往密切。20 世纪 90 年代以来老挝不断加强与泰国在经济、文化等领域的友好交流与合作，两国关系达到历史未有的状态。在大湄公河次区域经济合作、湄公河委员会等地区多边合作框架下，泰国加大对老挝的投资，在湄公河水电开发和区域电网建设上，泰国是老挝主要的投资方。泰国和老挝在地理上的联系也越来越紧密，已建成的昆曼公路从中国昆明经老挝万象到达泰国曼谷，2017 年底开建的中泰铁路将连接曼谷至与老挝首都万象一河之隔的廊开府。

当前，老泰两国计划开发边境旅游，联合提供沿湄公河的游船服务，将琅勃拉邦变为国外旅游者的优选目的地。两国还于 2017 年签署协议增强双边合作促进边界安全，加强边界联合巡逻，打击人口贩卖和商品走私。

---

① 《中柬越打造柬埔寨最大水电站明年初投运》，中国电建网，2017 年 9 月 23 日，http：//www.water12.com/news_detail.asp？id=9003（登录时间：2019 年 8 月 3 日）。

② "Did Vietnam Just Doom the Mekong"，*The Diplomat*，November 26，2019，https：//thediplomat.com/2019/11/did－vietnam－just－doom－the－mekong/（登录时间：2019 年 9 月 10 日）。

2017 年早些时候，泰国还寻求老挝帮助，锁定被控叛逆罪逃亡的红衫军强硬派人士邬提蓬（Wuthipong Kochathamakun），并且防止其通过设在老挝的社区广播电台诋毁泰国当局。

泰国在历史上长期与越南争夺老挝和柬埔寨，特别是后者的控制权。而今，两国在充分利用 GMS 经济合作机制的同时，均试图建立起以本国为主导的合作机制（泰国建立了 ACMECS，越南建立了 CLMV 和 CLVDTA），以扩大其在区域经济合作中的影响力，从而增强在湄公河次区域的政治影响力。国际关系的决定因素是国家利益。湄公河国家之间能源利益、经济利益和政治利益的关联，促使它们选择比较平和的外交方式来解决水冲突，在一定程度上遏制了水冲突的升级。

二　湄公河国家水外交主要举措

（一）老挝积极增信释疑

老挝一方面执意推进干流水电站建设，另一方面出于维护良好地区关系的考虑，至少在表面上回应了湄委会其他成员国的关切。履行事前协商程序、获得泰国支持、改进工程设计、进行正面宣传，是老挝政府采取的主要措施。

沙耶武里水电站开建后，面对下游国家越南和柬埔寨的质疑以及湄公河流域社会团体强大的反坝运动，老挝通过媒体做技术解释性工作。2012年 12 月 8 日，老挝《万象时报》刊发报道《沙耶武里项目区别于其他水电站》，称沙耶武里是一座径流式水电站，没有水库，水蓄在河道里，水位只是提升一点，以便船只和鱼类通行。每日通过电站的流量将用于发电。河流的水文或季节性流量，将与从前无异。老挝能源政策和规划局局长道翁接受采访时表示，"沙耶武里大坝设计延长了鱼道，确保最大数量的鱼类通过大坝。此外，船闸能充当鱼梯的角色。发电站将使用鱼类友好型水轮机"。[①] 2013 年 4 月 19 日，沙耶武里电力公司通过《万象时报》，提供有关沙耶武里大坝装备的特殊鱼类通道的信息。报道指出，"这种鱼类

[①]　Vientiane Times，"Xayabury Project Differs From Other Dams"，December 8，2012.

通道与鱼梯不同，鱼类能通过通道自由游动，而不是像鱼梯那样跳过一个一个的水池""沙耶武里电力公司还计划建设一个渔业扩展水道，以养殖更多的鱼类，为沿岸渔民提供可持续性的鱼产量，包括养殖濒临绝种的巨鲶"。①

对于湄委会组织的水电站项目地区论坛，老挝积极参与。老挝自然资源与环境部部长宋马·奔舍那表示，该论坛是湄委会各国与各发展伙伴进行磋商，最大限度保障老挝和湄公河流域各国人民利益的良好机会。②

（二）泰国政府的利益权衡

作为湄公河流域最发达和最依赖能源进口的国家，泰国在水电站建设中扮演着关键的角色。尽管 20 世纪 90 年代以来，泰国社会团体在阻止国内开建新水电站的运动中取得了胜利，但泰国政府对泰国电力局（EGAT）及其他泰国建设公司在老挝和缅甸的活动一贯采取支持的态度，对 NGO 的呼声反应冷淡。然而，在湄公河下游干流水电开发问题上，面对越南和柬埔寨对该项目的强烈反对，泰国政府在一定程度上调整了态度，在看重能源和经济利益的同时，考虑与邻国的外交关系以及地区稳定给自己带来的利益。泰国议会也在掂量着沙耶武里问题的重要性，表达对水电站之于流域环境、渔业和居民收入及粮食安全的影响的关切。

2011 年 4 月 21 日，泰国议会政治发展、公共媒体及公民参与委员会委员举行投票，一致反对沙耶武里项目的建设。该委员会发言人、泰国民主党议员瓦查那·佩通表示，该委员会认为，沙耶武里水电站建设将威胁当地居民的生活，并破坏环境。他还表示，"EGAT 与沙耶武里电力公司签署的电力购买协议，有可能违反了 2007 年泰国宪法第 190 条规定"。③ 泰

---

① Vientiane Times, "Xayabury Dam Designed to Protect Fish Species", April 19, 2013.

② 《北本水电站项目有关各方论坛在老挝举行》，越通社，2017 年 2 月 22 日，https：//zh. vietnamplus. vn/北本水电站项目有关各方论坛在老挝举行/62048. vnp（登录时间：2019 年 9 月 10 日）。

③ Bangkok Post, "House Panel Damns Xayaburi Dam", April 21, 2011, http：//www. bangkok-post. com/business/economics/233057/dam – gets – red – light – from – house – panel（登录时间：2015 年 11 月 29 日）。另根据泰国 2007 年宪法第 190 条，泰国与他国或国际组织签订对泰国经济与社会稳定有巨大影响，或对该项贸易、投资或预算有重大约束力的条约时，须经国民议会批准。在进入规定程序前，内阁须公布相关信息，安排公众听证会，并向国会解释该条约。参见 Constitution of the Kingdom of Thailand, B. E. 2550（2007）。

国众议院内务委员会秘书、民主党议员布罗德·苏克欣塔呼吁时任泰国总理阿披实、相关部门以及朝甘昌集团说明沙耶武里项目实情、延迟建设计划，并研究电力购买协议的合法性问题。[①] 2011 年 4 月 19 日，在湄委会联合委员会特别会议上，泰国政府联手柬、越两国向老挝施压，要求对沙耶武里项目执行进一步的环境影响研究。

泰国政府的策略是：一方面支持老挝干流水电站建设，期望从中获得充足电力供应，前提是只要能够控制住对泰国境内的环境影响。2012 年 11 月 6 日，就在沙耶武里项目举行奠基仪式前一天，泰国外长素拉蓬表示，"泰国政府不反对这个项目"，"老挝政府已经进行了研究，显示该项目对环境和渔业不会造成影响"。[②] 另一方面，面对国内外压力，泰国政府试图对沙耶武里项目的环境影响推卸责任。2011 年 11 月 30 日，在泰国全国湄公河委员会会议上，泰国自然资源与环境部长表态："老挝有权建造位于其境内的大坝，我们不会反对这一项目。但是，如果产生任何环境影响，老挝政府必须负责。"[③]

（三）越南重视科学应对

老挝梯级水电站建设引起下游国家越南和柬埔寨的担忧，这两个国家担心上游建坝会给国内的农业和渔业生产带来负面影响。

越方没有干流建坝计划，对他国在干流建坝反对最为强烈，甚至提议将所有湄公河干流的水电站建设计划搁置 10 年，称"流域国家需要足够时间，对可能产生的累积影响进行更加全面而深入的定量分析研究"。[④] 据国际河流组织和越南本国专家评估，北本水电站将对越南湄公

---

① Bangkok Post，"House Panel Damns Xayaburi Dam"，April 21，2011，http：//www. bangkok-post. com/business/economics/233057/dam – gets – red – light – from – house – panel（登录时间：2015 年 11 月 29 日）.

② Bangkok Post，"Thai Government Supports Xayaburi Dam"，November 6，2012，http：//www. bangkokpost. com/lite/breakingnews/319838/thailand – backs – xayaburi – dam（登录时间：2015 年 11 月 29 日）.

③ Chiangrai Times，"Thailand's Role in the Xayaburi Dam"，December 5，2011，http：//www. chiangraitimes. com/thailand% E2% 80% 99s – role – in – the – xayaburi – dam – 2. html（登录时间：2015 年 11 月 29 日）.

④ 《环境成本高昂 湄公河下游大坝项目暂缓》，《中国环境报》2011 年 5 月 3 日。

河三角洲产生巨大影响，尤令越南深感担忧。^① 2017 年 6 月，在北本项目事前协商程序截止日期，越南的回复信函罕见达 9 页纸之长，明确指出开发商准备的北本项目相关材料无论是在数据收集、分析方法应用、负面影响缓解措施的有效性论证，还是在建设和运营阶段的综合监测措施方面都达不到要求，其语气完全不同于在沙耶武里和栋沙宏项目回复函上的友好温和。

湄公河三角洲是越南重要的农业和水产养殖业地区，2000 万居民、27% 的 GDP、稻米出口量的 90% 和海产品出口量的 60% 都将受到上游大坝的影响。2014 年 4 月 5 日，在湄委会第二届峰会上，越南总理阮晋勇指出，湄公河已成为世界上流量下降最严重的 5 条河流之一，湄公河三角洲地区的盐碱入侵范围正在不断扩展。他呼吁水资源开发项目要完全有效地执行 1995 年湄公河协定，希望事前协商程序能够得到充分执行。

为了维持与东盟成员国的关系，避免与老挝的冲突，越南的策略是依赖科学为湄公河可持续开发寻求出路。为此，越南大力推动相关学科研究，希望提供充足的科学依据，证明上游水电站建设对柬埔寨和越南两国的严重危害。越南自然资源和环境部于 2012 年启动"湄公河干流水电站影响研究"（the Study on the Impacts of the Mainstream Hydropower on the Mekong River），又称"三角洲研究"（Delta Study），旨在评估 11 座湄公河干流水电站对湄公河下游流域尤其是三角洲的自然、社会和经济系统的影响。研究由丹麦咨询公司 DHI 携手越南专家完成，柬埔寨和老挝专家也被邀请参与，研究所需的科学数据由湄委会和成员国政府机构提供。该研究耗时长达 30 个月，2016 年 4 月越南将研究成果提交湄委会审核，即一份 94 页的最终报告和两卷本共计 800 页的详细的影响评估报告。最终报告称，如果不采取缓解措施，计划中的干流水电项目将"对柬埔寨和越南一

① "Proposed Hydropower Plant in Laos to Affect Lower Mekong River in Vietnam", VietNam Net, January 27, 2017, http://english.vietnamnet.vn/fms/environment/171537/proposed – hydropower – plant – in – laos – to – affect – lower – mekong – river – in – vietnam. html; "Vietnam Urges Laos to rethink Mekong River dams", VietNam Net, May 16, 2017, http://english. vietnamnet. vn/fms/environment/178442/vietnam – urges – laos – to – rethink – mekong – river – dams. html（登录时间：2019 年 9 月 10 日）.

些重要行业和环境资源产生高—极高的负面影响"。①

越南官方还通过策划活动，表达对干流建坝的反对。就在 2014 年 4 月
5 日峰会召开前一周，越南人民援助统筹委员会（直接对总理办公室负责）
组织了 1 天的研讨会，邀请越南科学家、国会机构、研究机构和利益相关
者讨论沙耶武里水电站问题。研讨会最后呼吁各相关方采取三大举措：一
是要求老挝政府暂时搁置沙耶武里水电站建设；二是要求泰国当局取消其
"不成熟"的电力购买协议，直至流域各国就湄公河干流建坝问题达成一
致；三是敦促泰国银行重新考虑对干流大坝的风险评估，并且考虑自身的
国际信誉问题。该研讨会产生了很大影响力。3 天后，40 个泰国、越南、
柬埔寨和国际 NGO 发表了团结宣言，给沙耶武里大坝的停工设定一年的最
后期限。声明还支持越南政府"推迟沙耶武里及其他干流工程至少 10 年"
的立场。②

随着老挝在湄委会未能达成一致的情况下，单边推进沙耶武里和栋沙
宏水电站建设，越南意识到"老挝能源开发的趋势是不可避免的，因为水
电是老挝唯一的自然资源。叫停水电开发几无可能，但是我们应该尽力将
影响最大程度降低"。③ 在之后的北本和北礼项目上，越南要求对项目的跨
境影响，尤其是对越南三角洲的影响进行更全面、准确和充分的评估，并
在湄委会内推动建立了后"事前协商"阶段的"联合行动方案"。

（四）下游国家柬埔寨官方与非政府组织相呼应

柬埔寨虽然自己有 2 个干流项目列入议程，但对上游建坝对洞里萨湖
及大湖区的累积影响表示担忧。2012 年 5 月初，柬埔寨水资源与气象部
长、柬埔寨国家湄公河委员会主席林建致函老挝自然资源与环境部长，表

---

① "MRC to Review Viet Nam's Mekong Delta Study on Hydropower Development", MRC, April 4,
2016, http：//www. mrcmekong. org/news – and – events/news/mrc – to – review – viet – nams –
mekong – delta – study – on – hydropower – development/.

② "Vietnam Screams for Halt to Mekong Dams as Delta Salts", *The Nation*, April 30, 2014, ht-
tp：//www. nationmultimedia. com/opinion/Vietnam – screams – for – halt – to – Mekong – dams –
as – delta – s – 30232520. html（登录时间：2015 年 11 月 23 日）.

③ "Vietnam Urges Laos to Rethink Mekong River Dams", VietNamNet, May 16, 2017, http：//
english. vietnamnet. vn/fms/environment/178442/vietnam – urges – laos – to – rethink – mekong –
river – dams. html（登录时间：2019 年 8 月 3 日）.

示柬埔寨反对老挝建设沙耶武里水电站。柬方在函件中希望老方配合，停止水电站的建设工程，因为该水电站将对湄公河流域环境以及下游居民的生活造成严重影响，如果老方执意建设，将违背"湄公河精神"和湄委会成员间的相互信任。① 2014 年，柬埔寨再次致函老挝方面，要求搁置栋沙宏项目，并将此事提交湄委会讨论。②

栋沙宏水电站由于毗邻老、柬边境，尤其受到柬埔寨关注。柬埔寨环境部发言人表示："（该项目开发商对环境和累积影响）研究的范围仅限于下游 2 千米内，但是我们认为，该大坝的影响将延伸至 2 千米外的柬埔寨境内。"③ 2015 年 1 月 5 日，柬埔寨官方再次确认其立场：一致反对开建栋沙宏水电站。④ 柬埔寨与越南的立场一致，都是希望将老挝干流水电站事宜提交湄委会讨论，延长决策过程，以便开展进一步的跨境影响评估和公众协商。

柬埔寨 NGO 非常活跃，与官方形成呼应之势。2014 年 3 月，约 600 名非政府组织成员在桔井省四千美岛组织了 4 天抗议栋沙宏水电站的活动。2015 年 10 月，在老挝国会通过栋沙宏项目的特许协议后，40 个柬埔寨 NGO 发表声明，表示强烈失望。

与越南一样，柬埔寨政府尽管对老挝在湄公河干流建坝感到不满，但反对声音比较温和。2012 年 11 月，柬埔寨驻老挝大使因丹和越南驻老挝大使谢明周出席了沙耶武里水电站奠基仪式。2015 年 10 月 6 日，柬埔寨外长贺南洪在会见到访的老挝副总理宋沙瓦后对媒体表示，"老挝方面强调（栋沙宏）项目是在老挝主权领土上建设，所以我只能要求他们在开建前做更深入的影响研究"。他补充说，自己向宋沙瓦强调了湄公河对柬埔

① 《柬埔寨宣布反对老挝建设沙耶武里水电站》，中国驻柬埔寨使馆经济商务处，2012 年 5 月 3 日，http：//cb. mofcom. gov. cn/aarticle/jmxw/xmpx/201205/20120508102715. html（登录时间：2015 年 11 月 20 日）。

② "Laos Pushes Ahead with Second Mekong Dam Project"，Radio Free Asia，November 12，2013，http：//www. rfa. org/english/news/laos/don‐sahong‐11122013185743. html（登录时间：2015 年 11 月 23 日）。

③ The Phnom Penh Post，"Neighbours Wary of Laos Dam Plan"，March 21，2014，http：//www. phnompenhpost. com/national/neighbours‐wary‐laos‐dam‐plan（登录时间：2015 年 11 月 25 日）。

④ "Cambodia's Stance on Laos Dam Not a Shock"，The Phnom Penh Post，January 6，2015，http：//www. phnompenhpost. com/national/cambodias‐stance‐laos‐dam‐not‐shock（登录时间：2015 年 11 月 25 日）。

寨人民的重要性，以及与洞里萨湖生态系统的重要关系，宋沙瓦告诉他，老挝方面的研究显示，栋沙宏水电站不会有负面影响。[①]

三　湄委会的协调功能

针对湄公河干流水电开发矛盾，湄委会的态度是：干流水电开发给地区发展提供了一个机会，但是潜在负面跨境影响应降至最低程度。[②] 如前所述，作为迄今唯一的湄公河流域治理机构，湄委会缺乏权威性，其制订的 PNPCA 程序实际上并无有效约束力，是否建坝的决定权掌握在各主权国家手里。尽管如此，湄委会也尽力在湄公河水资源可持续开发问题上发挥知识中心和对话平台的作用。

（一）组织事前协商

湄委会"事前协商"程序的实质是为成员国搭建水外交平台。湄委会秘书处首席执行官安・皮赫・哈达（An Pich Hatda）博士强调，事前协商不是一个寻求批准项目的过程，而是柬埔寨、泰国和越南提出关切的平台，以便老挝更理解他国关切，并考虑解决措施。[③]

在事前协商过程中，湄委会在网站上公布老挝提交的项目所有资料，听取各方意见。虽然沙耶武里和栋沙宏项目未能在湄委会层面上达成一致意见，但沙耶武里项目事前协商促使老挝政府和开发商执行环境影响评估，并再投资 4 亿美元改进设计，解决鱼类迁徙和泥沙沉积这两大最受关注的问题。在后来北本和北礼项目的事前协商阶段，湄委会加大水外交力度，分别组织了 2 次地区利益相关者论坛，并为越南和老挝之间的双边协

---

① "Gov't Asks Laos to Keep Studying Pending Dam", The Cambodia Daily, October 7, 2015, https://www.cambodiadaily.com/news/govt–asks–laos–to–keep–studying–pending–mekong–dam–96673/（登录时间：2015 年 11 月 23 日）.

② *Integrated Water Resources Management-based Basin Development Strategy* 2016–2020 *for the Lower Mekong Basin*, MRC, 2016.

③ "Prior Consultation Process Starting Date for Luang Prabang Project Agreed", MRC, October 9, 2019, http://www.mrcmekong.org/news–and–events/news/prior–consultation–process–starting–date–for–luang–prabang–project–agreed/（登录时间：2019 年 11 月 1 日）.

商进行斡旋——2017 年 6 月，越南自然资源和环境部部长陈红河（Tran Hong Ha）访问老挝，与老挝自然资源和环境部部长宋马·奔舍那（Sommad Pholsena）就北本水电站事前协商举行双边会谈，时任湄委会秘书处首席执行官范遵潘被邀请参会。陈红河承诺将与湄委会其他成员国及湄委会秘书处共同努力，通过一份关于北本水电站项目事前协商的联合声明，宋马·奔舍那则承诺采取措施缓解该项目对流域国家造成的潜在负面影响，并确保所有国家经济、社会和环境利益协调，以及湄公河可持续发展。

（二）进行技术审核

2009 年，为应对即将到来的干流水电站建设高峰，湄委会出台《拟建干流大坝初步设计指南》（The Preliminary Design Guidance for Proposed Mainstream Dams），帮助项目所在国和开发商尽可能地在准备阶段减轻项目风险。2018 年，针对 2009 年大坝初步设计指南存在一些易引起歧义的地方，并出于给具有跨境影响的重要支流开发项目提供指南的需求，湄委会在最新知识和实践的基础上更新了大坝初步设计指南，出台《水电影响缓解指南》（Hydropower Mitigation Guidelines）。在事前协商阶段，湄委会联合委员会将指派一个由成员国专家组成的工作组（A Joint Committee Working Group），制定 PNPCA 路线图，审核项目是否符合《拟建干流大坝初步设计指南》《水电影响缓解指南》，重点审核大坝安全性及其之于鱼类迁移、泥沙流量、航行、环境和社会经济的影响，确认项目设计与指南之间的差距，并给出指导性意见。湄委会秘书处提供技术和行政辅助性工作。在整个事前协商阶段，工作组将召开 3 次讨论会。在 6 个月的事前协商程序结束时，湄委会秘书处将综合联合工作组的意见及地区论坛上的公众意见，提交一份技术审核报告（Technical Review Report）。

（三）搭建地区对话平台

湄委会作为一个地区组织，努力促进利益相关者之间的对话，实现水资源利益共享。2014 年 12 月 12 日，湄委会秘书处首次组织地区公众协商会议（Regional Public Consultation），给沿岸国政府、社会团体、国际和地区组织提供了一个更多了解栋沙宏水电站项目并表达他们关切的机会。在协商会议召开前一天，湄委会秘书处组织约 100 名与会者参观了栋沙宏坝址，并与开发商交谈，开发商介绍了该项目的主要特征，以及为减少和缓解潜在负面影响采取的举措。近年来，湄委会进一步扩大了公众参与。2017 年 2 月在北本项目事前协商阶段，湄委会扩大公众参与的人数和议题范围，组织了首次地区利益相关者论坛（Regional Stakeholder Forum），讨论北本项目以及湄委会正在进行的旗舰项目"理事会研究"（Council Study），论坛参加者达 160 多人。截至 2019 年底，湄委会共组织 8 次地区利益相关者论坛，作为世界银行资助的"湄公河水资源综合管理"项目（M-IWRM）的一部分，由湄委会秘书处提供技术支持（见表 5-3）。参加者包括湄委会成员国、湄委会开发伙伴、研究机构和大学、其他国际河流流域组织、非政府组织、沿河地方政府和社区及其他利益团体的代表。湄委会秘书处几任首席执行官均表示，（湄公河协定规定的）事前协商，并不是就一个计划中的项目寻求一致同意的过程。但是，它使泰、柬、越作为被通知国，对该项目的跨境影响提出关切，也为老挝提供了一个更好理解他国关切并寻求解决办法的机会。①

表 5-3 湄委会组织的地区公众协商会议与地区利益相关者论坛（截至 2019 年底）

地区公众协商	召开日期	议题	参与者
栋沙宏水电项目地区公众协商会议	2014 年 12 月 12 日	分享关于栋沙宏水电站的信息，听取各方意见和建议	湄委会成员国政府、湄委会对话伙伴（中国和缅甸）、湄委会发展伙伴、研究机构、国际和地区组织、非政府组织、社会团体、私营开发商及媒体代表
第 1 次地区利益相关者论坛	2017 年 2 月 22-23 日	分享湄委会近期两项重要工作——"湄公河可持续管理和开发研究，包括干流水电项目的影响"和北本项目 PNPCA 程序的进展信息及预期成果，并与利益相关者进行交流	
第 2 次地区利益相关者论坛	2017 年 5 月 5 日	对上次论坛收集的重要意见进行反馈，发布湄委会秘书处对北本项目的初步技术审核结果，收集受电站开发影响群体的意见	

① "Major Meeting Over Contentious Lao Dam Scheduled", Voice of America, December 5, 2014, http://www.voacambodia.com/content/major-meeting-over-contentious-laos-dam-scheduled/2545880.html（登录时间：2015 年 11 月 29 日）.

地区公众协商	召开日期	议题	参与者
第3次地区利益相关者论坛	2017年6月26日	审议《湄公河气候变化适应战略和行动计划》第2次草案	
第4次地区利益相关者论坛	2017年12月14-15日	发布和审议《湄公河可持续管理和开发研究，包括干流水电项目的影响》报告的主要成果；通知《拟建干流大坝初步设计指南》和《可持续水电开发战略》2018年更新事宜	
第5次地区利益相关者论坛	2018年9月20-21日	分享老挝提交的北礼项目的资料信息，就湄委会秘书处对北礼项目的技术审核工作征求意见和建议；分享湄委会正在进行的各项重要工作的进程情况	
第6次地区利益相关者论坛	2019年1月17日	进一步讨论北礼项目	
第7次地区利益相关者论坛	2019年5月20-21日	讨论新的跨境伙伴关系和合作机制，推进水资源可持续开发和管理；分享"湄委会水资源综合管理"项目（M-IWRM）在跨境合作方面的最新成果、经验和教训	
第8次地区利益相关者论坛	2019年11月4日	讨论《湄公河流域发展战略》（2021-2030年）、《湄委会战略规划》（2021-2025年）、《流域状况报告》（2018）以及针对极端洪水和干旱的联合研究成果；分享琅勃拉邦项目信息；讨论新的跨境伙伴关系和合作机制	

资料来源：根据湄委会网站整理。

湄委会在组织公众参与方面不断积累经验。与沙耶武里和栋沙宏相比，北本项目事前协商期间举行的地区利益相关者论坛更为完善，在论坛开始前散发老挝提交的关于该项目的资料信息，湄委会秘书处全面完整地记录了各方问题和意见，予以回应，并附上利益相关者对论坛满意度调查表。同时，湄委会开通网站听取意见和建议。

总的来说，随着干流水电站——沙耶武里和栋沙宏等的相继开建，湄公河开发中的跨境争端开始凸显，但总体仍控制在温和状态内。其原因在于：第一，现实利益的交织。在湄公河国家中，经济发展都被放在首要地位，尽管柬埔寨和老挝需要增加国内的电力供应，但促使它们开发干流水电项目的真正驱动力是泰国和越南的市场。第二，各国都有湄公河干支流水资源开发利益诉求，并都可能造成跨境影响。第三，各方都有着维持良好地区关系的意愿。第四，老挝在单边推进水电站建设的同时，也在一定程度上采取合作态度，回应沿岸国家的关切。第五，湄委会虽然缺乏权威性，但提供了可依循的协商程序，为成员国创造了谈判空间。

第三节　湄委会转型与改革

湄公河水资源开发事前协商程序的启动，考验着"地区河流管理者"湄委会的有效性。湄委会在沟通、组织利益相关者参与和功能延伸等方面都被认为积极性不够，比如沙耶武里项目事前协商阶段没有组织广泛的公众参与讨论，栋沙宏项目也是临近事前协商结束时才组织了一次。湄委会的工作进程不被广泛了解，功能和使命也受到质疑。一些人将之视作失败的河流管理者，一些人仅仅将之视作一个研究机构，还有一些人将之视作清谈馆。国际环境管理中心（ICEM）认为湄委会机制建设得不完善，尚不足以应对干流项目风险管理的需求。[①] 湄委会也意识到自身局限性，近年来致力于转型。

一　湄委会转型和机构、财政改革

2010 年 4 月，湄公河委员会首届峰会在泰国海滨城市华欣举行，4 个成员国泰国、柬埔寨、老挝和越南的政府首脑出席会议并致辞，会议发表了《华欣宣言》，明确提出湄公河委员会到 2030 年将实现本地化，不再依赖资助机构或发展伙伴的财政援助；湄委会的功能是协助湄公河国家实现

---

① *Strategic Environmental Assessment of Hydropower on the Mekong Mainstream*, ICEM, October 2010.

流域愿景。^① 2014 年 4 月，湄公河委员会第二届峰会在越南胡志明市举行，会议批准了湄公河委员会的改革路线图，《胡志明宣言》称湄委会的工作重心是避免、减少和缓解广泛的机械化农业、水产养殖、灌溉及水电、航运和其他开发行为对河流生态、水安全、居民生计和水质造成的风险；强化湄委会在流域水资源综合管理中的作用；支持湄委会去集中化进程。^② 2016 年 1 月，湄委会理事会通过《湄委会战略规划》（2016 - 2020 年），制定了湄委会未来方向和组织架构，正式启动湄委会改革，推动其朝着世界一流的国际流域机构发展。

1995 年湄公河协定将湄公河委员会的角色定义为湄公河流域的"可持续开发与管理"机构，但是《湄委会战略规划》（2016 - 2020 年）更强调管理，将可持续的开发、支流的管理和部分保护任务划分到成员国国家湄公河委员会，并通过国家湄公河委员会，依据湄委会已达成的协定、系列程序和指南，指导成员国的开发项目，从而实现全流域管理。同时《湄委会战略规划》（2016 - 2020 年）将湄公河委员会的战略重点聚焦到区域的沟通、对话与合作上，重点管理跨境水资源问题。

改革后的湄委会将着力于流域管理的核心职能，其工作集中在 4 个方面：推动成员国基于全流域视角的发展规划和项目规划、加强地区合作、更密切监测流域状况并及时通报，以及机构瘦身。湄委会的目标是成为水外交和地区合作的平台，以及地区水资源管理知识库，帮助成员国作出基于科学依据的开发决策，让成员国在尽管存在国家利益差异的情况下，还都能分享湄公河这个共同资源带来的利益。

2016 年以前，湄委会按照项目方式运作，不同的资助机构支持不同的项目，使得湄委会忙于和资助机构谈判，批准、执行和评估各种项目，没有把工作重点放在流域管理上。2016 年下半年，湄委会首先调整秘书处组织结构，设立行政部、环境管理部、规划部和技术支持部。各部门围绕 5 大职能开展工作，即：数据获取、交换与监测；分析、建模型和评估；规划支持；预报、预警和应急；执行 5 个程序。湄委会秘书处职员人数下调

---

① *Hua Hin Declaration*, MRC, Hua Hin, Thailand, April 5, 2010.
② *Ho Chi Minh City Declaration*, MRC, Ho Chi Minh City, Vietnam, April 5, 2014.

到 60 余人。

2016 年 11 月 23 - 24 日，湄委会理事会在第 23 届年会上通过决议，将位于柬埔寨金边和老挝万象的两个湄公河委员会秘书处合并为万象一处，促进湄委会更有效运作。2005 年成立的洪水管理和减灾中心继续设在金边。

根据 2014 年改革路线图，到 2020 年各成员国承担湄公河委员会 25% 的经费，2025 年承担 50%，2030 年承担 100%。原来湄委会的年度经费预算为 1000 万 - 2000 万美元，到 2030 年年度预算维持在 650 万美元左右，是 2016 年以前的 1/3。在过渡期设立"篮子基金"，发展伙伴的资助放入篮子基金统一使用。[①]

二　湄委会工作优先方向

（一）通过次流域合作项目推进水资源综合管理

2016 年，湄委会从全流域视角进行设计，出台了基于水资源综合管理的《湄公河流域发展战略》（2016 - 2020 年）及《国家指导规划》（2016 - 2020 年）。在新一轮战略周期内，湄委会倾向于通过成员国之间双边或三边的跨境水资源综合管理合作，促进成员国对次流域跨境问题的共同理解，为全流域水资源综合管理提供实践范例。2016 年，湄委会批准 5 个双边、多边项目，包括湄公河三角洲开发和管理（柬埔寨和越南）、公河—桑河—斯瑞博克河（即"3S"河）次流域合作评估（柬埔寨、老挝和越南）、孔恩瀑布边界地区开发和管理，包括监测栋沙宏水电站（柬埔寨和老挝）、航运港口及安全规则（老挝和泰国）、柬泰边界地区水资源管理（德国资助项目），从次流域的双边水资源综合管理合作开始，探索湄公河综合管理之路。这些项目受世界银行资助，湄委会秘书处提供技术支持，2019 年已完成。

---

① 吕星：《探究湄公河委员会的"转型"战略计划》，云南大学周边外交研究中心，2018 年 6 月 26 日，http：//www.ccnds.ynu.edu.cn/index.php? route = news/details&id = 998&cid = 4（登录时间：2019 年 9 月 10 日）。

（二）积极传播研究成果提供决策参考

《湄公河流域发展战略》（2016 - 2020 年）在总结过去 5 年《湄公河流域发展战略》（2011 - 2015 年）的执行情况后指出，湄公河委员会对湄公河流域的认识仍有差距，特别是对水资源开发利用的影响、得失、适应和减缓方案等认识不足。为此，湄委会通过开展一系列新的研究，秘书处不断改进知识的管理过程以使知识的运用达到最大化，出台《湄公河气候变化适应战略和行动计划》（*Mekong Climate Change Adaptation Strategy and Action Plan*）、《湄公河下游干流和支流水电环境影响缓解和风险管理指南》（*Guidelines for Hydropower Environmental Impact Mitigation and Risk Management in the Lower Mekong Mainstream and Tributaries*）、《湄公河下游跨境环境影响评估指南》（*Guidelines for Transboundary Environmental Impact Assessments in the Lower Mekong Basin*）、《湄公河流域渔业管理与发展战略》（*Mekong Basin-Wide Fisheries Management and Development Strategy*）等，更新了《拟建干流大坝初始设计指南》和《可持续水电开发战略》（*Sustainable Hydropower Development Strategy*），还加强了湄委会全流域监测网络和旱涝灾害预警系统，以及支撑这些网络的数据和信息管理系统。湄委会利用统一的湄公河指标体系开展监测、分析和报告，每 5 年更新《流域状况报告》（*State of Basin Report*），将维持现有的监测和预报系统，特别是旱涝监测和预报系统。未来可能扩大对泥沙、水质、地下水、鱼类和生物多样性等方面的监测，建立有效的交流和共享系统，从而实现流域范围的监测、预报、评估和传播。

2011 年 12 月，虽然第 18 届湄委会理事会会议未能就沙耶武里项目达成协议，但理事会同意开展"湄公河可持续管理和开发研究，包括干流水电项目的影响"（又称"理事会研究"，Council Study），旨在全面弄清水资源开发对流域居民、经济和环境的正负面影响，从而加强湄委会的政策建议能力。"理事会研究"被视为湄委会"旗舰项目"，它利用仿真模型评估水电、灌溉、农业、防洪和航运等领域的不同水资源开发利用情境将对流域产生怎样的环境、社会和经济影响。2017 年底，为期 6 年的"理事会研究"完成，最终报告长达 3600 页，其连同越南"三角洲研究"成果被纳入湄委会知识库，为流域的最优开发提供科学依据，指导成员国在发展规划制定和项目实施中规避风险。

湄委会积极致力于在各种场合传播"理事会研究"成果。比如，2018年当老挝和世界银行以及全球绿色增长研究所起草老挝国家绿色增长战略时，时任湄委会秘书处首席执行官范遵潘鼓励它们借鉴湄委会的"理事会研究"成果。①

湄委会从1995年迄今坚持出版《捕鱼和养殖》（*Catch and Culture*），每年3期，目标人群是非技术领域读者。2017年，湄委会数字和社交媒体发展迅速，新闻和重要文件都上传至网站，在脸书（Facebook）上发帖200多篇，收到685起数据和信息请求，网站访问量4万人次。

（三）进一步推动伙伴关系建设和区域合作

2017年，湄委会联合委员会成立"战略和合作伙伴专家小组"，取代之前的指导委员会、顾问机构和工作小组，将功能集中于"战略"和"国际合作"，具体任务一是提供跨境水管理战略和外交建议；二是起草湄委会的五年战略规划；三是支持国际合作，包括联合行动、信息共享机制和防止与其他湄公河次区域机制发生行动重叠。湄委会推动国际合作，旨在开展跨境水资源管理方面的战略互动，有效地实现湄委会战略规划。

首先，湄委会将伙伴关系建设提高到新的台阶。湄委会有对话伙伴和发展伙伴：对话伙伴是中国和缅甸，每年湄委会都会召开"湄委会—对话伙伴"会议；发展伙伴包括美国、日本、澳大利亚等25个国家，湄委会与发展伙伴的协商对话会议在每年湄委会部长级理事会会议框架内举行。对话伙伴通过信息分享和应急合作，在湄公河流域水资源管理中发挥了重要作用；各发展伙伴为实施湄委会战略规划提供财政和技术援助。湄委会进一步推动"伙伴关系"的扩大与发展，摩洛哥成为非洲和阿拉伯国家中

---

① "Lao PDR, World Bank Encouraged to Take Stock of MRC's Strategies and Studies in Drafting Lao National Green Growth Strategy", MRC, May 11, 2018, http://www.mrcmekong.org/news - and - events/news/lao - pdr - world - bank - encouraged - to - take - stock - of - mrcs - strategies - and - studies - in - drafting - lao - national - green - growth - strategy/（登录时间：2019年9月10日）.

第一个与湄委会结为伙伴关系的国家。2017 年 6 月双方签署了合作备忘录，旨在推动 9 个领域的合作，包括太阳能、水资源综合管理、干旱管理、人类发展、绿色能源、水资源需求和利用、农业和粮食安全、鱼类通道以及水质。2019 年 10 月，湄委会和摩洛哥政府会晤决定将合作落到实处，第一步就是对四国的滴灌技术进行培训。

其次，湄委会更加重视地区机制之间的互动和协调。2018 年 4 月 5 日，湄委会第三届峰会在柬埔寨暹粒举行，会议提出进一步加强合作的优先领域，其中加强区域机制合作为重点之一。[①] 2019 年，湄委会召集会议协调湄公河次区域合作机制重叠的问题。来自东盟秘书处、发起 GMS 的亚洲开发银行、伊洛瓦底江—湄南河—湄公河经济合作战略（ACMECS）、日湄合作、韩湄合作、美湄合作和澜湄合作的代表就如何实施机制协调交换了意见。他们一致同意通过湄委会领导的"战略和合作伙伴专家小组"继续对话，并同意在一些领域进行战略协作和联合技术工作。这些领域包括合作主持水安全对话和联合干旱影响评估（湄委会—东盟）、整合湄委会的跨境可持续发展指南和工具并将之纳入国家系统（湄委会—亚行）、推进联合研究，加强信息共享和通知（湄委会—澜湄合作）、水资源三方合作计划（湄委会—ACMECS—澳大利亚）、知识共享计划（湄委会—韩国），加强持续的洪水、旱灾、灌溉和其他合作（湄委会—日本）。

再次，湄委会进一步推进与美国密西西比河委员会、澳大利亚莫雷—达令河流域机构的合作交流。

小　结

1995 年湄公河协定对成员国的水资源开发行为缺乏强制约束力，沙耶武里水电站的建设，拉开了湄公河下游干流开发争端的序幕，但沿岸国家之间的对抗仍处于温和状态，这是因为湄公河下游四国出于推动经济发展的目的，总体视湄公河流域的资源是可开发的，通过合作，或者简单地克制住对另一国的干涉，每个国家都能从湄公河开发中获得经济利益。其

---

① *Siem Reap Declaration*，MRC，Siem Reap，Cambodia，April 5，2018.

次，在后冷战时代，湄公河流域国家都有和平发展的愿望，而和平发展离不开良好的地缘政治环境，在湄公河水资源尚且充沛的情况下，流域国家不愿意就用水争端问题影响到彼此之间的外交关系。为应对气候变化和人为活动加剧给流域带来的风险，湄委会从 2016 年开始进行本地化转型，努力成为一个更高效的领导流域可持续发展的流域管理机构，利用自己长期建立起来的知识体系和水外交论坛，推动成员国间进行更多合作、应对时代挑战。湄委会第三届峰会发表的《暹粒宣言》也重申了湄委会成员国对 1995 年湄公河协定和湄委会在促进湄公河流域水及相关资源可持续发展中重要和独特地位的最高政治承诺。但湄委会的转型和改革是否有效，还有待考验。比如，全方位的利益相关者参与是国际河流良好实践的重要因素之一，[1] 湄委会于 1999 年提出"公众参与"主张，2003 年正式出台公众参与战略，近年来更是加大力度，希望将公众参与渗入湄公河治理的各个层面，但由于流域国家当前还是发展优先，流域国政府认为充分的公众参与将破坏由大规模水利设施建设带动经济发展的宏大目标。他们只是将公众参与作为应对舆论的工具和水外交中的工具。[2]

---

[1] "Good Practices in Transboundary Water Cooperation", UN, April 2015.

[2] Chris Sneddon and Coleen Fox, "Power, Development, and Institutional Change: Participatory Governance in the Lower Mekong Basin", *World Development*, Vol. 35, No. 12, 2007, pp. 2161 – 2181.

第六章

域外国家与湄公河流域水治理

　　靠着澜沧江—湄公河这条水系，长久以来，中国与湄公河国家有着密切的贸易、文化等联系。不过，在近代西方强国逐步将中南半岛变为殖民地后，影响中南半岛发展的大国便不仅仅是中国了。美国、日本等认定其在中南半岛有重大的战略利益，并试图通过战争、意识形态输出、经济援助等手段，塑造该地区的政治生态。近年来，湄公河次区域形势、国际关系出现新变化，湄公河国家改革开放力度加大，经济发展加快，以其良好的发展潜力引起了世界瞩目，美国、日本等域外大国对该区域发展的介入力度空前加大。美国在21世纪决定重返东南亚，日本也将焦点投射至这一地区，大国竞争，增添了包括水资源合作在内的湄公河流域发展背后国际环境的复杂度。而国际水法的不断完善并逐步实施和当地社会团体的反坝运动等，使这些国家对国际河流的开发和管理所考虑的因素和关注的问题，与过去也有所不同，美日的援助重点投向民生领域，并打着"可持续性开发"的口号，向中国在澜沧江的梯级大坝建设规划发难，并试图将湄公河问题与南海问题挂钩。

第一节　美国重返湄公河

如第一、二章所述，美国政府对湄公河流域的关注由来已久。早在 20 世纪 50 年代，杜鲁门政府就将法属印支，尤其是越南看作美国在亚洲遏制政策的基础和美国在亚洲防御圈的重要缓冲地带。1957 年，美国积极参与组建联合国主导下的"下湄公河流域调查协调委员会"，表面上是为了协调湄公河水资源的开发利用，实际上是要在这个地区创建美式经济发展示范点，拉拢当地国家。此后几任美国总统的湄公河政策在大体上保持了一致性。1963 年 11 月约翰逊担任总统后，继承了肯尼迪关于东南亚地区重要性的观点，最后向该地区派出 50 万大军直接卷入越战。尼克松就任总统后，宣布从越南撤军计划，到 1973 年 1 月巴黎协议签署，美国终于从越战的泥潭中解脱出来。1975 年 4 月，北越军队进入西贡，完成全国统一，同年年底，老挝和柬埔寨革命政府掌权。虽然越南的统一并未导致美国在亚洲遏制战略的终结，但美国弱化了在该地区的存在。冷战结束后，美国在东南亚地区的政治、经济和安全利益不断增加，湄公河次区域再度成为其东南亚战略的地缘支点。奥巴马政府自 2009 年上台伊始就高调宣称"回归"亚太，强化跨太平洋秩序的区域主导权和政策协调力。从 2011 年至今，美国已相继提出"转身亚太""战略再平衡""印太战略"等概念，其中东南亚是美国亚太战略运筹新的着力点，湄公河次区域则是美国战略的重要"侧翼"，美湄合作成为东南亚地缘政治和地缘经济的热门话题。

一　美国政府高调重返湄公河

越战结束后，东南亚地区的战略意义在美国眼中远远不及东北亚、中东、欧洲甚至南亚。与东北亚相比，美国认为东南亚地区的安全问题大多是非传统安全问题，如国家内部冲突、疾病、贫困等。正是因为不存在大规模的常规安全问题，美国没有把外交重心放在这一地区。①

20 世纪 80 年代后期，美国对湄公河计划的兴趣重新被点燃，这部分归因于对全球变暖的担忧。20 世纪 80 年代，地球表面平均温度升高，1988 年夏天肆虐美国大部分地区的洪灾极大增添了美国民众对全球变暖的担忧。美国国会听证会、各种国际性会议，以及有关制定气候保护全球公约的大讨论，将应对全球变暖问题提到了国际政治议程上。为回应这些关切，美国环境保护署于 80 年代后期发起了几项关于全球变暖潜在影响（包括对水资源影响）的研究。其中，科罗拉多大学自然灾害研究和应用信息中心负责协同完成对热带地区的 5 条河流流域研究，这其中就包括湄公河。1989 年，湄委会秘书处同意参与科罗拉多大学一项湄公河案例研究，采用大气环流模型评估全球变暖对地区水文和水资源管理的潜在影响。这样，美国环境保护署—科罗拉多大学—湄委会秘书处就建立起了合作。

以上只是研究层面的合作，美国真正在战略上重新重视湄公河计划是在 20 世纪 90 年代中国成为大湄公河次区域经济合作积极参与者与推动者之后。中国经济实力的增长及积极睦邻外交加强了其在东南亚的国际地位，而这正是美国所不愿看到的。按照小布什政府新保守主义的思维，美国的霸权才是防范国际秩序崩溃唯一可靠的措施，如果一个敌对大国主导这一地区，将对美国构成全球性的挑战并威胁到当前的国际秩序。在东南亚地区问题上，小布什政府得到的政策建议就是：美国必须在政治、经济和安全方面付出双倍努力，来淡化中国的影响。②

而 20 世纪 90 年代美老、美越外交关系实现正常化（先后于 1992 年和 1995 年建交），为美国重新加强对湄公河流域开发的介入提供了准备条件。从 1992 年建交到 2003 年，美国一直积极跟踪老挝水电建设投资等项目，曾联手泰国公司参与了老挝南俄、南屯、南漠三个水电站投资 13 亿多美元的 BOT 项目。美国对老挝的直接援助也迅速增加，1997 - 2000 年共计 90

① 魏红霞：《布什政府对东盟的政策及其对中国的影响》，《东南亚研究》2006 年第 4 期，第 56 - 62 页。

② 魏红霞：《布什政府对东盟的政策及其对中国的影响》，《东南亚研究》2006 年第 4 期，第 56 - 62 页。

万美元，2001－2004年共计1317万美元，而仅2006年一年就增至1340万美元，2008年超过1800万美元。[1]

不过，小布什主政期间，由于"9·11"事件，美国与东南亚国家的合作以反恐为主。2009年奥巴马政府上台后，这一情况迅速得到改变，美国在湄公河次区域的外交活动日益频繁。2009年7月在泰国普吉岛召开的年度东盟外长会议上，美国国务卿希拉里通过与湄委会秘书处首席执行官吉瑞米·博德（Jeremy Bird）签署《东南亚友好合作条约》，发出美国重返湄公河次区域的信号。合作的第一步，就是建立湄公河和美国密西西比河的"姐妹河"合作关系。美国国务院东亚和太平洋事务局发起了"湄公河下游倡议"（Lower Mekong Initiative），与湄公河下游四国深入讨论在中南半岛区域内的教育、环境、卫生和基础设施等合作。2010年8月，美国宣布为此倡议投入近1.87亿美元，大部分用于健康改善和环境项目。除美国国务院外，美国参与湄公河流域发展的主要机构是美国地质调查局，它与越南芹苴大学发起了"密西西比—湄公河伙伴计划"。此外，美国很多部门和机构也计划给予"湄公河下游倡议"更多的实质性帮助，并已通过一些途径参与湄委会和流域个别政府的计划。这些美国部门包括：美国国际开发署、美国陆军工兵团、疾病控制和预防中心、农业部及其国家食品及农业研究所和对外农业服务处、商务部、教育部、能源部、进出口银行、健康和人类服务处，以及国家海洋和大气管理局。不过，华盛顿智库史蒂姆森研究所2010年8月发布的一份报告称，"这些部门之间缺乏协调，尤其没有足够的资金支持"。[2]

美国高调重返湄公河，是配合其战略调整的需要。奥巴马执政后，宣布将重返亚洲，亚洲事务在奥巴马政府议事日程中占据更加突出的位置。奥巴马政府东南亚战略的重点是"再接触"政策，而湄公河次区域成为该政策的重中之重。负责东亚和太平洋事务的助理国务卿坎贝尔在2011年3月的国会听证会上指出，"湄公河下游倡议"应被视为美国介入东南亚事

---

[1]　张瑞昆：《从老挝看美国重返东南亚》，《东南亚之窗》2010年第1期，第12－14页。

[2]　Richard Cronin，"Water Security and Water Resource Management in Southeast Asia"，*Hampton Roads International Security Quarterly*，Portsmouth，October 1，2010.

务的优先选项。① 2012 年 7 月 12 日，美国国务卿希拉里宣布了"亚太战略参与计划"（AP-SEI），称"该计划为紧迫的双边与多边事务确定了新的综合援助框架，美国愿与其合作国共同维持地区稳定和繁荣"。② 其中，加深在湄公河次区域的参与就是美国重点支持的六大领域之一。可以说，湄公河次区域已经成为美国"重返亚太"的战略前沿，不仅为美国重返亚太提供了新的战略空间，也有利于美国加强同整个东盟的关系。

2017 年 1 月特朗普上台后，美国政府更加重视打"水"牌。2018 年美国将"湄公河下游倡议"下的环境和水资源、能源安全、教育、健康、互联互通、农业与粮食安全六大支柱调整为"水资源、能源、粮食和环境关系"及"人类发展与互联互通"两个包容性支柱，并把水资源放在第一位，与湄公河国家签署了《2016-2020 年湄公河下游倡议总体行动计划》。2020 年 9 月，美国与湄公河五国在"湄公河下游倡议"基础上，将该合作机制升格至"湄公河—美国伙伴关系"，并召开了第一届湄公河—美国伙伴关系部长级会议。美国宣布将向湄公河次区域各项合作项目投资 1.53 亿多美元。美国还致力于将湄公河水问题"国际化"，一方面通过抓住湄公河次区域的自然灾害事件、溃坝事件、高官层层发声，频频祭出"湄公河手牌"放大危机以制造恐慌、企图制衡中国。③ 另一方面加强与盟友的合作，联合启动湄公河水资源数据共享、水坝安全、能源开发等项目。

二 美国积极参与湄公河流域发展的原因

美国政治学家约瑟夫·奈（Joseph Nye）在《美国的区域合作政策》一文中，将美国对全世界范围内的区域合作的政策总结为"出于四个主要

① "Asia Overview: Protecting American Interests in China and Asia", Testimony of Kurt M. Campbell before the House Committee on Foreign Affairs Subcommittee on Asia and the Pacific, March 31, 2011, http://www.state.gov/p/eap/rls/rm/2011/03/159450.htm（登录时间：2014 年 1 月 20 日）.
② 《美国宣布亚太战略参与计划 将加强地区事务参与》，凤凰新闻网，2012 年 7 月 16 日，http://news.ifeng.com/mil/3/detail_2012_07/16/16060487_0.shtml（登录时间：2014 年 1 月 20 日）。
③ 张励：《美国"湄公河手牌"几时休》，《世界知识》2019 年第 17 期，第 32 页。

利益方面的考虑"：一是美国的区域影响力；二是围堵需要；三是经济发展需要；四是冲突预防和管理。① 将约瑟夫·奈的分析与美国在湄公河开发计划中角色转变的历史结合起来看，可以得出，从艾森豪威尔政府到奥巴马政府再到特朗普政府，美国的湄公河政策虽然发生了阶段性的变化，但总体而言出于以下方面的考虑。

一是遏制中国的影响力。

美国的湄公河政策中一直存在着中国因素。20 世纪 50 - 70 年代，美国致力于湄公河的开发和湄公河次区域的发展，湄公河政策从属于其全球安全战略目标。在 1965 年 4 月宣布 10 亿美元援助计划之前，约翰逊总统分析了亚洲的政治形势："整个亚洲都笼罩在共产主义中国的阴影下……我们必须要引用《圣经》里的一句话——不可越雷池一步，你只能到这里了。"②

1975 年以后，美越、美老关系将近 20 年的非正常化，阻碍了美国参与湄公河计划。而中美关系缓和及中苏关系交恶，也使美国于 20 世纪 70 年代以后放缓了对中南半岛的争夺，美方认为，"美国稳定与平衡东南亚众小国之间的权力关系的努力，由于中苏两国在该地区形成不断升级的竞争态势而受益"。③

近年来，美国重新加强了对湄公河流域事务的介入。在 2005 年 6 月举行的参议员听证会上，美国副助理国务卿凯瑟琳·达尔皮诺提出，"通过积极介入湄公河下游地区的活动，美国可以最大限度地限制中国在该地区的影响"。为此，美国湄公河战略的首要关注点是，迫使中国更多地听取地区其他国家的意见。④ 2010 年 9 月 23 日，华盛顿史蒂姆森研究所东南亚项目部主任卡罗宁在参议院外交委员会东南亚水资源与安全听证会上说：

---

① Joseph Nye, "United States Policy Toward Regional Organizations", *International Organization*, Vol. 23, Issue 3, Summer 1969, p. 723.

② *Peace Without Conquest*, President Lyndon B. Johnson's Address at Johns Hopkins University, April 7, 1965.

③ Frank C. Darling, "United States Policy in Southeast Asia: Permanency and Change", *Asian Survey*, Vol. 14, No. 7, July 1974, p. 613.

④ Statement by Catherine E. Dalpino in "The Emergence of China Throughout Asia: Security and Economic Consequence for the United States", Hearing before the subcommittee on East Asia and Pacific Affairs of the Committee on Foreign Relations, United States Senate, 109ᵗʰ Congress, First Session, June 7, 2005, p. 49.

"下湄公河流域国家都明白美国此项计划（指'湄公河下游倡议'）中的地缘政治考虑……下湄公河国家都欢迎美国参与到地区变动中来。"①

美国能源部的一些官员甚至要求中方停止在澜沧江的水电工程，并积极加强与越南等国家的关系，同时挑拨南海问题，以"制衡中国在该地区的地缘优势"。② 2010 年 7 月 23 日，越南召集东盟 11 国首脑在河内举行了地区安全论坛，这次会议讨论的主题就是如何应对日益强盛的中国。希拉里出人意料地参加了会议，这是美国官员第一次出席东盟地区安全论坛。美方认为，美国重返湄公河和更广大东南亚地区，会对地区和平及稳定发挥积极作用，并非制造地区紧张局势，"美国重返东南亚最主要的影响是促使北京更多地关注其邻居的焦虑、担忧和利益"③；更有美国分析人士认为，"主动介入和密切监视中国的（应对水资源匮乏问题的）行动计划，对于预先处理和减轻任何有害的国际影响将至关重要"。④ 2012 年"湄公河下游倡议"扩员，缅甸被正式纳入其中，只把中国排除在外。2019 年 8 月 1 日，美国国务卿蓬佩奥在"湄公河下游倡议"部长级会议上表示，"湄公河达到 10 年来历史最低水位——这是因为中国决定在上游截流""中国还计划炸毁和疏浚河床""中国执行超越领土的河流巡逻"。⑤ 对于 2016 年干季中国向下游放水的人道主义行为，也被一些学者扭曲为"这一事件恰好强调了中国最近在水道上实行了多么强大的控制"。⑥

可见，从冷战期间防范共产主义势力的蔓延，到冷战后提防中国不断增强的实力和影响力，美国的湄公河政策一直带有"遏制中国"的性质。

① Richard Cronin，"Water Security and Water Resource Management in Southeast Asia"，*Hampton Roads International Security Quarterly*，Portsmouth，October 1，2010.
② 任远喆:《奥巴马政府的湄公河政策及其对中国的影响》，《现代国际关系》2013 年第 2 期，第 21 - 26 页。
③ 任远喆:《奥巴马政府的湄公河政策及其对中国的影响》，《现代国际关系》2013 年第 2 期，第 21 - 26 页。
④ Todd Hofstedt，"China's Water Scarcity and Its Implications for Domestic and International Stability"，*Asian Affairs: An American Review*，37，2010，pp. 71 - 83.
⑤ "Opening Remarks at the Lower Mekong Initiative Ministerial"，Michael R. Pompeo，Secretary of State，Bangkok，Thailand，August 1，2019.
⑥ "Water War Risk Rising on the Mekong"，Asia Times，October 16，2019，https://www.asia-times.com/2019/10/article/water-war-risk-rising-on-the-mekong/（登录时间：2019 年 9 月 10 日）。

二是用和平和经济手段取代军事手段，实现美国的外交目标。

通过推动地区经济和社会的稳定发展，将其纳入美国主导的国际体系，最终满足美国的外交目标，是美国外交的常用手段。自由政治理论认为，比起成为一个战争的战场，地区的经济转型将有利于地区的自由和秩序。

二战后中南半岛错综复杂的政治形势及法国的前车之鉴使美国的"单边主义"和"安全结盟"在这一地区难以盛行。为顺应经济发展和地区合作的时代趋势，美国采取了多边合作的方式，即通过支持诸如湄委会这类具有一定影响力的区域性组织，运用经济和外交手段最大限度地实现美国的国家利益。1956 年 9 月出台的美国国家安全委员会 NSC5612/1 号文件指出，"要防止东南亚国家在经济上依赖于共产党集团"，美国为此制订的方针是"向它们提供灵活的经济及技术援助"。① 美国政治学教授伯纳德·戈登（Bernard Gordon）认为，美国对亚洲区域主义支持有着其短期和长期目标。短期目标是"有了区域合作带来的发展和稳定，亚洲国家对（共产主义的）颠覆破坏就不会弱不禁风了，而且更有能力承担抵抗颠覆行动所需要的成本"；长期目标是重塑亚洲国际政治结构，防止"一国主宰地区事务"。②

约翰逊总统大力支持湄公河计划，除了要遏制共产主义蔓延外，还希望湄公河流域发展的美好前景能诱惑北越加入区域合作中来，最终实现地区和平。③ 约翰逊政府之后，美国虽然减少了对湄公河开发计划的支持，但通过对流域国家的双边援助，或通过国际机构和跨国公司继续维持在该地区的影响力。

到奥巴马政府时期，美国与湄委会签署《东南亚友好合作条约》，是从多年双边合作为主转向地区合作机制的必然。当前，美国积极介入湄公河流域发展，有利于加紧对这一地区进行所谓的"民主改造"。湄公河流域的缅甸、越南、老挝和柬埔寨都不是美国认定的"民主国家"，通过援

---

① *Report on Southeast Asia*（NSC 5612/1），Memorandum for National Security Council，May 29，1958.

② Bernard K. Gordon，*Toward Disengagement in Asia*，Prentice-Hall，1969，pp. 61 – 62.

③ *Peace Without Conquest*，President Lyndon B. Johnson's Address at Johns Hopkins University，April 7，1965.

助推动这些国家的"民主"和"人权"是美国湄公河政策的目标之一。比如，为鼓励缅甸的民主转型，美国在 2012 年 7 月 14 – 15 日专门联合东盟相关部门派出贸易和投资代表团帮助缅甸融入全球化世界经济，在援助方案"湄公河下游行动计划 2020"中，发展地区和双边平台，以促进"民主局势"的"繁荣发展"。①

三是构筑地区政治生态体系。

美国经济学家、曾任肯尼迪总统和约翰逊总统特别助理的华尔特·罗斯托（Walt Rostow）认为，支持区域合作"是改变大国与小国之间内生固有的不均衡的双边关系的一条出路"。② 1956 年 8 月，就在湄委会正式成立的头一年，美国国务院东南亚事务主管肯尼斯·杨在南加州大学国际关系学院夏季论坛上，发表题为《亚洲对美国政策的挑战》的演讲时表示："建立在区域基础上的相互联合在各方面都是有用的。我们已与湄公河流域四国发起一个适度形式的地区经济合作。没有相互间的紧密支持，亚洲小国将难以抵抗外来势力的侵略。"③

美国政治学教授伯纳德·戈登认为，美国支持亚洲区域合作，短期目标是"有了区域合作带来的发展和稳定，亚洲国家对颠覆破坏就不会弱不禁风"，长远目标是"有助于建立东亚国际政治结构，防止一国主宰地区事务"。④ 戈登和美国国际法专家维尔纳·李维都认为，在防范超级力量主导地区的问题上，亚洲的区域合作是必要的。李维将亚洲区域合作看作"独立于西方以及……中国"的运动；戈登强调"外力支持"的作用，意指美国。⑤

不难看出，美方认为，在由一众小国组成的中南半岛，构建地区均

---

① Secretary of State Hillary Rodham Clinton remarks at the Fifth Lower Mekong Initiative Ministerial, July 13, 2012, http://iipdigital.usembassy.gov/st/english/texttrans/2012/07/201207138978, html#ixzz22HJLi600（登录时间：2014 年 2 月 1 日）.

② *The Great Transition: Tasks of the First and Second Postwar Generation*, Walt Rostow's Lecture given at the University of Leeds, Lees, England, February 23, 1967.

③ *The Challenge of Asia to United States Policy*, Kenneth T. Young's Lecture given at the School of International Relations, University of Southern California, Summer Forum, Los Angeles, August 13, 1956.

④ Bernard K. Gordon, *Toward Disengagement in Asia*, Prentice-Hall, 1969, pp. 61 – 62.

⑤ Le-Thi-Tuyet, *Regional Cooperation in Southeast Asia: The Mekong Project*, Ph. D. Dissertation, The City University of New York, 1973, p. 23.

势，防范某个集团或某个外来大国称霸，更符合美国的战略利益，有利于美国对该地区施加影响力。

三 美国的湄公河政策走向分析

美国前助理国务卿坎贝尔曾指出，美国东南亚政策能否成功的关键在于其连续性，不只是奥巴马政府，未来的美国政府也需要将东南亚置于其东亚战略的重点位置。在可预见的未来，美国的湄公河政策将会得到进一步的继承和发展，并将呈现以下特点。

（一）重点投入环境、医疗、教育和基础设施等民生领域

在环境保护和水资源管理方面，仅 2010 年美国就为湄公河流域环境项目提供资金 2200 多万美元，到 2011 年投入资金已超过 6900 万美元。[①] 该项目的直接目标在于帮助湄公河下游国家应对干旱和盐碱地问题、促进可持续利用森林和水资源、改善安全用水，以及保护湄公河流域的生物多样性。

可以看出，美国在湄公河次区域政策的推进与奥巴马政府所标榜的"巧实力"外交一脉相承，即综合运用外交、经济、军事、政治、文化等各种手段，维护美国在这一地区的国家利益。史蒂姆森研究所的报告将"湄公河下游倡议"视为美国"硬实力"和"软实力"成功结合的范例。[②]美国在湄公河次区域奉行"经济开路"原则，大幅增加了对湄公河下游国家的援助，而其选择投入的环保、教育、卫生等领域，都是一些"低政治"议题，照顾到了流域国家的现实关切，容易在这一区域赢得民心。特朗普上台后继续发挥美国在技术、知识、行业标准等方面的"软实力"，加强其在湄公河水资源议题上的影响力，如资助湄公河国家专业人员赴美

---

① 参见美国国务院发布的"美国同湄公河下游诸国开展环境、健康和教育合作"以及"《湄公河下游倡议》2010/2011 年进展情况"简报，http://iipdigital. ait. org. tw/st/chinese/texttrans/2010/07/20100722170610xdiy0. 1841853. html#axzz2GoZScXIk；http://iipdigital. usembassy. gov/st/chinese/texttrans/2011/07/20110722155538x0. 3225628. html # axzz2GoYPeVIs（登录时间：2014 年 2 月 1 日）。

② Richard P. Cronin and Timothy Hamlin, *Mekong Turning Point*：*Shared River for a Shared Future*，Stimson Center, January 2012, p. 49.

交流水旱管理、水力发电等方面的经验；2017 年提出"湄公河水资源数据倡议"以帮助湄公河五国开展信息搜集和共享，服务水资源可持续管理工作。

（二）重视湄委会的作用并加强与湄公河国家的双边关系

在美国政府的湄公河政策中，湄委会扮演着不可替代的作用。史蒂姆森研究所 2010 年曾发表研究报告：考虑到中南半岛地缘政治优势已经倾向中国，美国应当在湄公河流域开发中发挥主导作用，启动新的倡议，特别是利用国际关注的气候变化等热点问题，在湄公河流域倡导相关合作项目。报告建议美国加强对湄公河国家的投入，发挥美国在人力开发、技术和资金方面的优势，影响当地政府；加快美国重回湄公河流域的步伐，加强与湄委会的接触，更多地支持其工作。① 这一建议很大程度上已被美国政府采纳。美国政府高级官员多次访问湄委会，讨论推动湄委会工作。在2012 年 7 月第二届"湄公河下游之友"会议上，希拉里高度赞赏湄委会为世界上最有效的生态管理组织之一，是执行湄公河次区域科学评估的最佳平台。

在双边关系上，近年来美国同湄公河国家的关系取得了巨大进展。以美越关系为例，奥巴马政府提出"重返亚太"战略后，越南的战略意义进一步凸显。两国关系不断升级，已从"战略伙伴关系"发展为"全面伙伴关系"，两国在贸易、投资、军事等方面的合作不断拓展和深化。此外，美老关系、美柬关系、美缅关系也都取得了明显进展。2011 年 11 月 30 日，希拉里访问缅甸，实现了 56 年来美国国务卿的首访。2012 年 7 月 10 – 11 日，希拉里先后访问越、老、柬三国，成为 60 年来首位访问老挝的美国国务卿。

（三）注重与盟国在该地区的政策协调和沟通

2011 年 3 月，美国和湄公河国家共同起草"湄公河下游倡议"概念文件和行动计划，确定了"倡议"的指导原则和未来五年的具体目标；创建

---

① Richard P. Cronin and Timothy Hamlin, *Mekong Tipping Point*: *Hydropower Dams*, *Human Security and Regional Stability*, Henry I., Stimson Center, 2010, pp. 33 – 35.

"湄公河下游之友"，除了湄公河五国（包括柬埔寨、老挝、缅甸、泰国和越南）之外，还把日本、韩国、澳大利亚等美国在亚太地区的主要盟友都纳入这一合作伙伴关系中。

在美国牵头下，近年来，美国的亚洲传统盟友在湄公河流域也愈发活跃，如日本从 2009 年开始每年都主持召开"日本—湄公河峰会"，韩国政府也于 2011 年和 2012 年同湄公河国家相继举行了两届"韩国—湄公河国家外长会议"。2012 年 7 月 13 日，在柬埔寨金边召开的第五届"湄公河下游国家—美国"外长会议、第二届"湄公河下游之友"外长会议上，美国国务卿希拉里宣布，美国将在今后三年内向湄公河下游国家提供 5000 万美元的援助，推动该地区教育、卫生、环保、基建等合作项目；向湄公河委员会渔业计划提供 200 万美元援助，向水电大坝对湄公河干流的影响课题研究提供 100 万美元援助。日本也宣布在 2013 - 2015 年向湄公河国家提供6000 亿日元的援助。① 在第二届"湄公河下游之友"外长会议上，希拉里还倡议创立与湄公河下游国家合作的双层结构：在第一层面，伙伴国、援助机构、非政府组织和多边发展机构加强信息共享，鼓励更多的援助者履行承诺；在第二层面，各国政府继续推动高层和部长级对话，议题包括威胁人类安全的各种跨国挑战，比如水力发电、发展问题、环境恶化、气候变化、健康、基础设施建设、毒品走私和跨境移民等。② 在美国看来，这种组织架构可以实现援助机构之间以及援助机构与湄公河流域国家之间的协调，提高援助效率。可以说，整个倡议形成了美国对湄公河下游地区宽领域、多层次、网络化的合作伙伴框架。

特朗普上台后，美国更加重视"合作伙伴"关系并付诸行动。在 2019年"湄公河下游倡议"部长级会议上，美国与盟友联合介入湄公河事务的内容更为多样：美国发起"美国—日本"湄公河电力合作计划，旨在帮助发展该地区电网，并承诺提供 2950 万美元资金。美国与世界银行、澳大利

① 《美日向湄公河下游国家提供援助》，中国驻柬埔寨事关经济商务处，http：//cb. mofcom. gov. cn/article/jmxw/jbqk/201207/20120708232787. shtml（登录时间：2014 年 12 月 3 日）。

② Hillary Rodham Clinton's Remarks at the Second Friends of the Lower Mekong Ministerial，July 13，2012，http：//www. state. gov/secretary/rm/2012/07/194957. htm（登录时间：2014 年 12 月 20 日）。

亚、日本及法国的专家合作，为老挝的 55 座大坝提供安全检查。美国政府和国会还计划援助湄公河国家 1400 万美元用于打击跨国犯罪和走私，支援澳大利亚在该地区的犯罪打击工作。美国还与韩国合作投资，利用卫星图像技术更有效评估湄公河洪水和干旱状况。①

（四）反对在湄公河上建大坝

对于在湄公河干流建造水电站，美国予以坚决反对。2011 年 3 月 9 日，美国参议院通过"湄公河保护法案"，要求财政部长告知美国驻世界银行和亚洲开发银行的执行理事，运用美国的发言权和投票权，反对向湄公河流域的水电站建设或电力传输系统工程提供任何贷款或经济、技术援助，除非该项目能证明不会产生重大负面影响，或进行了对流域环境和社会经济影响的评估等。② 2011 年 12 月 1 日，美国国会通过第 277 号决议——保护湄公河流域并加强美国对延缓在湄公河干流建造水电站的支持。决议称："鉴于干流水电站建造产生的地区不稳定的风险将损害美国在大湄公河次区域的重大经济和战略利益……国会支持延缓建造湄公河干流水电站，直至完成综合性的环境评估、经过充足的规划和多方协调。"③美国于 2010 年 3 月末与越南签署越美核能合作备忘录，声称为中南半岛提供水电之外的替代能源。④ 2014 年美国批准了美越民用核能合作协议，该协议将允许美国企业进入越南核电市场，可使美国获得 100 亿 – 200 亿美元收入和 5 万个就业机会。

美国从国会到智库的一些人士纷纷指责中国在上游澜沧江干流的开发，并游说美国政府对华发难。美国参议员韦伯是反对在湄公河上建大坝

---

① Opening Remarks at the Lower Mekong Initiative Ministerial by Michael R. Pompeo, Secretary of State, Bangkok, Thailand, August 1, 2019.

② S. 537, *Mekong River Protection Act of 2011*, 112th Congress 1st Session, March 9, 2011, http://www.gpo.gov/fdsys/（登录时间：2014 年 12 月 20 日）.

③ S. RES. 227, *Calling for the Protection of the Mekong River Basin and Increased United States Support for Delaying the Construction of Mainstream Dams along the Mekong River*, 112th Congress 1st Session, December 1, 2011, http://www.gpo.gov/fdsys/（登录时间：2014 年 12 月 20 日）.

④ 《湄公河"共识"：中国推演跨国界流域开发棋局》，《21 世纪经济报道》2010 年 4 月 7 日。

的代表人物。他认为"湄公河下游倡议"的首要目的就是阻止在湄公河上修建大坝，破坏生态平衡。他多次向希拉里写信，强调不能在湄公河上建大坝，并强调要迫使中国也遵守这一点。受美国影响，围绕中国在湄公河上游建坝的"水坝威胁论"一直不绝于耳。

无论是过去、现在还是将来，美国的湄公河政策始终是其东南亚政策的一部分，美国在实施中展示了娴熟的外交技巧。美国是湄公河开发的长期参与者，也是对湄委会捐助最多的非流域国家。湄委会成立的头10年，湄委会收到的捐助资金总计8600万美元，其中美国占37%。[①] 1958年，美国政府与湄委会签订协议，为湄公河干流收集基本科学数据。1961年，美国同意资助巴蒙水电站第一阶段的初步可行性研究，美国垦务局花费十年时间研究巴蒙大坝项目。虽然美国后来放弃了其之前的大坝兴建政策，但通过对湄公河次区域及湄公河开发计划数十年的长期涉猎，获得了有关湄公河流域水文生态系统和开发技术的丰富知识和经验。1975年以后美国虽然不再直接捐助湄公河开发计划，但通过参加湄委会秘书处的一些项目，或通过联合国体系下的多方援助，间接地参与湄公河计划。美国所做的贡献包括对规划中的泰老边境巴蒙水坝和蓄水库对下游影响的研究、帮助培训湄委会秘书处工作人员、湄公河三角洲地区水质样本研究、老挝南俄水坝建设移民研究等。

概括而言，美国在湄公河开发计划中曾发挥过重要作用。美国过去数十年对中南半岛和湄委会的影响，将为其介入当前的大湄公河次区域合作打下基础。同时，湄公河流域国家既需要美国的经济、军事援助，又由于地缘因素，对上游国家中国抱有一定的戒心，这又为美国重返湄公河提供了契机。

从更广阔的意义上看，湄公河开发计划一直是个多边计划，如果没有国际力量的支持和流域上游国家中国和缅甸的参与，将难以取得令人满意的成效。未来美国会借助湄委会这个区域合作组织的平台，更多地介入湄公河流域的开发与管理。

---

① Friesen, *Damming the Mekong: Plans and Paradigms for Developing the River Basin from 1951 to 1995*, Ph. D. Dissertation, Faculty of the School of International Service, Amercian University, Washingtong DC, 1999.

第二节　日本湄公河政策的持续稳定和不断升级

湄公河流域位于中南半岛上，处于太平洋和印度洋之间，是日本通往印度洋的捷径，地理位置十分重要，因此，湄公河次区域一直是日本外交的重点之一。从20世纪50年代开始，日本借助战后赔偿与湄公河次区域建立联系，并积极参加联合国有关湄公河流域水资源的开发和调查活动，但因担心湄公河国家的战后反日情绪，对于该地区的发展保持谨慎参与。1985年《广场协议》签订之后，日元大幅升值，日本企业纷纷向海外寻求替代生产基地，东南亚地区的地缘优势使之成为日企首选转移地，日本开始在东南亚经营自己的影响力。冷战结束后，日本又努力通过推动柬埔寨和平进程、促进湄公河次区域落后经济体发展等途径参与该地区事务，扩大地区影响力。特别是进入21世纪后，政局趋于稳定、经济稳步增长，又处于尚未开发的"处女地"的湄公河流域，吸引了更多外来资本的涌入。日本看到东南亚国家中最有发展潜力的是湄公河流域国家，而这些国家又都位于经济快速发展的中国的周边，因此开始调整其东南亚政策，将外交重点放在湄公河流域五国身上，谋求在获取经济利益并扩大在东南亚地区政治影响力的同时，牵制中国在东盟的地位和作用。

一　日本对湄公河流域发展的早期贡献

（一）下湄公河流域调查委员会时期日本的湄公河政策

日本是湄公河开发计划最早的援助国之一，从1959年开始承担了为期2年的湄公河主要支流的探勘工作，耗资24万美元；还为泰国的南彭水电站项目做了可行性报告。不过，在湄公河开发计划第一阶段即探勘调研阶段（1958－1965年），日本对下湄公河流域调查协调委员会捐助的资金非常少。截至1965年底，日本承诺提供的资金为109万美元，仅占委员会收到的捐助总额 1.05 亿美元的 1% 左右。① 1965 年 4 月 7 日，美国总统约翰逊在霍普金斯大学发表主题为《实现和平无须征服》（Peace Without Conquest）的著名演说，宣布向湄公河次区域投资 10 亿美元，极大激发了湄公河流域内外各方对合作推动湄公河流域经济发展的决心和热情。日本对湄公河计划的技术和资金援助力度明显加大，从对项目投资前调研及规划的援助扩大到对工程建设的援助。日本经济学家大来佐武郎认为，这其中既有政治原因又有经济原因。"第一，日本对外贸易中，东南亚所占的份额正呈现出温和上扬趋势；第二，早前的东南亚原材料换取日本制成品的'垂直'贸易方式有望被不同种类的制成品相交换的'横向'贸易方式所取代，这种预期刺激了日本对东南亚地区的各类私人投资和合资；第三，日本政府采取新的政策，将对外援助看作其整体亚洲政策的组成部分"，②"也正是在这个时期，日本意识到要优先考虑东南亚地区的发展。日本与中国台湾和韩国签署经济合作协议，积极参与亚洲开发银行的筹建，积极发起东南亚经济发展部长会议"。③ 1966 年初，日本为老挝南俄水电站的建设提供了 450 万美元资金；1969 年，日本承诺为柬埔寨特诺河水电站的建设提供 843 万美元（一半是无偿援助，一半是以软贷款形式给予）。截至 1970 年底，日本对下湄公河流域调查协调委员会的捐助承诺从 1965 年的 109 万美元上升到 1525.8 万美元。④

日本对湄公河开发计划的参与，是沿着技术性调查研究—工程建设—行政管理的道路循序渐进的。到 20 世纪 60 年代末，日本不仅对湄公河开发计划给予经济支持和技术援助，还参与下湄公河流域调查协调委员会秘书处和咨询委员会的工作。1969 年，日本外务省官员稻田茂被任命为秘书处首任副执行代表，"被认为是日本外务省增强其在湄公河开发中的角色，

① Le-Thi-Tuyet, *Regional Cooperation in Southeast Asia：The Mekong Project*, Ph. D. Dissertation, The City University of New York, 1973, p. 206.
② Saburo Okita, "Japanese Economic Cooperation in Asia in the 1970s", in Gerald Curtis (eds.), *Japanese-American Relations in the 1970's*, Columbia Books Inc., 1970, p. 104.
③ Saburo Okita, "Japanese Economic Cooperation in Asia in the 1970s", in Gerald Curtis (eds.), *Japanese-American Relations in the 1970's*, Columbia Books Inc., 1970, pp. 95 – 96.
④ Le-Thi-Tuyet, *Regional Cooperation in Southeast Asia：The Mekong Project*, Ph. D. Dissertation, The City University of New York, 1973, p. 207.

希望在决策过程中发挥影响力之举"。① 日本外务省、日本电力开发公司、日本海外技术合作署和日本最大的工程咨询公司工营株式会社等都参与湄公河开发。日本还成立了"湄公国际日本委员会",对下湄公河流域调查协调委员会提供政策咨询,其成员包括日本东南亚政策的关键人物——曾担任日本开发银行行长的小林中,日本国会议员、国际工程顾问协会主席小泽久太郎,东京电力公司前总裁高井辽太郎,联合国亚洲及远东经济委员会洪水控制和水资源开发局局长青木光一等人。

日本在1955年与湄公河次区域新独立的三个国家柬埔寨、老挝和越南建立了外交关系,并与泰国恢复了外交关系。这些国家需要日本提供经济援助,但是二战期间遭受日本侵略的痛苦经历,又使它们对日本抱有戒心,担心日本的经济渗透及领土、政治野心。由于担心湄公河国家的反日情绪,在下湄公河流域调查协调委员会时期,日本参与湄公河计划总的来说是遵从美国的领导,"观察并跟从美国的计划"。② 在美国1961年决定对湄公河干流项目——老挝巴蒙水电站项目进行可行性调研之后,日本紧跟其后,耗资70万美元对另一个干流项目——老挝松博水电站项目进行可行性调研;1965年,当美国决定向老挝南俄水电站建造捐助1200万美元之后,日本捐助该项目400万美元。作为其支流探勘的一部分,日本曾对柬埔寨特诺河水电站的设计和建设提过建议。当1966年美国承诺向该项目建设捐助700万美元时,日本决定也捐助700万美元。但同年,美国国会通过对外援助拨款法案修正案,最终收回对特诺河项目的承诺。日本时任首相佐藤荣作在会见访日的美国总统东南亚社会和经济发展特别顾问尤金·布莱克时表示,日本承诺捐助特诺河项目700万美元,"是想和美国在此类援助事宜上建立一种均等关系,但现在却变得尴尬了"。③

与其他捐助国一样,日本向下湄公河流域调查协调委员会提供运作经费,以赠与、软贷款或战争赔款形式向湄公河开发项目提供资金。但与其

---

① Tuyet L. Cosselett and Patrick D. Cosselett, *Water Resources and Food Security in the Vietnam Mekong Delta*, Springer, 2014, p. 115.

② Le-Thi-Tuyet, *Regional Cooperation in Southeast Asia: The Mekong Project*, Ph. D. Dissertation, The City University of New York, 1973, p. 212.

③ Le-Thi-Tuyet, *Regional Cooperation in Southeast Asia: The Mekong Project*, Ph. D. Dissertation, The City University of New York, 1973, p. 213.

他捐助国不同的是，日本还提供了大量的人力资源支持。20 世纪 60 年代末 70 年代初，在湄公河流域驻扎着很多日本技术专家、工程人员，他们甚至时常现身于当地政府军队和西方人不愿去的最偏远、最危险的地方，特别是水力资源最为丰富但内战激烈的老挝。

（二）下湄公河流域调查协调临时委员会期间日本的灵活政策

冷战时期，日本与美国不同，在东南亚奉行灵活的外交政策。不管东南亚国家的政治体制和社会制度如何，日本都愿意与之交往。这一点，尤其在下湄公河流域调查协调临时委员会期间显现出来。

20 世纪 70 年代中期，老挝、越南、柬埔寨三国相继建立了社会主义政权，西方经济援助大幅削减，美国退出湄公河开发计划，联合国开发计划署对下湄公河流域调查协调委员会的捐助也从 1973 年的 560 万美元下降到 1976 年的零。但是日本继续支持 1978 年由泰、老、越三国建立起来的下湄公河流域调查协调临时委员会。"日本对临时委员会的支持促进了该地区唯一的非社会主义国家泰国的经济发展，并在 20 世纪 70 年代末和 80 年代有效维持了日本和西方集团在印支地区经济发展规划中的利益"。① 尽管日本不在以货币形式捐助临时委员会最多的国家之列，但它通过普通的政府开发援助计划（ODA），将大多数资助给予临时委员会成员国的国内项目。此外，日本一直向临时委员会派出 2 - 3 名专家。这些专家一般来自日本建设厅、农业和渔业厅，他们有效地充当了日本和临时委员会成员国之间的信息沟通和援助渠道。

20 世纪 50 - 60 年代，日本的湄公河政策是谨慎参与，观察并跟从美国的行动，主要行动表现为：战后赔偿、援助湄公河开发计划、成立"湄公国际日本委员会"向老湄委会提供政策资询。1977 年"福田主义"开启日本对东南亚外交新时代，日本东南亚政策的核心是奉行"积极的和平主义"，帮助东南亚国家的发展。20 世纪 80 - 90 年代，日本大规模援助和

---

① Mikiyasu Nakayama, "Japanese Support to the Interim Mekong Committee during Post - Conflict Recovery of Member States", *Asian Journal of Environment and Disaster Management*, Vol. 2, No. 1, 2010, pp. 85 - 92.

日企大举转移制造业产能，成为泰国经济腾飞最重要外部因素。① 这一时期，日本对湄公河次区域的援助就像经济学家们经常分析得那样，"主要是受经济利己主义的驱动"。② 1985 年《广场协议》签订之后，日元大幅升值，日本国内企业纷纷开始向海外寻求替代生产基地，东南亚地区的地缘优势使之成为日企转移地之首选。日本通过政府开发援助计划和其他资助方式，大举在湄公河次区域投资，希望就此掌控打开中南半岛大门的"钥匙"。

二 后冷战时代日本的湄公河政策

（一）日本湄公河政策的持续稳定和不断升级

冷战结束后，日本对湄公河国家的援助全面铺开。日本看到东南亚最具发展潜力的地区是湄公河流域，而这个地区处于中国周边，因此开始调整"福田主义"，将对东南亚外交重点放在湄公河五国身上，谋求在湄公河次区域发挥更大的影响力。日本将援助重点从泰国转向柬埔寨、老挝和越南，通过积极参与对红色高棉的审判，提升了印支三国的影响力。早在1991 年，日本就在政府开发援助中专设"湄公河次区域开发"项目。③1992 年，日本主导的亚洲开发银行发起了大湄公河次区域合作，将其作为日本东亚合作战略的重要一环。1993 年，时任首相宫泽喜一提出针对老挝、柬埔寨与越南的"共同合作援助"构想，倡议召开"印支综合发展论坛"讨论湄公河次区域基础设施和工作机会创造问题，日本经团联、海外咨询企业协会对湄公河次区域的经济、社会、投资、贸易、产业等进行了大量研究，形成了日本参与湄公河流域开发合作的一整套计划，日本内阁还专门成立"大湄公河开发委员会"。④ 1995 年泰、老、柬、越四国成立

---

① 张继业、钮菊生：《试析安倍政府的湄公河次区域开发援助战略》，《现代国际关系》2016年第 3 期，第 31 - 55 页。

② Nguyen Thi Dieu, *The Mekong River and the Struggle for Indochina: Water, War, and Peace*, Praeger, 1999, p. 220.

③ 常思纯：《日本为何积极介入湄公河次区域》，《世界知识》2018 年第 21 期，第 22 - 23 页。

④ 《日本借〈东京战略 2018〉强化对湄公河流域影响力》，《中国青年报》2018 年 10 月 10日，第 5 版。

湄公河委员会，次年日本即由外务省、通产省及若干民间团体共同组成
"大湄公河开发构想委员会"，积极参与此地区的国际合作。日本还积极要
求参加东盟—湄公河流域开发合作机制，并获准成为该合作机制的核心国。

　　进入 21 世纪，区域国家经济发展和融合加深，日本提出"湄公"概
念，强调区域视角，将湄公河国家作为一个整体。2003 年 10 月，日本对
东盟提议，在当年 12 月份的日本—东盟东京特别首脑会议期间举办日本—
湄公河五国首脑会议，唯独将中国排除在外，日本承诺未来 3 年提供 30 亿
美元给东盟各国，其中 15 亿美元专门用以实施大湄公河次区域合作计
划。① 从 2004 年起，日本邀集老挝、柬埔寨与越南三国每年定期召开外长
会议，还于 2007 年 1 月与三国在菲律宾宿务举行的外长会议上通过了"日
本—湄公河次区域伙伴关系计划"，决定加强援助湄公河次区域，并承诺
援助 45 亿美元。在泰国与缅甸加入此计划后，日本政府于 2008 年 1 月 16
日在东京召开首届日本—湄公河外长会议，向湄公河五国提供 2000 万美元
无偿援助，以构建"东西经济走廊"物流网络。《产经新闻》称，日本援
助建设"东西经济走廊"，是要对抗中国提出的"南北经济走廊"建设。②

　　为争夺对湄公河次区域发展的主导权，日本将 2009 年定为"日本—
湄公河交流年"，并于当年 11 月在东京主办了日本和大湄公河次区域五国
（除中国外）参加的首届"日本—湄公河首脑会议"，确立了日本—湄公河
合作机制，并形成了每年举行峰会和三年为一周期的逐步援助模式。会议
发表了《东京宣言》，内容包括 63 点行动计划和日本 3 年内向五国提供约
合 61 亿美元的援助，以深化与这些国家的互动关系。这些资金将投入湄公
河次区域基础设施、报关、水和废水处理系统建设中。此举被视为"日本
新一届政府扩大在东南亚影响力的策略，以及与中国在该地区日益增长的
存在相竞争"。③ 2010 年 3 月底，在泰国华欣湄公河首脑会议召开前夕，在
越南河内举行的第五届"湄公河—日本高官会议"上，日本与湄公河五国

---

① 蔡鹏鸿:《美日欲利用湄公河制衡中国》,《社会观察》2010 年第 6 期, 第 64 - 66 页。

② 《日本进军湄公河抗衡中国》, 国际在线, 2008 年 1 月 4 日, http://news. cri. cn/gb/
12764/2008/01/04/2945@1900736. htm（登录时间: 2014 年 12 月 20 日）。

③ Japan: Reasserting Influence in the Mekong River Region, Analysis by STRATFOR Global Intel-
ligence, November 6, 2009, https://stratfor. com/analysis/japan - reasserting - influence - me-
kong - river - region（登录时间: 2015 年 3 月 1 日）。

就落实首届东京首脑会议和行动计划进行研究，日本表示要继续加大投入力度，在资金和技术上给予支持。日本媒体认为，日本同中国拉开了"湄公河争夺战"的序幕。①

2012 年 4 月 21 日，日本和湄公河五国在东京举行了第四届"日本—湄公河首脑会议"。日本首相野田佳彦宣布，日本将把湄公河流域作为重点援助地区，今后 3 年向该地区提供 6000 亿日元（约合 74 亿美元）的政府开发援助，帮助五国建设基础设施。此次会议通过了《湄公河—日本合作东京战略 2012》（简称《东京战略 2012》）的共同宣言，提出以"共同繁荣的未来而发展新的伙伴关系"为目标，设定"湄公河流域互联互通""共同发展"和"保障人类安全和环境可持续"为三大支柱，并制订了 2013 - 2015 年日本与湄公河流域国家的具体合作计划，包括高速公路、发电站、卫星发射、经济特区建设在内的 57 个合作项目提案，其中越南数量最多为 26 个，其次是缅甸，有 12 个。② 在政府经济援助湄公河流域的同时，日本民间资本也纷纷对该地区进行投资，截至 2010 年已有超过 8000 家日本企业进驻湄公河流域。③

2012 年日本安倍再次上台，加大对湄公河次区域的战略投入，形成了战略目标明确、实施路径清晰的湄公河次区域开发援助战略。

（二）日本参与湄公河流域发展的主要特征

2015 年日湄首脑会议通过《湄公河—日本合作新东京战略 2015》，日本承诺未来 3 年向湄公河国家提供 7500 亿日元（约合 92.5 亿美元）的政府开发援助。④ 2018 年日湄首脑会议通过《湄公河—日本合作东京战略 2018》（简称《东京战略 2018》），将日湄关系从"合作伙伴"上升至"战略伙伴"，确立了日湄合作三个新的重要支柱：具有活力和效率的互联互通（包括硬联通、软联通和工业联通）、"以人为本"的社会（包括人力资源开发、卫生保健、教育、法律和司法合作）、实现"绿色湄公"（减少

---

① 蔡鹏鸿：《美日欲利用湄公河制衡中国》，《社会观察》2010 年第 6 期，第 64 - 66 页。
② *Tokyo Strategy* 2012 *for Mekong-Japan Cooperation*，April 21，2012.
③ 《日本经援外交新攻势》，《人民日报》2008 年 1 月 10 日，第 3 版。
④ *New Tokyo Strategy* 2015 *for Mekong-Japan Cooperation*，July 4，2015.

灾害风险应对气候变化、水资源管理、循环经济、渔业资源保护和可持续
利用）。① 当前，日本对湄公河流域发展的参与呈现出以下五个特征。

1. 以"质量"和"环境"为外交主题词

日本紧密追随地区形势和国际大环境变化调整政策，重视价值观外交
和环境外交，以"有质量的基础设施建设"和"绿色湄公"为两大抓手，
凸显与中国的差异。在基础设施建设方面，日本针对中国在湄公河流域开
发透明度、环保等问题上受诟病的情况，于 2015 年提出建设亚洲"高质
量基础设施伙伴关系"②，2016 年进一步提出面向全球的"高质量基础设
施合作伙伴扩大计划"③。日本不仅强调要加强日本高质量基础设施的出
口，还强调要在湄公河次区域实现"高质量成长"。④ 2018 年，日湄首脑
会议再次确认提升"高质量基础设施"发展国际标准的重要性，如公开透
明、经济可行性、社会和环境责任、受益国财政金融体系健全等。"quality
infrastructure"一词在《东京战略 2018》中出现 7 次，"Green Mekong"出
现 9 次。在环境方面，日本 2019 年针对《2025 年东盟共同体愿景》（2016
年）和联合国《2030 年可持续发展议程》（2015 年），将到期的"绿色湄
公河次区域十年"倡议（2009 年出台）升级为"日湄面向 2030 年可持续
发展目标"，承诺帮助湄公河国家实现可持续发展目标，并确定了合作项
目。针对湄公河次区域生物多样性脆弱、资源型受气候变化影响大的特
征，日本输出环境治理模式、资金、技术和信息，形成环境合作的共同理
念。2016 年，日本支持湄委会开展"基于湄公河流域流域管理和环境保护
的三角洲数据收集调查"项目（The Study on Data Collection Survey on the
Basin Management and Environmental Conservation in Mekong River Basin），目
的是全面了解湄公河流域森林保护现况，针对气候变化确定对流域环境和

---

① *Tokyo Strategy* 2018 *for Mekong – Japan Cooperation*, October 9, 2018.
② Announcement of "Partnership for Quality Infrastructure：Investment for Asia's Future", Ministry of Foreign Affairs of Japan, May 21, 2015, https：//www. mofa. go. jp/policy/oda/page18_000076. html（登录时间：2019 年 3 月 1 日）.
③ The "Expanded Partnership for Quality Infrastructure" initiative directed toward the G7 Ise-Shima Summit Meeting announced, Ministry of Economy, Trade and Industry, May 23, 2016, https：//www. meti. go. jp/english/press/2016/0523_01. html（登录时间：2019 年 3 月 1 日）.
④ *Tokyo Strategy* 2015 *for Mekong-Japan Cooperation*, October 9, 2018.

森林资源可能带来的影响及应对措施。

2. 以目标为导向的战略协同

日本提出，与湄公河国家合作的总目标是实现地区及世界的和平、稳定和繁荣。为此，《东京战略 2018》提出要与联合国发展战略、亚太发展战略和湄公河次区域发展战略实现战略协同，主要做法是：将日湄合作与联合国《2030 年可持续发展议程》对接，实现"不让一个人落下"的社会图景，针对湄公河次区域可持续发展目标规划合作项目；将日湄合作与"自由开放的印太战略"相协同，强调法治和自由开放秩序的重要性，规划有利于促进印太自由开放的日湄合作项目；将日湄合作与泰国主导的伊洛瓦底江—湄南河—湄公河经济合作战略（ACMECS）相协同，日湄合作项目要服务于 ACMECS 2019 – 2023 年规划。三对协同战略下都设立了具体合作项目，作为《东京战略 2018》行动计划。

3. 将自身发展战略与湄公河国家需求紧密对接实现双赢

2013 年《日本复兴战略》将"战略性创造市场"与"全球拓展战略"作为国内经济调整战略的两大支柱，要求着力发展卫生保健、新能源环保、新型基础设施等产业以创造国际国内需求，并利用日本技术资金优势战略性拓展全球市场，以日本开发援助促进日本相关产品与产业成套出口。湄公河次区域地处东亚和印度次大陆、太平洋和印度洋的连接地带，五国面积总和 194 万平方千米，总人口 2.4 亿，近年来平均经济增速近 7%，成为亚洲乃至全世界最具发展潜力的地区之一，"可作为（日本）生产基地、出口平台和消费市场"。①

在基础设施方面，日本计划 2020 年前完成 30 万亿日元的基础设施出口；而湄公河国家互联互通需求巨大，以此实现对接。在产业链方面，出于中国劳动力成本上涨、中国经济减速和中日关系不稳定等因素考虑，日本企业投资逐步向资源禀赋更具优势的东盟国家转移，而湄公河国家又正处在工业化、城镇化进程不断加速，产业结构调整不断深化的发展阶段，希望成为亚洲及全球价值链的重要一环。在卫生环保方面，日本具有技术

① 张继业、钮菊生：《试析安倍政府的湄公河次区域开发援助战略》，《现代国际关系》2016 年第 3 期，第 31 – 55 页。

资金优势，而湄公河国家在环境保护、渔业资源保护、自然灾害预防和影响减缓、疾病防治等方面面临重大挑战，在绿色经济、医疗卫生等领域市场需求很大。

4. 点面结合构建区域—国家—地方全方位合作格局

在区域层面，主要围绕《东京战略》框架进行合作，促进各国分工协作，发挥比较优势，使湄公河次区域成为全球产业价值链的核心，促进有质量的增长和可持续发展，实现地区和平稳定繁荣。在国家层面，重点援助国家是越南和缅甸，尤其视缅甸为区域经济大国、人口大国和地缘战略要冲地带。2013 年和 2014 年日本对越发展援助分别占对东盟十国援助总额的 44.6% 和 43%。在地方层面，建立点对点的城市合作，凭借日本城市建设的丰富经验、资本和先进技术，积极支持仰光、曼谷、河内等主要城市建设，涉及公共交通、供水供电、污水处理等领域，从设计规划、融资、施工到后期运营全面覆盖。

5. 实施"基础设施建设""人力资源建设""制度建设""认知塑造"四方面的战略融合

一是将湄公河国家基础设施建设与人力资源建设相融合。日本重点援助交通设施、工业设施、市政工程。比如，针对缺电现实，大力援建电厂、电网、电力枢纽。高度重视与基础设施配套的软件建设，特别是人力资源方面，以保证基础设施有效运转。

二是将湄公河国家发展规划与制度建设相融合。日本提出共同建设"绿色湄公河"四大任务：应对气候变化、应对海洋垃圾污染、水资源管理和减少灾害风险，希望借此在这些可持续发展目标实现的关键领域确立日本标准，在地区合作中发挥主导作用。[①] 日本还帮助湄公河国家设计发展规划，如《湄公河次区域工业发展规划》《在日越合作框架下的越南工业化战略》、设计缅甸证券交易市场、设计缅甸邮政系统等，并加强与湄公河国家在法律和司法改革方面的技术合作，帮助完善法律体系。

三是将促进湄公河可持续发展与认知塑造相融合。深入地方层面，提出"环境可持续城市倡议"，基于共同指标的城市环境绩效评估，形成城

---

① 常思纯：《日本为何积极介入湄公河次区域》，《世界知识》2018 年第 21 期，第 22 – 23 页。

市环境网络；发挥非政府组织作用，比如在越南将环保意识培养交由"日本环境教育协会"等三个非政府组织实施；组织"绿色湄公河论坛"，各领域利益相关者参与讨论，交流知识和观点。鼓励年轻一代更积极参与论坛；针对东盟经济发展、中产阶级扩大、年轻人增多、互联网资讯发达、市民社会兴起、NGO繁荣的特点，推行价值观外交，倡导民主、人权、法治等西方话语体系，宣传"人的安全"和"自助努力"等日本传统观念。

三　日本湄公河政策溯因与走向分析

2012年4月21日东京日湄首脑会议召开当日，日本共同社发表文章称，与会的湄公河流域五国同时是东盟成员，日本希望通过加大援助力度，对抗在该地区不断扩大影响力的中国；而日本电视台则在同一天的报道中指出，日本对五国的投资额度不断加大，也是希望能够通过支持地区发展从中分得一杯羹，进而刺激日本经济增长。[①]

日本近年来重视对湄公河流域国家的投入，可谓是经济和战略意图并重，具体而言，其背后包含如下几方面动因。

（一）挖掘湄公河次区域商机

2012年东京首脑峰会后，日本外务省发表的一份文件称，湄公河次区域位于地缘政治学上的"要冲"位置，并且是日本企业进驻国际市场的重要据点之一，从中长期角度来看，此次会议为推动日本与该区域合作奠定了基础。[②]

在大湄公河次区域开发中，日本主导建设的"东西经济走廊"，横穿湄公河五国，可打通南海到印度洋的陆路连接，使日本避免绕道马六甲海峡，行程至少可缩短2316千米，节省4天时间，既降低了运输成本，又提高了运输安全性。[③] 日本《产经新闻》电子版2012年4月21日以题为

---

① 《日本斥巨资援助湄公河流域五国成焦点》，新华社电，2012年4月24日。
② 《日本重返湄公河 取代中国?》，《时代周报》2012年5月3日，http://www.time-week-ly.com/html/20120503/17091_1.html（登录时间：2014年3月1日）。
③ 《日本重返湄公河 取代中国?》，《时代周报》2012年5月3日，http://www.time-week-ly.com/html/20120503/17091_1.html（登录时间：2014年3月1日）。

《重开对缅甸日元贷款，大力支持改革，牵制中国》为题报道说："通过加强与湄公河五国的合作关系，将加强在该地区被中国和韩国超过而减弱的日本影响力。缅甸不仅有丰富的资源，而且临近印度洋，对日本企业来说，是进入中东和非洲的踏板。日本援助有牵制中国的目的。"①

寻找新的廉价加工市场和产品销售市场，已经成为日本近年来最重要的研究课题。由于非洲的投资条件还不成熟，拉丁美洲与日本相距甚远，因此日本国内普遍认为湄公河次区域是最好的选择，应该下决心取代中国在该地区的市场，换得日本企业的发展与生存。而湄公河次区域虽然至今仍是东南亚最贫困的地区，但其资源丰富，经济发展拥有巨大潜力。1990年以来，湄公河五国经济增长均保持在较高水平。虽受亚洲金融危机影响，20世纪90年代末出现波动，但进入21世纪以来呈现良好增长势头。特别是，缅甸从2012年开始实行政治改革，经济对外开放程度与日俱增，愈加表现出更多活力。这为外部资本的进入创造了良好的前提条件，也降低了日本与湄公河五国合作的体制障碍。

日本政府支持湄公河次区域发展，可以为日本企业在该区域提供更多的商机。从2011年起，日本国内不断出现"日本企业将败给中国"的言论，认为中国对外投资"官民一体""政府搭台，企业唱戏"的模式不断获得成功，不仅是一些常规产品，甚至包括高铁、核电站这样的高端技术，中国都已经与日本形成了竞争态势。日本企业要求政府出面，帮助实现在国际市场的投资、经营。近年来日本政府在湄公河次区域的种种举动，似乎是在有意强化政府的作用。日本外务省2012年版《政府开发援助（ODA）白皮书》指出，要使发展中国家的发展惠及日本经济增长，基建援助"有利于为日本企业创造投资环境"，今后还将利用ODA扶持中小企业进军海外。② 日本有意使湄公河次区域成为价值链的核心。在《新东京战略2015》提出的"硬""软"联通的基础上，《东京战略2018》进一步提出"工业联通"，加大对湄公河次区域的产业和服务业投资，增强日本和湄公河国家包括中小型企业和创新型企业在内的商业匹配度。日本积

① 《日本"黄金微笑"抛向湄公河五国》，《国际先驱导报》2012年5月10日，https：//world. huanqiu. com/article/9CaKrnJvn8j（登录时间：2014年3月1日）。
② 《日本强调加大援助东南亚及非洲 加强外交实力》，中新社电，2013年3月20日。

极帮助设计《湄公河次区域工业发展规划》，旨在使湄公河次区域成为亚洲及全球价值链的核心，凸显日本将湄公河次区域视为全球价值链重要环节的战略意图。

（二）意识到中国"巨大的存在"

20世纪90年代末亚洲金融危机爆发之后，面对中国经济崛起以及在区域合作中地位的提升，曾视东盟为"后院"的日本感受到中国巨大的存在，产生了一种失落感。2007年中国超过日美成为湄公河国家最大贸易伙伴国；2011年中国又超过日本成为东盟最大贸易伙伴国，中国有数量众多的企业进入湄公河流域国家。中国还与湄公河国家建立了湄公河联合巡逻机制，积极投资老挝、柬埔寨和缅甸的基础设施、水电、能源和矿山等。日本认为，中国在东南亚影响力的扩大远远超过了自己的预料。2012年4月22日，《读卖新闻》发表了题为《将对缅甸支援应用于民主化和市场经济》社论，指出："缅甸正在不断改善与日本以及欧美的关系。对日本来说，加强与连接东南亚和南亚的战略要冲缅甸的关系，对于牵制膨胀的中国是必要的。"日本负责对外援助的"国际协力机构"（JICA）和外务省的官员明确表示，日本决定对湄公河流域提供高达6000亿日元的经济援助，不能说是为了围堵中国，因为中国的影响实在太大了，不可能被围堵，但也不能否认该决策是由于意识到中国"巨大的存在"。①

日本非政府组织"湄公河观察"资深顾问土井寿行说："日本自2007年以来在湄公河次区域越来越多地参与开发是外务省的自主计划。其重点是在中国身上，就是要把中国排除在外。"他解释说："外务省对中国在该地区发挥越来越大的作用感到紧张不安，必须谋划点事情参与进去，以遏制中国越来越大的影响力。"② 日本庆应义塾大学教授、曾任安倍内阁顾问的谷口智彦2009年接受采访时曾表示：日本近年来的亚洲经济政策，尤其是对湄公河次区域的经济政策并未发生重大调整，只不过是日本的政治决策者现在产生了一种紧迫感和危机感，担心湄公河次区域会成为中国的

---

① 《日本"黄金微笑"抛向湄公河五国》，《国际先驱导报》2012年5月10日，https：//world.huanqiu.com/article/9CaKrnJvn8j（登录时间：2014年3月1日）。
② 《外电：美日韩遏制中国在湄公河影响力》，新华社电，2012年2月23日。

"后院"，其策略就是建立像欧盟一样的"亚洲共同体"。[1]

（三）为日本争当政治大国铺路

日本的对外援助是其"政治大国"战略的付诸实现。从战后补偿时代开始，日本就对东南亚各国进行了大量援助。1951 年"旧金山和约"签署后，日本回归国际社会，在处理与东南亚国家战后问题时，尽量不用简单付钱的赔偿方式，而是采取补偿和支援的形式，例如给东南亚国家建水库、发电站等，这样一方面避免了战败国的屈辱感，另一方面为日本企业重返东南亚提供了机会。20 世纪 60 年代后，日本进入高速增长时期，其民间企业开始大举进入东南亚。日本政府扩大对不发达国家的融资，但要求其用该款项购买日本企业产品，从而间接地支持本国企业的出口和在当地建厂。而到了 20 世纪 70 年代，当日本政府资金更为充足时，开始考虑地区战略，于是制定了有关 ODA 的一系列法律和政策，希望通过提供 ODA，扩大日本的影响力，将东南亚地区打造成日本的"经济后院"。1978 年，大平正芳在竞选日本自民党总裁时首次提出了"综合安全保障战略"，将ODA 定位为日本的综合性外交武器，既支持本国企业到海外发展，又能确保资源供应，还可以扩大日本的外交影响力，一举三得。进入 20 世纪 80年代后，日本更加自觉地运用 ODA，争当政治大国。20 世纪 90 年代以来，日本是亚洲地区提供官方援助最多的国家之一，直到现在日本提供给柬埔寨、老挝以及越南的援助金额仍排名世界第一。日本近年更是加大对湄公河次区域的投入力度，希望提升在该地区的影响力，获得经济和政治双重利益。日本外务省 2012 年版《政府开发援助（ODA）白皮书》指出，越南是日本最大援助对象国，2011 年包括日元贷款在内共提供了约 10.13 亿美元。此外还向进入民主转型的缅甸提供了约 4200 万美元。[2] 而湄公河五国同样希望日本更多地介入其经济、政治等国家层面的议题，尤其是越南，希望美日介入南海争端，缅甸则希望日本政府对其国内和平进程承担

---

[1] "Japan：Rivalry with China Spurs Hefty Aid Package to Mekong"，Interpress Service，November 11，2009，http：//www. ipsnews. net/2009/11/japan – fresh – aid – to – mekong – signals – rivalry – with – china – experts/（登录时间：2015 年 3 月 2 日）.

[2] 《日本强调加大援助东南亚及非洲 加强外交实力》，中新社电，2013 年 3 月 20 日.

义务。由此可见,日本与湄公河国家的经济合作不会仅仅停留在经贸、基建、环境以及能源等领域的软层面,将来会更多地涉及地区安全与政治议题。日本借此全面扩大在东南亚地区乃至全球的影响力,并为自己未来成为联合国安理会常任理事国铺路。

未来日本在湄公河次区域的行动将呈现以下特点。

1. 重视打造日缅关系,攫取更多经济利益,并完善包括缅甸在内的"东西经济走廊"和"南部经济走廊"等跨国运输路线

在 2012 年"日本—湄公河"首脑会议上,日本首相野田佳彦高度评价缅甸的民主化进程,决定免除缅甸拖欠的约合 37 亿美元的债务,成为日本迄今为止所放弃的最大规模的日元贷款债权。并且时隔 25 年后,日本承诺重新开始 1988 年缅甸军事政变后中止的日元贷款,对缅甸提供 1230 万美元的援助贷款。缅甸总理吴登盛在东京会见日本媒体时也反复强调,为了扩大就业和经济发展,希望获得日本在技术、人才开发、投资领域的支持。2013 年 5 月,日本首相安倍晋三访问缅甸,这是自 1977 年以来,日本首相首访缅甸。再加上 2012 年缅甸总理吴登盛访日,释放出一个强烈的信号:日渐开放的缅甸已成为日本扩大外需的重要市场。日本恢复对缅甸日元贷款,是为了更好地促进日本企业在缅甸投资。日本企业也早已跃跃欲试。曾经一度退出缅甸市场的铃木汽车公司因泰国、中国的人力成本上升,于 2013 年重新启用位于缅甸的工厂。日经中文网 2013 年 9 月 12 日报道称,2013 年以来,日本企业正在加快推进将生产基地分散到中国以外亚洲国家的"中国 + 1"战略。据日本贸易振兴机构(JETRO)统计显示,2013 年度,日本企业在新加坡、泰国、印度尼西亚、马来西亚、菲律宾和越南投资 2.33 万亿日元(约合 228 亿美元),相比之下,作为日本最大贸易伙伴的中国,日本投资仅 8870 亿日元(约合 87 亿美元);而 2012 年,日本在东南亚投资翻番,在中国投资则下降 18%。[①] 东盟的人口约有 6 亿,今后有望继续增加,其 GDP 增长率也超过 5%,因此日本企业将其作为消费市场并寄予厚望。日本贸易振兴机构主席石毛博行表示,这种情况的出现,一是源于因钓鱼岛争议以及日本首相安倍希望重写日本侵略历史,中

---

① 《日本去年对东南亚投资飙升》,《北京商报》2014 年 4 月 21 日。

日关系近期一直处于紧张状态；二是中国劳动力工资的上涨影响了追求降低成本、最大化利润的日本企业的投资决策。2013 年 10 - 11 月，日本贸易振兴机构调查显示，中国的平均工资已经超过泰国，菲律宾和印度尼西亚的劳动力成本比中国低约三分之一，而越南的劳动力成本还不到中国的一半。①

此外，缅甸问题一直以来都是增强地区联结性上的一大课题，如今在缅甸推进以民主化为主的各项改革的背景下，缅甸对地区事务的参与将有利于湄公河次区域的安定与繁荣。日本也将趁此机遇着力开发从南海穿越中南半岛到达印度洋的"东西经济走廊"和"南部经济走廊"。

2. 拉拢越南，积极介入南海问题

在湄公河流域，越南是经济发展速度最快的国家，也是对中国"忧虑"最深的国家。在 2012 年 4 月"日本—湄公河首脑会议"上，越南公开表示希望日本、美国等介入南海问题。日本与湄公河国家共同决定将讨论地区和全球议题纳入"湄公河—日本合作框架"之中。首先是联合国改革问题，《东京战略 2012》中称"日本感谢湄公河次区域国家始终支持日本在改革后的安理会中成为常任理事国"。② 其次，确认了日本将在海上安全方面与五国展开合作。而在首脑会议召开前，日本《读卖新闻》发表题为《利用战略性 ODA，通过海上安保，支援东南亚》的社论指出："对于在东海与中国存在摩擦的日本来说，南海问题绝对不是事不关己。在 ODA 之外的领域，还应该追求广泛的安全保障合作。"③

3. 通过"绿色湄公河"倡议不断展现软实力

近年来，日本通过"绿色湄公河"倡议，强调湄公河次区域可持续发展。这一方面源于"可持续发展"理念在全球范围内的深入传播，另一方面源于其在湄公河次区域的不堪经历。20 世纪 60 年代后，日本进入高速增长时期，其民间企业开始大举进入东南亚。但当时，进入东南亚的日本企业在当地只顾赚钱和购买原材料，砍伐森林，引起当地人反感，被指责

---

① 《日本去年对东南亚投资飙升》，《北京商报》2014 年 4 月 21 日。
② 宋颖慧：《湄公河流域将成下一个东亚博弈主战场》，中国网，2012 年 4 月 27 日，http：//www. china. com. cn/international/txt/2012 - 04/27/content_ 25254914. htm（登录时间：2015 年 3 月 5 日）。
③ 《日本"黄金微笑"抛向湄公河五国》，《国际先驱导报》2012 年 5 月 10 日，https：//world. huanqiu. com/article/9CaKrnJvn8j（登录时间：2014 年 3 月 1 日）。

为"经济动物"。1972 年日本首相田中角荣前往东南亚访问，在泰国被扔了臭鸡蛋，抗议者的口号是"日本企业滚回去"。鉴于此，1976 年福田赳夫任日本首相后，吸取历史教训，提出了与东南亚建立"心连心"关系的口号，一方面希望打消东南亚各国"受经济掠夺"的不平衡心理，另一方面试图通过建立对等关系扩大日本的外交影响力。

在 2009 年召开的首届"日本—湄公河首脑会议"上，日本和湄公河五国提出"绿色湄公河次区域十年"倡议，强调建立一个可持续发展的湄公河流域。此后，日本多次承诺向湄公河国家提供资金和技术援助以使当地实现可持续发展，特别是为应对湄公河三角洲各种环境问题，如森林保护、生物多样化、水资源管理、缓解自然灾害等，提供援助。① 从 2011 年起，日本和湄公河国家每年举办"绿色湄公河"论坛。在 2014 年 10 月第六届"日本—湄公河首脑会议"上，日本首相安倍表示，日本将通过向湄委会提供近 5 亿日元（约合 410 万美元）的援助继续对湄公河水资源管理做出贡献。②

4. 受日美同盟关系因素的影响，与美国的湄公河政策步调基本保持一致

综合以上论述可以看出，日本的湄公河政策与美国基本保持步伐一致。二战后，日本跟随美国步伐参与湄公河开发计划；美国 2009 年高调重返湄公河，日本立即呼应，召开"日本—湄公河首脑会议"；2014 年日本和美国联合发布《日美全球与区域合作白皮书》，将东南亚地区作为两国战略合作重点区域，突出两国在防灾减灾、人道援助、女性发展等方面合作的重要性。此外，日美两国都注重展示"软实力"，除了承诺帮助改善湄公河五国交通和基础设施促进经济增长外，也重视公共卫生和环保等民生问题，强调该地区的均衡可持续发展，并且拿水量分配和环境影响大做文章，指责中国在澜沧江的梯级水电开发，迎合了湄公河五国担心上游中国实施水遏制政策的焦虑心理，从而插手湄公河次区域事务。

---

① "The Press Release：The 2nd Mekong Japan Summit", Ministry of Foreign Affairs of the Kingdom of Thailand, http：//m. phraviharn. org/main/en/media - center/14/7569 - The - 2nd - Mekong - Japan - Summit. html（登录时间：2015 年 3 月 5 日）.

② "The Sixth Mekong - Japan Summit Meeting", Ministry of Foreign Affairs of Japan, http：//www. mofa. go. jp/s_sa/sea1/page23e_000354. html（登录时间：2015 年 3 月 5 日）.

总的来说，日本一直对湄公河次区域"青睐有加"，在其看来，湄公河次区域各国具有巨大的经济增长潜力、低廉的劳动力成本、旺盛的市场需求和丰富的自然资源。但近些年，中国与湄公河次区域各国经济关系比日本更为密切，中国对泰国和越南等国的投资额超过了日本，在对今后有望实现经济快速发展的缅甸和柬埔寨的投贷上，日本也远远落后。所以，保障日本在湄公河次区域的利益，充分利用日本在产业培育和环保技术等方面的优势，加快在此地区影响力的扩展，抗衡中国优势和影响力，成为日本的战略选择。未来，日本将以重启向缅甸提供政府开发援助为主轴，展示日本主导大湄公河次区域基础设施建设的姿态，以牵制中国在该地区影响力的扩大。湄公河次区域将成为中国和日本竞争的大市场。中国和日本的投资与援助，湄公河国家都很欢迎，但大多数国家不愿意在中国和其他国家之间选边站队。过分强调与中国的对立，其实也不利于日本与中国之间的经贸关系。中日在大湄公河次区域地区的发展，有各自的利益考虑，但寻求与湄公河国家在政治和经济上建立更好的关系则是共同的，如果能加强对话、协调与合作，将有助于促进区域经济的融合，实现三方共赢。

第三节　域外国家介入湄公河水治理

湄公河国家对水安全的关切，再加上东南亚国家一向采取的"大国平衡"政策，为美日欧盟等域外大国和国际组织介入湄公河水治理提供了机会。除了美国和日本外，欧盟、韩国和印度等国家和国际组织近年来也通过建立合作机制或加大援助力度，介入湄公河流域发展，其中也涉及水资源领域。

稳固欧盟作为全球气候行动领导者地位，倡导可持续发展观，是欧盟全球环境外交的目标。欧洲一体化进程中所取得的经验对于欧盟制定形成有欧盟特征的政策理念具有极其重要的影响。这些经验包括主权让渡与共享、合作制度化、利益均沾、经济一体化带来地区的和平稳定等。所以，在国际事务中，欧盟强调多边合作，以及遵守国际制度和国际规范，注重发挥国际机构和国际组织的作用，通过协商谈判等方式，用经济及政治手段解决国际争端。① 近年来，欧盟在应对气候变化问题上力求掌握全球领导权的意图和举措愈加清晰，欧盟委员会2018年11月发布一项长期愿景，目标是2050年实现"碳中和"，将净碳排放量降至零。具体到湄公河流域，表现为加大对具有气候变化敏感性领域的援助，如应急管理和灾害减缓、生物多样性保护等，并资助湄委会进行一些流域水资源综合管理试点项目。2003－2018年，欧盟捐助湄委会超过1100万欧元，主要用于洪水控制、气候变化、机构改革和水资源综合管理，② 其目的是促进对流域的理解，加强湄公河国家的能力建设。除欧盟本身外，欧盟国家也积极参与湄公河水治理，其中德国自1997年以来就是湄委会重要的发展伙伴，先后向湄委会提供了3100万欧元的资助。

湄公河流域国家是韩国核心发展合作伙伴，韩国官方的发展援助资金中的20%都流向这一地区。2019年11月27日，由韩湄部长级协商机制提升为首脑级别后举行的首届韩国—湄公河流域国家峰会在韩国釜山举行，韩国总统文在寅和柬埔寨、老挝、缅甸、泰国、越南五国领导人在会上共同发表了《汉江—湄公河宣言》，宣布将在7个优先合作领域加强交流，包括文化旅游、人力资源开发、农业农村开发、基础设施、信息通信技术、环境和非传统安全合作。此次峰会上宣布成立韩湄水资源共同研究中心促进水治理合作，并将通过设立的"韩国—湄公河生物多样性中心"保存湄公河丰富生物资源，发掘有用的生物资源，为生物产业注入新的增长动力。

印度认为，湄公河次区域是印势力范围的自然延伸。为将恒河和湄公河这两大流域连接起来，印度从20世纪90年代初就实施了"东向政策"（Look East）。2014年莫迪上台以后，"东向政策"升级为"东进政策"

---

① 冯杏伟：《冷战后欧盟与湄公河次区域国家关系的发展及影响研究》，硕士学位论文，云南大学，2015，第13页。
② MRC, "Germany, EU Renew Support to Strengthen Mekong Transboundary Water Cooperation", November 28, 2018, http://www.mrcmekong.org/news-and-events/news/germany-eu-renew-support-to-strengthen-mekong-transboundary-water-cooperation/.

（Act East），印度表示将采取更加主动的方式与区域国家互动，并在安全、互联互通和区域一体化上深化合作。作为"东向政策"的一部分，印度于2000 年发起了"湄公河—恒河合作倡议"（Mekong-Ganga Cooperation，MGC），其中包含了交通、旅游、文化和教育 4 个主要议程。印缅泰公路是这一倡议的核心部分，根据规划，未来公路还可能延伸至柬埔寨、老挝和越南等更多国家，为南亚—东南亚贸易和生产网络的形成奠定基础。尽管印度在基础设施的战略规划中雄心勃勃，但因其往往擅长制订计划却缺乏执行力而导致互联互通工程的落实和预期成效难以充分体现。其中，资金问题一直是困扰印度在东南亚地区投资的一个重要难题。[①] 印度与湄公河国家在水治理上尚无实质性合作。

域外国家的介入，将对湄公河水治理产生如下影响。

一　推动透明且基于规则的水治理

湄公河次区域有 12 个合作机制，其中 5 个是由域外国家倡导建立的，由此可见湄公河次区域的地缘重要性和域外国家竞争的激烈程度。

基于规则的水治理是美国和欧洲输入的主要理念。西方舆论认为，与西方和日本公司相比，中国建设公司不受严格的跨国投资环境法律责任的制约，很少关注开发项目的环境影响，并以此攻击中国。[②]

虽然西方对中国的指责往往带有意识形态色彩，并非基于客观事实，但在舆论影响下，中国应加快与湄公河国家在跨境水资源合作上的制度化建设，透明且基于规则的水治理将成为澜沧江—湄公河流域发展的趋势。

二　多方共治将长期存在

中国历来重视睦邻友好，然而，一方面出于获取政治经济利益和遏制

---

① 贺嘉结：《角力湄公河：中国、日本和印度在湄公河次区域的基础设施投资比较研究》，《东南亚纵横》2019 年第 2 期，第 22 - 29 页。

② Bertil Lintner, "China Winning New Cold War on the Mekong", June 24, 2019, https：//www.asiatimes.com/2019/06/article/china - winning - new - cold - war - on - the - mekong/（登录时间：2019 年 9 月 10 日）.

中国影响力等目的，美日印近年来加大对中南半岛事务的介入，其间三国又有联手制华的趋向。另一方面，美国介入湄公河次区域部分满足了东南亚国家的安全需求。东南亚各国在对外战略上普遍奉行"大国平衡"政策，即把所有大国拉进去，在此基础上建立起地区安全结构，并在大国的相互博弈和制衡中获取自己的利益。

伴随中国影响力的上升，在军事及政治经济领域，东南亚国家都把美国作为重要的制衡力量。[①] 中国社会科学院中国边疆史地研究中心马大正研究员表示，对于美国重回亚洲之举，"南亚及东南亚诸国普遍持欢迎的态度，一个重要原因是，它们对中国的崛起感到担心，希望美国的介入能够平衡中国崛起之后的亚洲新格局"。新加坡资深政要李光耀的看法很能代表东南亚诸国的心态。2009 年，李光耀访问美国时传达了他对世界秩序变化的观点，核心观点有两个：中国的崛起正在改变世界格局特别是东亚格局；美国应该重回亚洲，成为东亚共同体的一部分。在李光耀看来，美国重新回到亚洲并发挥影响力是形成新的均衡的关键，而东盟诸国只有在这种情况下才会有安全感。因此，美国和湄公河国家的合作，实质上是双方各取所需。[②]

"大国平衡"政策造成区域"机制拥堵"的同时，也给湄公河国家带来了实惠。在 GMS 框架下，《2022 区域投资框架》规定了未来五年间的优先项目清单，包含 227 个投资和技术援助项目，总金额约 660 亿美元。[③] 在澜湄合作框架下，中国设立了 100 亿元人民币的优惠贷款，50 亿美元的产能合作特别贷款，50 亿美元出口买方信贷，支持次区域基础设施建设和产能合作。中国还为未来 5 年设立了 3 亿美元的澜湄合作专项基金支持六国中小合作项目。[④] 在美国"湄公河下游倡议"框架下，湄公河国家 10 年来获得的利益包括：34 万人口能够用到经过净化的饮用水；3800 名官员、教师和学生接受英语培训；2.7 万人用到干净水设施；45 个项目促进基础

---

① 阎梁、田尧舜：《东南亚国家经济外交的策略研究》，《东南亚研究》2012 年第 4 期，第 21 页。

② 《湄公河经略》，《南方能源观察》2011 年 10 月刊。

③ 《大湄公河次区域经济合作领导人会议通过多项成果文件》，新华社电，2018 年 3 月 31 日。

④ 《中国将设澜湄合作专项基金 未来 5 年提供 3 亿美元》，新华社电，2016 年 3 月 23 日。

设施可持续性。^①虽然各种合作机制之间具有竞争色彩，但客观上都能加强次区域国家的经济联系，促进次区域的经济和社会共同发展。

当前，美国、日本、韩国和印度都将湄公河国家视为一个整体建立了双边合作机制，合作范围均涉及基础设施、环境、能源、卫生、旅游、教育等领域，其中很多领域与水资源直接或间接相关。欧盟虽然尚未和湄公河国家建立类似机制，但其流域管理理念、方法和经验以及大坝安全评估技术、清洁技术、生物经济、数字化等方面的优势和湄公河国家在迈向可持续发展道路上的需求不谋而合。由此，湄公河水资源问题上的多方共治局面将长期存在。

三　非政府组织成为不可忽视的力量

西方国家一贯善于利用非政府组织和民间力量来造势，达到自己的战略目的。

在湄公河水资源治理中，不能否认 NGO 发挥的积极作用。大坝截断江河，会造成鱼类洄流受阻，湿地被淹没，流域生物多样性受到直接挑战，水量变化影响原居民的渔猎农耕，依河而生的文化形态岌岌可危。1987年，挪威首相布伦特兰夫人发表了著名报告《我们共同的未来》（即"布伦特兰报告"），提出了运用最广泛的可持续发展的定义，指出可持续发展的目的应该是"满足当代人的需求，同时又不妨碍后代人并满足他们的需求"。^②2000 年，世界水坝委员会（WCD）发表《水坝与发展——新的决策框架》，宣称，水坝对人类发展贡献巨大，效益显著，然而，很多情况下，为确保从水坝获得利益而付出了不可接受的、通常是不必要的代价，特别是社会和环境方面的代价。^③事实上，每一条江河都有其特定的自然、历史、人文及社会特性，在发展中国家，生态和文化形态的多样性更为脆

---

① "Opening Remarks at the Lower Mekong Initiative Ministerial", Michael R. Pompeo, Secretary of State, Bangkok, Thailand, August 1, 2019.

② 〔澳〕克努：《水政治》，谢永刚译，中国农业出版社，2010，第 2 页。

③ 王亚华：《反坝，还是建坝？——国际反坝运动反思与我国公共政策调整》，《中国软科学》2005 年第 8 期，第 33 - 39 页。

弱，一旦失去将很难复现。因此，河流开发规划确应慎之又慎，每一个决策都应是在发展和保护的关系命题下权衡再三、博弈取舍的结果。

但NGO自身也存在一些局限性，如观点和行为易受西方主导；过分强调水资源开发项目的负面影响，而忽视它的正面意义；抗议过程中容易出现过激行为和乱象；所持的反坝观点的科学性尚有待进一步观察和研究，等等。

由于历史原因，西方力量在东南亚社会组织中普遍存在。在湄公河国家特别是泰国和柬埔寨，社会团体活动尤为强劲。本土NGO数量众多，但自身存在许多弊端，如力量弱小，缺乏管理，专业技能、设备和资金都不足。本土NGO一般都受到国际NGO的指导，资金通常来自欧洲、日本、北美和澳大利亚，而国际NGO多是由西方国家主导，其观点和行为易受西方国家政治的影响。比如，泰国的"拯救湄公河联盟"组织，其合作伙伴就包括美国的"国际河流组织"、日本的"湄公河观察"等众多西方NGO。又如，近几年，由美国和欧盟资助的NGO组织频频在缅甸仰光的高校举办工作坊和研讨会，就宪法、人权、环境等课题进行培训，这些培训课程都建立在西方价值观的基础上。与此同时，这些国际NGO相互间又保持着密切的联系，定时发布报告、举办研讨会等，对各流域国政府以及民众产生了较大的影响。当近年来中国与大湄公河次区域国家经贸活动深入开展时，国际NGO抓住中国投资易对环境产生影响的矿业、水利等领域开展进一步舆论攻势，制造舆论压力，误导当地民众和政府，最终给中国投资蒙上"环境破坏者和社会问题制造者"的污名。2011年9月，由中国投资的缅甸伊洛瓦底江（中国境内称独龙江）上游的密松水电站因环境影响等原因被缅甸政府叫停，其背后就有国际NGO的身影。

四　挑拨中国与湄公河国家的水资源矛盾

这种现象在越南表现得尤为明显。越南虽与中国有着很强的文化相通性，但不少越南人，包括一些越南史学家，对于中国封建王朝统治越南的这段历史，一直耿耿于怀。[①] 越南对中国在中南半岛不断增加的存在度表

---

① 常河：《越南人对中国心态纠结》，《国际先驱导报》2011年6月17日。

示担心，希望强化与域外大国的战略关系，以在南海等问题上抗衡中国，并在与它们的合作中探索一条自己的路。美国从地缘战略考虑，积极利用越南与中国接壤的地缘优势及越南对中国崛起的忧虑，把越南作为重返亚洲的一个战略支点，将越南纳入美国"亚太再平衡"战略之中，改进提升美国在该地区的同盟关系。这种战略上的交汇构成了近年来美、越两国关系取得实质性发展的主要动力。与此同时，越南和日本两国关系也获得了突飞猛进的发展。

越南外交的变化，也影响到中国与越南的水资源关系。在下游国家中，越南媒体对中国在澜沧江建坝反应最为强烈。2012 年，在俄罗斯符拉迪沃斯托克举行的亚太经合组织（APEC）峰会上，越南主席张晋创联合域外国家向中国施压，并在发表演说时强调，"湄公河水资源的管理和有效利用已经演化成迫切的问题，这一问题对于越南最大产粮区产生了负面影响"。华盛顿史蒂姆森研究所公布的一份名为《湄公河分歧点》的报告，故意渲染中国在澜沧江修建大坝将从根本上威胁到下游国家的农业生产，称"越南 52% 的大米产自湄公河三角洲，而中国建坝后产生的泥沙变化将会导致越南大米大幅减产"。[①]《华盛顿邮报》也挑拨说，中国侧重与泰国、缅甸和柬埔寨进行水文合作，尤其是与泰国更多地进行水文数据交换，却甚少与越南进行此方面合作，"这显然是中国有意地将地缘竞争对手越南边缘化"。[②]

总的来说，半个多世纪以前，美国和日本就开始了对湄公河次区域事务的深度介入，而近年来它们都加大了对湄公河次区域的重视程度。美国的"湄公河下游倡议"和日本的"日本—湄公河次区域伙伴关系计划"，都含有扩大自身在东南亚地区的影响力、争夺经济利益、制衡中国的意图。一方面，它们向湄公河次区域国家施以巨额的政府援助，加大经贸和投资力度，强化双边关系；另一方面，通过国际 NGO 对当地社会团体进行渗透，毁坏中国的形象。进入 21 世纪后，欧盟、韩国和印度也纷纷加大对湄公河次区域发展的支持。多种合作机制在湄公河次区域的并存，意味着

①　《美指责中国开发湄公河孤立越南》，《国防时报》2010 年 7 月 2 日。
②　《美指责中国开发湄公河孤立越南》，《国防时报》2010 年 7 月 2 日。

水资源问题多方共治的局面将长期存在。

小　结

　　早期地缘政治学家们描述的达尔文模式的国家边界扩张和领土征服，如今已不再被认可。然而，不再进行地理扩张并非意味着大国的活力或竞争动力枯萎。事实上，大国之间的竞争比以前更为激烈，只是竞争的形式发生了改变：从对领土的争夺转向增强经济实力和影响力、获取资源的竞争。湄公河流域国家普遍有很大的发展空间，外界势力介入导致流域国家间权力分配的改变，也对水资源合作产生一定影响。美日都希望通过支持湄公河次区域发展从中分得一杯羹，并且增强西方世界影响力，对抗在该地区影响力不断上升的中国。中国则在地缘政治上拥有其他大国无法比拟的优势。未来在湄公河次区域的博弈中，中美日三国的竞争不仅难免，而且可能会更加激烈。而所谓中国水威胁论，只不过是美日在湄公河流域地缘竞争中用以制衡中国的一个幌子。湄公河国家对发展基础设施需求巨大，十分需要外部投资与合作，单凭中国、美国、日本或任何一个国家，均难以担当起推动湄公河次区域快速度高质量发展的重任。中、美、日等国在资金、技术和经营模式上有很大互补性，未来可探索在湄公河次区域水资源开发和治理上深入开展三方合作，共同促进湄公河国家的繁荣稳定。

第七章

以发展和安全为导向的澜湄水资源合作

澜湄合作是由中国倡导成立的首个新型周边次区域合作机制，以打造澜湄国家命运共同体为愿景目标，内容涵盖政治安全、经济和可持续发展、社会文化等领域。澜湄合作自 2015 年 11 月启动以来，在六国领导人强有力的政治引领、高度的政治共识和旺盛的经济社会发展需求助力下，显示出强劲的发展势头，短短两年时间就从培育期进入成长期。在澜湄合作框架下，水资源合作被列为五个优先领域之一，体现了中国在跨境水资源合作治理上正在逐步实现从排斥、质疑到认同、支持，最后积极参与合作规则制订的转变。然而，由于跨境水问题的复杂性和地缘政治的敏感性，澜湄水资源合作虽然成果丰富，但尚处于以项目为主导的层次。要推动水资源合作向更深层次方向发展，建立一个覆盖全流域的水资源综合管理机制将是一个绕不开的话题。在澜湄合作强劲发展的背景下，建立水资源综合管理机制的时机是否成熟？澜湄水资源合作的推进应遵循怎样的渐进路线才符合各国的国家利益？为此，本章将首先分析当前流域水资源矛盾发展新趋向及其带来的合作机遇，然后分析流域各国在水资源合作中不同的利益需求，再在此基础上提出深化澜湄水资源合作[①]的渐进路线。

[①] 水资源合作模式主要包括协调（信息交流与共享）、协作（签定条约和制订行动规则）和联合行动（设立共同的管理机构）三大类。成立流域组织机构开展联合管理，是深化跨境水资源合作的普遍做法。流域组织机构，是指同一流域之内的国家根据所签订的流域水条约等正式协议所设立的、专门性的、以经常性的委员会形式存在的实体或组织，参加的成员是相关国家政府指定的代表。参见李志斐《水与中国周边关系》，时事出版社，2015，第21、23页。

第一节　关于中国开发澜沧江的争论

千百年来奔行于高山峡谷间的澜沧江，正在成为中国新兴的水电能源基地。澜沧江所流经的中国境内，主要为山地峡谷地形，人口稀疏，但水资源丰富。自 20 世纪 80 年代起，中国将澜沧江流域的水电和有色金属基地建设确定为国家的 19 个重点开发区之一，云南省制订了"电力先行、矿电结合、对外开放、综合开发"的流域综合开发方针。为此，境内流域水资源的开发重点是：寻求电力市场，开发水电资源；打通全流域国际航运，促进对外贸易与旅游发展；开发资源，消除贫困；保护生物多样性。[①]在这些发展目标的指导下，澜沧江干流在云南省境内计划分 14 级开发，其中中下游河段规划建设一个包括 8 座水电站在内的梯级干流水电站，预计到 2025 年实现电力产量约 1560 万千瓦，总蓄水容量 232 亿立方米。水电开发除了旨在满足中国西南省份农村电气化的需要外，还可输电至广东省以及毗邻的泰国、缅甸和老挝，其中泰国是一个重要的电力潜在消费市场，因该国缺电严重，需要大量从国外输入。然而，澜沧江开发可能产生的跨境影响引起国际社会和下游国家的担忧，其中越南的反对声音最为强烈。尤其是 2010 年湄公河流域遭遇干旱时，下游国家将之归结于中国在上游澜沧江的开发所致，非政府组织成为反对中国建坝的"前锋"。

一　澜沧江中下游开发规划

中国从 20 世纪 80 年代中后期起投资开发澜沧江水力资源。澜沧江干流在云南省境内计划分 14 级开发，利用落差 1655 米，总装机容量约 2259

---

① 何大明、冯彦：《国际河流跨境水资源合理利用与协调管理》，科学出版社，2006，第138 页。

万千瓦。上游段正在建设中，拟分 6 级开发，总装机容量 704 万千瓦。[①]
1986 年《澜沧江中下游河段规划报告》完成，并于 1987 年经原水电部和
云南省政府联合审查通过。根据规划，澜沧江云南段中下游河段上将陆续
建设 8 座梯级电站，形成总装机容量达 1555 万千瓦的水电群体。这 8 座梯
级电站以小湾、糯扎渡两大水库为核心组成两库八级进行开发（见表 7 -
1），从上到下依次为功果桥水电站、小湾水电站、漫湾水电站、大朝山水
电站、糯扎渡水电站、景洪水电站、橄榄坝水电站和勐松水电站，年总发
电量 734.14 亿千瓦时。[②] 澜沧江云南段中下游的两库八级开发方案中的漫
湾水电站、大朝山水电站、景洪水电站、小湾水电站、功果桥水电站和糯
扎渡水电站已先后建成投产。云南段上游 6 座梯级电站和中下游的橄榄坝
水电站将在"十三五"期间全部开发完毕。中国西南地区总体经济发展水
平低，扶贫任务重，能源短缺，澜沧江水电开发将有力促进该地区经济社
会发展，改善民生。通过电力外送，澜沧江发电还能缓解下游国家能源供
需矛盾。由于水能是一种重要的可再生清洁能源，澜沧江水电开发也将有
利于减缓气候变化。总体上说，澜沧江水电开发有着巨大的经济和社会
效益。

表 7 - 1　澜沧江中下游水电站开发规划

水电站	投产时间	用途	坝高	总库容	装机容量	年发电量
漫湾	1995 年全部机组投产发电	以发电为单一目标	132 米	9.2 亿立方米	150 万千瓦	78.8 亿千瓦时
大朝山	2003 年全部机组投产发电	以发电为单一目标	115 米	9.4 亿立方米	135 万千瓦	70.2 亿千瓦时
景洪	2009 年全部机组投产发电	以发电为主，兼有航运、防洪、旅游等综合利用效益	108 米	11.4 亿立方米	175 万千瓦	79.3 亿千瓦时
小湾	2010 年全部机组投产发电	以发电为主，兼有防洪、灌溉、拦沙及航运等综合利用效益	294.5 米，为当时世界在建的最高拱坝	149 亿立方米	420 万千瓦	190 亿千瓦时

[①] 澜沧江上游西藏段规划分 6 级，从上游到下游分别是侧格、约龙、卡贡、班达、如美、
古学，预计"十三五"期间全面开工建设。

[②] 顾颖、雷四华、刘静楠：《澜沧江梯级电站建设对下游水文情势的影响》，《水利水电技
术》2008 年第 4 期，第 20 - 23 页。

水电站	投产时间	用途	坝高	总库容	装机容量	年发电量
功果桥	2012 年全部机组投产发电	以发电为主	105 米	3.16 亿立方米	90 万千瓦	40.41 亿千瓦时
糯扎渡	2014 年全部机组投产发电	以发电为主,同时兼顾防洪、改善下游航运、渔业、旅游和环保作用并对下游电站起补偿作用的特大型水电工程	261.5 米	237.03 亿立方米	585 万千瓦	239.12 亿千瓦时
橄榄坝	正在进行前期准备	以发电为主,兼顾生态用水。橄榄坝水电站作为景洪电站的反调节水库,对充分发挥景洪水电站的调峰效益和妥善解决澜沧江中下游梯级电站发电与航运的矛盾具有重要作用	60.5 米	7236 万立方米	15.5 万千瓦	8.7 亿千瓦时
勐松	放弃开发		65 米		设计 60 万千瓦	

资料来源:综合华能澜沧江水电股份有限公司网站信息。

第二节 澜湄流域水资源矛盾发展新趋势

如前所述,21 世纪初,澜湄水资源跨境争端主要表现为下游湄公河国家一致反对中国在上游建造梯级水电站。2010 年以后,随着老挝在湄公河干流相继开建沙耶武里、栋沙宏北本水电站,湄公河国家之间的矛盾凸显,下游国家与中国的矛盾相对弱化。这种趋势给中国与下游国家的水资源合作带来机遇。

一 矛盾向下游国家之间转移

首先,下游湄公河国家之间矛盾加剧。2010 年以来,随着干流水电站——

老挝沙耶武里、栋沙宏和北本水电站相继开建，以及老挝北礼、琅勃拉邦和柬埔寨松博水电站的建设被提上日程，湄公河开发中的跨境争端凸显。然而，1995 年泰国、老挝、柬埔寨和越南四国签署的《湄公河流域可持续发展合作协定》并未赋予湄公河水资源合作管理机构湄公河委员会强有力的职能，湄委会的角色局限于"技术咨询"和"水外交平台"。自 2010 年起，老挝政府根据《湄公河协定》及其细则《通知、事前协商与协议程序》（PNPCA）① 先后向湄委会秘书处提交了 5 个干流水电站建设的官方通知及相关材料。在沙耶武里和栋沙宏项目上，湄委会成员国未能达成一致，之后老挝单边推进项目建设。在北本和北礼项目上，经湄委会斡旋，成员国达成一致：同意老挝推进项目建设，但须采取一切措施消除或减轻潜在的负面跨境影响。② 与此同时，成员国通过《联合行动计划》，以监督老挝贯彻落实成员国达成的声明。③

其次，随着下游国家开发力度加大，中国不再是众矢之的。20 世纪 90 年代至 21 世纪初，下游国家和域外大国从现实主义出发来理解中国水政治，将目光聚焦于中国与下游国家的权力不对称。2010 年沙耶武里水电站开建后，下游国家的关注点转移到老挝身上，针对中国大坝的反对声开始减少。对澜沧江—湄公河干流开发最为担忧、反应最强烈的是处于最下游的越南，以越南 VietNamNet 新闻网站为例，通过分析可以发现，从 2010 年迄今，越南关于上游建坝影响的舆情逐渐发生变化：2010 年越南三角洲居民还习惯性地将水文变化归结于中国在上游建坝；2011 年老挝单边推进沙耶武里干流水电站建设后，越南开始关注下游干流建坝问题；其后几年，随着老挝其他两个干流水电站栋沙宏和北本的陆续开建，越南的担忧越来越强烈；2017 年中，越南官员、社会活动家、技术专家和湄公河流域其他国家的官员密集发声，反对在干流上建造北本水电站，越南总理阮晋

---

① *Procedures for Notification*，*Prior Consultation and Agreement*（*PNPCA*），MRC，2013.
② *Statement on the Prior Consultation Process for the Pak Lay Hydropower Project in Lao PDR*，MRC，April 4，2019.
③ *Joint Action Plan for the Implementation of the Statement on the Prior Consultation Process for the Pak Lay Hydropower Project in Lao PDR*，MRC，April 4，2019.

勇甚至亲自过问，希望通过外交渠道解决争端（见表 7 - 2）。① 与此同时，2010 年后中国显示出更积极的跨境水合作姿态，② 不再是被动的沉默者，逐渐扭转了国际形象。

表 7 - 2　越南关于上游建坝影响的舆情变化

发表日期	文章标题	主要内容
2010 年 11 月 13 日	Scarcity of fish in Mekong Delta's flood season	今年洪水季节未如期而至，越南西南居民可捕小鲮鱼数量锐减，当地居民怀疑水文变化与中国上游建坝有关
2010 年 11 月 15 日	Chinese dams prevent flood in Vietnam's southwestern region?	湄公河三角洲由于洪水来得晚、水量少，遭受严重损失。越南南方灌溉规划研究院执行主任阮玉映（Nguyen Ngoc Anh）觉得部分原因来自中国建坝
2011 年 2 月 23 日	Debate on hydro-power dams in Mekong River	2 月 22 日，越南和老挝就沙耶武里项目的建设举行第二轮国家层面的磋商。越南专家担心湄公河三角洲会面临两方面危险：自然水流量的改变和海平面的上升。海水入侵将对数百万人口的生计造成威胁
2011 年 4 月 26 日	Experts call on Laos to abandon hydropower project	湄委会发布新闻公告称，尽管老挝计划推进水电站建设，但泰国、柬埔寨、越南呼吁延长决策期，对跨境影响和认知鸿沟表示担忧，认为这些需要进一步研究和公众协商
2016 年 3 月 16 日	Vietnam takes urgent action to rescue Mekong River Delta	越南总理阮晋勇指示自然资源和环境部、外交部和越南湄公河委员会给上游国家发出外交信函，要求其提供水资源和大坝运行的信息，保证包括越南三角洲在内的下游河段水量。2014 年，他在会见老挝首相时曾表示，老挝在修建干流水电站时应考虑容纳 2000 万人口的越南三角洲
2017 年 1 月 27 日	Proposed hydropower plant in Laos to affect lower Mekong River in Vietnam	国际河流组织东南亚项目主任莫林·哈里斯（Maureen Harris）称，北本项目将对老挝下游河段以及泰国、柬埔寨产生重要影响，但是越南湄公河三角洲受到的影响最大

---

① 笔者根据 VietNamNet 新闻网站 2010 - 2017 年关于越南对上游建坝反应的新闻报道整理分析而得。

② 韩国釜庆国立大学学者韩振熙认为，2010 年中国同意向湄委会提供干季水文信息，标志着中国的合作态度发生大幅度转变。参见 Heejin Han, "China, An Upstream Hegemon: A Destabilizer for the Governance of the Mekong River?", *Pacific Focus*, Vol. 32, No. 1, 2017, pp. 30 - 55。

续表

发表日期	文章标题	主要内容
2017 年 5 月 11 日	China builds hydropower plant in Laos, poses threat to Mekong Delta	专家指出关于北本项目的实地研究结论敷衍了事。越南国家湄公河委员会湄公河开发援助中心主任阮英德（Nguyen Anh Duc）称，如果水电站建设在如此不充分的信息基础上进行，将对下游河段产生难以预料的后果，特别是三角洲
2017 年 5 月 16 日	Vietnam Urges Laos to rethink Mekong River dams	5 月 12 日，越南自然资源和环境部长兼越南国家湄公河委员会主席陈红河（Tran Hong Ha）主持了一个关于北本项目的研讨会，专家们警告，一旦北本及其他 10 座干流水电站建成，湄公河三角洲将在数十年后消失

资料来源：越南 VietNamNet 新闻网站。

　　总的来说，虽然澜湄流域水资源开发的矛盾尚处于温和状态，但随着下游国家加大开发力度，加上全球气候变化的影响，澜湄水资源"碎片化"管理越来越难以适应流域可持续发展的要求，澜湄国家之间特别是越南与老挝、柬埔寨之间的水资源冲突有加剧之势。一旦干流水电站建成运行后对下游国家产生实质性严重影响，矛盾将激化。

二　矛盾演变带来合作机遇

　　湄委会自 1995 年成立后，曾多次邀请中国加入该组织，中国虽然强调在未来会继续重视并保持同湄委会的良好关系，但对超越对话关系成为湄委会成员国没有兴趣。这主要是因为：一方面，按照《湄公河协定》的要求，中国在开发澜沧江干流时应征得其他流域国的同意，这将极大影响中国对澜沧江的水电开发计划；另一方面，20 世纪 90 年代中国率先开发澜沧江干流，下游国家一旦发生旱涝灾害，习惯将责任全部归结于中国在上游建坝，而且湄委会历来受西方国家主导，中国参加湄委会很可能会成为少数派，受到排挤。[①]

　　随着时间的推移，形势发生了变化。首先，澜湄水资源图景发生变化。如前所述，湄公河国家对河流的开发进入白热化阶段，相互之间的矛

---

　　① 卢光盛：《中国加入湄公河委员会，利弊如何》，《世界知识》2012 年第 8 期，第 30－32 页。

盾加剧，中国在上游的建坝活动不再是众矢之的。中国已经完成了澜沧江在云南省境内中下游河段 6 座梯级水电站的建设，这 6 座水电站最靠近湄公河国家，也是最容易产生跨境争议的，即下游国家与中国的争议高峰期已过。此外，湄委会于 2016 年启动了本地化进程的改革，目标是到 2030 年实现财务独立，同时湄委会秘书处首席执行官开始由域内国家人士担任，说明湄委会正努力追求独立地位。

其次，澜湄水资源合作最有可能成为中国与周边国家建设"水安全命运共同体"的先行先试样板。与中哈跨境河流位于严重干旱地区不同，澜湄流域水资源充沛，足以支撑流域经济社会发展，流域国家不必纠结于水量分配问题，而是要实现利益共享。与中印跨境河流位于边界争议区不同，中国与湄公河国家陆地边界早已划定，且六国地缘相近、人缘相亲、文化相通，具有自然亲近感。与中俄跨境河流流经俄罗斯地广人稀的远东地区不同，几乎全部的柬埔寨人口和老挝人口、将近一半的越南南部人口和近 1/3 的泰国人生活在湄公河流域。

最后，澜湄水资源合作顺应国际水法发展趋势。联合国《国际水道非航行使用法公约》于 2014 年生效，联合国欧洲经济委员会《跨界水道和国际湖泊的保护和利用公约》于 2016 年向全球开放，位于湄公河流域最下游的越南加入了《国际水道非航行使用法公约》，并正在积极申请加入《跨界水道和国际湖泊的保护和利用公约》，泰国也表达了想加入《跨界水道和国际湖泊的保护和利用公约》的愿望。这两部国际水公约均强调水资源公平合理利用、不造成重大跨界损害和合作义务三个原则。在此背景下，国际社会的舆论和下游国家对中国的期待，将使全流域合作成为中国未来跨境水资源合作的方向。

由此，中国与湄公河国家的水资源关系到了超越对话关系、扩大合作范围、深化合作程度的时候。

澜湄合作秉持发展为先、平等协商、务实高效、开放包容的合作理念，未来澜湄合作框架下的水资源合作也将在这一理念的指导下，由六个流域国家在平等协商的基础上制定全流域发展规划、签署合作法律文件、组建流域管理机构，而不是中国简单地加入湄委会这样一个由下游国家 20 多年前建立的效力有限的既成机制。

第三节　澜湄水资源合作中的各方主要利益需求

2014年11月，李克强总理在中国—东盟领导人会议上提出建立澜沧江—湄公河对话合作机制的倡议，"澜湄合作"由此进入实质性构建阶段。2016年3月23日，澜湄合作首次领导人会议在三亚召开，澜湄合作正式启动。根据现阶段次区域的实际情况和发展需求，澜湄合作初期确定了五个优先领域，即互联互通、产能合作、跨境经济合作、水资源合作、农业和减贫合作。

澜湄合作因水而生，因水而兴，在敏感度较高的水资源开发利用领域进行合作，是中国与下游国家构筑互信的必要条件，也是澜湄合作顺利推进的重要保证。而在水资源领域的合作也将惠及其他合作领域。首先，水资源项目和电网的建设将促进产能和跨境经济的合作；其次，水资源开发和利用，将促进航运的发展和流域各国的互联互通；最后，防洪抗旱能力的提高，将促进农业合作和地区减贫。澜湄合作首次领导人会议宣布建立澜湄流域水资源合作中心，共享河流信息资料，共同保护沿河生态资源，让澜湄沿岸民众更好地"靠水吃水"。

中国领导人多次强调，澜湄合作机制与已有机制是"相互补充，相互促进"的关系，不会替代原有机制。虽然湄委会、大湄公河次区域合作、东盟—湄公河流域开发合作等合作机制已经建立，但它们都只是针对某一领域、某一问题或者由本地区以外的国家或机构主导，许多问题没能得到有效协调的解决。例如，GMS由亚洲开发银行主导，"六国想办的事情，亚洲开发银行不一定同意；而亚洲开发银行认为可以办的事，可能不一定符合六国的愿望"。[①] 云南大学卢光盛教授认为，"原有机制主要偏向经济、交通等基础设施建设，对人文交流及政治合作方面不太关注。新的机制想设法突出中国在区域合作中的倡议权和主导权，并将结合'一带一路'等

---

① 马勇幼：《澜湄六国合作进入新阶段》，《光明日报》2015年11月10日，第12版。

战略，在中南半岛等区域，在资金、市场方面发挥更大的作用"。①

虽然澜湄合作机制尚没有针对跨境水资源管理提出具体建议，澜湄水资源合作中心的工作目标和职能划分也还不十分明确，但鉴于当前湄委会的机制能力不足（成员国只包括下游四国）和 GMS 合作的松散性（虽有流域六国参与，但基本以项目为主，议程不涉及跨境水管理问题），当前流域内各国专家学者都对在澜湄合作机制下推动跨境水资源合作寄予厚望。泰国多位专家表示，澜湄合作机制有助于流域各国围绕水资源问题展开对话，在对话中谋求问题解决之道。他们建议将澜湄合作机制建成共商、共建、共享的次区域合作平台，直面流域国家在水资源利用上的问题和分歧，商讨湄公河航道整治和综合利用水资源的总体规划和科学设计。②

湄公河国家及域外国家对于澜湄合作机制下的水资源合作十分关心，希望看到详细的机制建设规划。而要建立受澜湄各国认可的水资源合作机制，首先需要了解各国的利益需求。

一　中国的周边战略需求

在跨境河流合作中，上游国家具有天然地理优势，合作意愿一般不强。上游国与下游国之间的合作动机，来自于合作能给自己带来的利益增量。对于中国而言，推进澜湄水资源合作的意义，不仅在于获得项目产生的经济收益，更是服务于中国的战略需求。

首先，深化澜湄水资源合作能提升中国"软权力"。卢光盛和熊鑫认为，"中国积极主动构建澜湄合作更多是出于增强区域合作倡议力、引领力，开辟全球化规则的中国话语权，维护周边安全等战略利益方面的考虑"。③ 约瑟夫·奈认为，国家的软权力来自三种资源：文化、意识形态（或价值

---

① 《澜湄合作机制建立　为地区发展注入新动力》，新华社电，2015 年 11 月 18 日。

② 《整体规划流域资源　挖掘产能合作潜力——泰国学者寄望澜湄合作》，新华社电，2016 年 3 月 22 日。

③ 卢光盛、熊鑫：《周边外交视野下的澜湄合作：战略关联与创新实践》，《云南师范大学学报》（哲学社会科学版）2018 年第 2 期，第 27 - 34 页。

观）、国际规范与制度。[1] 积极推进澜湄合作，建立公平合理的水资源合作机制，打造"同饮一江水，命运紧相连"的澜湄命运共同体，对于中国新时代外交具有重要意义。

其次，深化澜湄水资源合作，实现流域可持续发展，能保障中国的粮食安全。澜湄六国一水相连，流域 7300 万人依水而生、傍水而栖，其中84%的居民生活在下游国家老挝、泰国、柬埔寨和越南，[2] 渔业和河岸农业是下游居民重要的生计来源，稻米和鱼也是湄公河国家重要的出口商品。而中国是粮食进口大国，从进口地分布来看，湄公河流域是主要供应来源。中国海关数据显示：中国 2017 年稻米进口量合计为 399.31 万吨，其中从越南进口 226.46 万吨、泰国 111.69 万吨、巴基斯坦 27.28 万吨、老挝 7.32 万吨、缅甸 8.17 万吨、柬埔寨 17.94 万吨。[3] 中国与湄公河国家的农业贸易合作潜力巨大。

最后，推动澜沧江—湄公河航运开发，保障航行安全，能打通中国西南省份进入东南亚的出海通道，促进边陲地区的发展。2000 年中国与老挝、缅甸和泰国签署了《澜沧江—湄公河商船通航协定》，实现从中国思茅到老挝琅勃拉邦 880 多千米长河段的自由通行。但此河段有大量礁石，500 吨的货船在枯水期无法通行。当前，爆破礁石疏浚河道的工程因遇到下游非政府组织的强烈抵制而停滞。中国可以在澜湄合作框架下解决河道通航问题，加强已建立的联合巡逻执法护航机制。

二　越南的粮食安全需求

作为澜湄流域最下游国家，越南希望澜湄合作能在水资源合作方面取得实质性进展。越南副总理兼外长范平明参加澜湄合作第一次外长会议时

---

① 〔美〕约瑟夫·奈：《软力量：世界政坛成功之道》，吴晓辉、钱程译，东方出版社，2005，第 128 页。

② Joern Kristensen, "Food Security and Development in the Lower Mekong River Basin: A Challenge for the Mekong River Commission", Paper delivered at the Asia and Pacific Forum on Poverty: Reforming Policies and Institutions for Poverty Reduction, Manila, February 5 - 9, 2001.

③ 《中国粮食进口 20 年大数据》，搜狐网，2018 年 1 月 30 日，http://www.sohu.com/a/219829948_775483（登录时间：2019 年 9 月 10 日）。

就强调，湄公河上下游国家在湄公河可持续管理和利用方面的合作应置于
澜湄合作最优先考虑地位。①

由于距坝遥远，越南受中国大坝影响不大，其主要担忧的有两点：一
是上游国家调水，即担心中国从澜沧江引水到长江、泰国从湄公河引水灌
溉东北地区并调水到湄南河；二是担心老挝和柬埔寨在干流建坝会引发下
游自然水流量的改变，导致海水入侵、泥沙沉积量减少等后果，对越南
"粮仓"三角洲地区产生威胁。

越南政府起初呼吁上游国家建坝计划至少推迟10年，但后来认识到叫
停老挝水电开发几无可能，于是改变策略，转而强调上游国家应当尽力将
影响减少至最低程度，希望同上游国家在湄公河水资源规划、开发利用和
水库调节等方面加强合作，确保在面临日趋严峻复杂的自然灾害的背景
下，尽可能降低三角洲所受的威胁。②

越南并不满意湄委会机制，认为湄公河问题需要一个更高层次的磋商
机制，而湄委会只是一个部长级别的组织机制。它还希望域外大国参与，
帮助促进湄委会成员国之间的合作以及湄委会与中国的对话。

三 泰国的水文信息共享和污染防控需求

泰国是次区域合作的积极推动者，"除了期待在合作中获得更多的投
资与出口机会外，亦希望借此来牵制越南、老挝和柬埔寨的'铁三角'"。③
但泰国作为相对上游国家，对于建立澜湄水资源合作管理机制的需求不如
越南那么迫切，达成水资源共享协定的动力相对较小。与越南和柬埔寨关
注流量和泥沙下泄量相比，泰国由于距离中国梯级大坝和老挝大坝较近，

① "Deputy PM Highlights Importance of Mekong Countries' Partnership", VietNamNet, Nov. 13, 2015, http://english. vietnamnet. vn/fms/government/146197/deputy - pm - highlights - importance - of - mekong - countries - partnership. html（登录时间：2019年9月10日）.
② "Vietnam Urges Laos to Rethink Mekong River Dams", VietNamNet, May 16, 2017, http://english. vietnamnet. vn/fms/environment/178442/vietnam - urges - laos - to - rethink - mekong - river - dams. html（登录时间：2019年9月10日）.
③ 卢光盛、熊鑫：《周边外交视野下的澜湄合作：战略关联与创新实践》，《云南师范大学学报》（哲学社会科学版）2018年第2期，第27-34页.

更关注水位变化和流速。

作为湄公河流域最发达和最依赖能源进口的国家，泰国在水电站建设中扮演着关键的角色。尽管 20 世纪 90 年代以来，泰国社会团体在阻止国内修建新水电站的运动中取得了胜利，但泰国政府对泰国电力局及其他泰国建设公司在老挝和缅甸的活动一贯采取支持的态度。从 1995 年《湄公河协定》产生的过程来看，泰国作为一个上游国家，不希望建立一个约束力很强的机制，不愿意签署一个开发项目须遵从成员国一致同意原则的协定。从 20 世纪 80 年代后期至今，泰国一直有湄公河调水计划，希望解决受干旱困扰的东北部地区干季灌溉问题。有研究发现，《湄公河协定》之所以放弃了老湄委会时期的全体一致原则，是因为泰国承诺发展更密切的泰柬关系，使柬埔寨接受泰国的立场，并通过外交手段获得老挝的支持，最终使越南的态度从强硬转为妥协。[①]

因此，泰国在澜湄水资源合作管理机制的建设中，不会倾向于制订约束力很强的条款，但希望建立水文信息和数据交流、污染防控等机制。

四　老挝的项目支持和能力建设需求

在澜湄水资源合作中，老挝的需求是：第一，项目支持。"水电富国"是老挝最重要的国家经济发展战略。老挝将其水电发电量的三分之二用于出口，约占老挝出口总额的 30%。[②] 老挝自身水电开发力量薄弱，资金有限，其实现"水电富国"之梦需要依靠外来投资和技术。2017 年老挝有 46 座水电站，还有 54 座在建或在规划中。到 2020 年，老挝计划有 100 座水电站运行，装机总容量为 2800 万千瓦。[③] 老挝水电站中，60% - 70% 是中国公司承建。老挝还希望能通过水电项目和移民工程带动通路、通水以

---

① Abigail Makim, "Resources for Security and Stability? The Politics of Regional Cooperation on the Mekong, 1957 - 2001", *The Journal of Environment Development*, Vol. 11, Issue 1, 2002, pp. 5 - 52.

② "Laos Hydroelectric Power Ambitions under Scrutiny", BBC, July 24, 2018, https://www.bbc.co.uk/news/world - asia - 44936378（登录时间：2019 年 9 月 10 日）.

③ "Laos Hydroelectric Power Ambitions under Scrutiny", BBC, July 24, 2018, https://www.bbc.co.uk/news/world - asia - 44936378（登录时间：2019 年 9 月 10 日）.

及学校、医院等配套工程建设。除了开发水电外，建设电网也是老挝所需。老挝希望到 2020 年再建 54 条输电线路和 16 座变电站。① 第二，能力建设。老挝是传统的农业国家，面临着复杂的水问题与水挑战，需要中国在能力建设、科研和人员交流等方面给予支持，提升老挝水利气象科技水平以及防灾减灾、应对气候变化的能力。老挝国家水资源信息数据中心，就是中国政府援助的示范项目，也是澜湄合作早期收获项目成果之一。第三，信息共享。由于老挝首都万象距中老缅边境距离较近，老挝也非常关注中国下泄水量，担心中国大坝放水和蓄水时引起下游水位剧烈波动。第四，绿色增长。2012 年，老挝在世界银行资助下开始进行水资源综合管理实践，旨在实现包括河流可持续管理在内的绿色增长。② 2018 年老挝提出"国家绿色增长战略"，希望这个长期性的计划能给湄公河带来可持续的发展。③

五　柬埔寨的生态保护和能力建设需求

由于距坝远，加上重视中柬友好关系，柬埔寨政府对中国在上游建坝一直未予质疑。早在 2005 年"中国大坝威胁论"甚嚣尘上时，柬埔寨首相洪森就表示，他不担心中国在上游建坝的潜在影响。他说，"我不相信中国会不顾及下游国家的利益"，并指责西方媒体借大坝发难，企图给湄公河国家之间的友好合作制造障碍。但洪森同时表示，他反对上游国家从湄公河调水的任何计划。④

对于老挝建坝，尤其是栋沙宏水电站毗邻老柬边境，柬埔寨非常关注。柬埔寨最担忧的问题是老挝建坝对洞里萨湖及大湖区的累积影响。柬

① "Laos Dam Collapse: Many Feared Dead as Floods Hit Villages", *BBC*, July 24, 2018, https://www.bbc.com/news/world-asia-44935495（登录时间：2019 年 9 月 10 日）.
② "Lao PDR to Improve Water Resources Management", World Bank, July 26, 2017, https://www.worldbank.org/en/news/press-release/2017/07/26/lao-pdr-to-improve-water-resources-management（登录时间：2019 年 9 月 10 日）.
③ "MRC Supports Lao Green Growth Initiative", *Vientiane Times*, May 15, 2018, http://www.vientianetimes.org.la/FreeContent/FreeConten_MRC.php（登录时间：2019 年 9 月 10 日）.
④ "Mekong Dams Not a Concern, Hun Sen Says", *Cambodia Daily*, July 1, 2005, https://www.cambodiadaily.com/news/mekong-dams-not-a-concern-hun-sen-says-48313/（登录时间：2019 年 9 月 10 日）.

埔寨与越南的立场一致，均希望将老挝干流水电站事宜提交湄委会讨论，延长决策过程，以便开展进一步的跨境影响评估和公众协商。

柬埔寨作为下游国家，同时又是水电潜能丰富国家，一方面期望借助澜湄水资源合作平台开发本国水电潜力，缓解国内电力紧张局面并通过出口创造外汇收入；另一方面期望能建立一个水资源合作管理机制以保证下游国家的利益，防止上游建坝或调水危害下游的水及相关资源。

六　缅甸的能力建设需求

在水资源合作方面，湄公河流经缅甸的河段比较短，且都属于界河（中缅界河 31 千米，老缅界河 234 千米），缅甸没有开发湄公河的需求。不过，缅甸近年来积极加入与水相关的国际合作领域，重视建立可持续的水管理和利用机制，强调在东盟和澜湄框架下增强与邻国在跨境河流上的合作，以获得技术帮助，缓解与水相关的自然灾害的发生，并支持和参与水相关数据和信息的收集和发布。缅甸副总统兼全国水资源委员会主席亨利·班·提育强调，在与国际组织进行的水资源和相关工作的全方位合作管理中，应优先注重能力建设工作。①

小　结

通过分析各国参与澜湄水资源合作的利益需求，可以得出：第一，保障水安全并利用水资源促进国家经济发展，是湄公河五国对澜湄水资源合作最大的期待。它们希望借助澜湄合作平台加强流域国家之间的水文信息共享、紧急情况协调和跨境影响磋商，并希望获得中国的资金和技术支持，增强水相关领域能力建设，培养水利建设队伍，加强防范和抵御自然灾害的能力。第二，中国在澜湄合作中的战略需求显然大于其他五国。这

---

① "Our Water Resources Must Be Conserved, Maintained and Managed: U Henry Van Thio", *The Global New Light of Myanmar*, May 12, 2018, http://www.globalnewlightofmyanmar.com/water – resources – must – conserved – maintained – managed – u – henry – van – thio/ （登录时间：2019 年 9 月 10 日）.

意味着中国将成为合作的主要推动者，也将付出更大的合作代价。仅靠以经济合作为主的项目建设，在政治上的产出势必极为有限，这就要求中国必须转变合作思维，权衡合作成本与收益（主要是政治和安全收益）的问题。第三，由于各国的地理位置和发展目标差异，对跨境水资源的利用存在竞争性和结构性矛盾，比如建坝会影响野生鱼类洄游通道、航道疏浚会破坏水生生物栖息地、上游河段的抽水灌溉会导致下游河段水量减少……因此，建立全流域水资源综合管理机制必将经历一个长期的过程。

第四节　澜湄水资源合作需要解决的关键问题

尽管流域国家的水资源合作是大势所趋，但如何建立有效的合作机制却是摆在所有流域国家面前的难题。澜沧江—湄公河合作治理需要解决的关键问题包括以下三个方面。

一　建立水资源开发利益分配机制

有效的管理体系的一个重要部分是就参与（谁应该参与、在多大程度上参与）、决策（怎样使决策透明）、分配（水资源和水资源开发利益分配）原则达成一致。因此，建立相关的原则和标准是实现地区公共利益的重要一步。湄公河流域国家虽在湄委会的框架下合作数十年，但一直未能建立起水分配和利益分配机制。"在没有制度约束的情况下，干流水电站建成后，国家之间、社会之间的成本和收益难以实现公平分配或将成为湄公河水资源治理的最大挑战"。[1] 根据麻省理工学院政治科学家舒克瑞和诺斯的"侧向压力理论"（lateral pressure theory），当国家对资源的需求不能在一国境内通过一种合理的成本获得时，国家会向外诉求。分配机制的缺乏和薄弱，容易扩大冲突的可能性。然而，舒克瑞和诺斯同时认为，增加

---

[1]　郭延军：《湄公河水资源治理的新趋向与中国应对》，《东方早报》2014年1月5日。

资源获取能力的一种办法就是建立合适的联盟，这种联盟、条约及其他国际契约的形式，经常可以用来结束或缓解利益冲突。[1] "强有力的政策和规制框架对于在更大范围内分配利益，特别是在国家之间分配利益十分重要。而且，要在流域水电开发中进行有效的直接经济利益分配，制定法律框架也是必不可少的，尤其是对于当地社会和受影响人群的受益非常重要"。[2] 当前，上下游国家制定一项统一的具有广泛约束力的政策框架的条件仍不成熟。合作应遵循渐进的原则，先在技术层面上实现信息共享，再在政府层面开展定期磋商，最后建立有效的流域治理架构，实现流域国家间公平合理的水资源分配，使包括受影响民众在内的各利益相关方在水电开发中得到合理的利益分配或利益补偿，并将水资源开发对环境、社会和文化的影响降至最低。

二　实现科学合理开发

提升合理开发利用水资源的科学方法，是合作治理的重要基础。科学合理的水坝建设，是解决澜沧江—湄公河水资源开发矛盾的关键。流域国家利用水资源的渴望日益强烈，但对开发造成的实际影响的理解却很模糊。在学界和社会团体中，关于当前澜沧江—湄公河水资源开发计划影响的研究和讨论开始增多，作为流域管理机构的湄委会也相继出台了基于水资源综合管理的流域发展战略和干流建坝影响评估。大流域间调水是否会导致严重的生态失调？森林对水资源的作用到底有多大？全球气候变化对未来水资源将带来怎样的影响？……都是今后有待探索的问题。各国应积极联手开展关于大坝建设的环境影响评估，"把开发与保护环境和资源联系起来，从一个大区的角度进行设计和开发"，[3] 这对合理开发利用水资源具有深远的意义。未来制定水资源政策所面临的挑战应为减少水资源脆弱

---

[1] N. Choucri and R. North, *Nations in Conflict: National Growth and International Violence*, San Francisco: W. H. Freeman and Company, 1975, pp. 21, 219.

[2] 郭延军、任娜:《湄公河下游水资源开发与环境保护——各国政策取向与流域治理》,《世界经济与政治》2013 年第 7 期, 第 136 - 154 页。

[3] 张蕴岭:《未来 10 - 15 年中国在亚太地区面临的国际环境》, 中国社会科学出版社, 2003, 第 318 页。

性，达到资源开发与维护生态健康的平衡。

其间，尤其需要避免无效的过度投资。一个国家对电力领域过度投资将产生两个不良结果，一是造成对环境和当地社区不必要的影响；二是资产的无效率使用，降低了该国在全球市场的竞争力。因此，流域水资源合理开发需要正确估算地区未来电力需求量，通过实施需求侧管理、减少电力传输损耗等办法提高能源使用效率，并且因地制宜积极开发多种新能源，比如老挝大部分是山地，电力远程运输损耗大，电价昂贵，可以就地开发农村多种新能源，如小水电、太阳能和生物能等。

三　建立公众参与机制

建立公众参与治理机制，是合作治理中不可回避的重要环节。虽然澜沧江—湄公河流域社会团体比较活跃，但非政府行为者真正参与河流水资源管理的机会有限，涉及水利基本设施开发的决策过程并没有按照世界大坝委员会 2000 年建议①的那样进行根本性的改革。流域发展战略由精英制定，很少有群众参与。

从一些反坝案例可以看出，很多时候，当地社团反对的并不是水坝本身，而是建坝决策过程的不透明，以及弱势移民被排斥在外的利益分配机制——能源效益被输送外流，相比之下，移民得到的补偿不成比例，原有生计遭到破坏，无法分享水电带来的利益。例如，泰国帕穆水电站兴建时，随着工程人员不断通过爆破将岩石从河中运出，当地居民才清楚工程选址。帕穆水电站建成后，并未使当地经济发展收益，农民们因为失去赖以生存的生态系统，一如既往的贫困甚至更为严重。而老挝南屯 2 号水电站是在项目获批后才召集公众协商如何缓解开发导致的影响。②

澜沧江—湄公河开发利用的目的不是使一部分人受益，而是实现公共

---

① WCD, *Dams and Development: A New Framework for Decision-making*, London: Earthscan, 2000.

② Shannon Lawrence, "The Nam Theun 2 Controversy and Its Lessons for Laos", in Francois Molle, Tira Foran and Mira Kakonen (eds.), *Contested Waterscapes in the Mekong Region: Hydropower, Livelihoods and Governance*, Earthscan, 2009, p. 88.

利益。所谓公共利益，是指非排他性的利益，也就是没有一个人会被排挤出来。公共利益还具有非竞争性特点，即一方消费利益，并不会使其他方的利益所得减少。公共利益的实现方式是"参与治理"，即在政治决策过程中，考虑进所有利益相关者的关切。从广义上讲，公众参与应包括从信息传播到决策参与的全部过程。

第五节　以发展和安全为导向深化澜湄水资源合作

澜湄合作因水而生，因水而兴，在敏感度较高的水资源开发利用领域进行合作，是中国与下游国家构筑互信的必要条件，也是澜湄合作顺利推进的重要保证。澜湄合作机制建立后，作为澜湄合作五个优先领域之一的水资源合作也取得了显著进展，具体表现在：第一，机制性建设不断升级。2017 年 2 月澜湄水资源合作联合工作组成立，标志着澜湄水资源合作机制正式建立。2017 年 6 月，中国水利部成立澜湄水资源合作中心，旨在支撑联合工作组开展工作，加强澜湄国家在技术交流、能力建设、洪旱灾害管理、数据和信息共享、澜湄全流域联合研究分析等领域的全面合作。2018 年 11 月，首届澜湄水资源合作论坛召开，搭建起六国水资源政策对话、技术交流和经验分享平台。同年发布《澜湄水资源五年行动计划》（2018 – 2022 年）。2019 年 12 月，澜湄水资源合作部长级圆桌会议召开，见证签署了《澜湄水资源合作中心与湄公河委员会秘书处合作谅解备忘录》，合作领域主要包括农村饮水安全和大坝安全管理。2020 年 8 月，在澜湄合作第三次领导人会议上，李克强总理表示，中方将从当年开始与湄公河国家分享澜沧江全年水文信息。第二，一批水资源项目 2016 年被列入45 个早期收获项目清单，包括老挝国家水资源数据信息中心建设、柬埔寨国家水科学研究院学科体系及配套设施示范建设等。还有一些水资源项目在 2017 – 2020 年获得澜湄合作专项基金资助。第三，2016 年春季中国克服困难两度实施应急补水缓解了下游国家的严重旱情，用实际行动诠释了何为"命运共同体"，增进了与下游国家的互信。第四，中国与湄委会及其成员国开展了广泛的经验交流、技术培训、实地考察等活动，旨在帮助湄公河国家提升水资源管理水平，应对水资源短缺、水旱灾害频发等问题。2016 年共邀请 130 余人次的官员、专家和学者来华交流学习；① 2017年邀请十余批 200 余人次来华参加水利技术交流；② 2018 年交流人数进一步增加。

一般认为，当上下游国家都有强烈的合作需求并能找到利益平衡点时，才是建立水资源综合管理机制的成熟时机。当前，澜湄国家均处于工业化、城镇化和农业现代化尚未实现阶段，在水资源开发利用中占主要地位的是建立在每个民族国家主权和国家发展优先权之上的国家利益需求，占次要地位的是流域共同利益需求，因此水资源综合管理短期内难以在实践中被采用。且从前面分析可知，由于澜湄流域国家数量较多、发展程度不一、利益需求具有差异性、彼此互信度不高，构建"利益—责任—规范"的水资源综合管理机制并非一朝一夕之事。澜湄水资源合作机制建设，可根据流域的发展阶段，按照"需求决定合作"的原则，以实现水安全为目标，分步骤推进。

一 近期建立风险防控协调机制

当前，下游国家急切希望能与上游中国进行直接对话，获得澜沧江水文信息，共同应对极端气候导致的洪旱灾害，并在中国的帮助下加强自身水治理能力建设。为回应下游国家最迫切需求，中国应尽早与下游国家在防洪安全方面建立风险防控协调机制，包括：紧急情况的预警和协调应对、水位和下泄量非正常上升和下降时的信息通报、干支流病险水库水闸除险加固、山洪次生灾害防治和城市防洪排涝等，将洪水、溃坝、大坝大量放水和蓄水、突发性水污染等紧急事件产生的危害减至最小。还要针对

---

① 《澜沧江—湄公河水资源合作联合工作组第一次会议召开》，云南省人民政府外事办公室，2017 年 3 月 3 日，http://www.yfao.gov.cn/qyhz/201703/t20170303_493812.html（登录时间：2019 年 9 月 10 日）。

② 《水利部：将水资源合作打造成澜湄合作的旗舰领域》，水利部国际合作与科技司，2017 年 12 月 21 日，http://gjkj.mwr.gov.cn/jdxw/201712/t20171221_1018130.htm（登录时间：2019 年 9 月 10 日）。

流域国家不同程度存在水利基础设施建设滞后、水治理能力有待提高等问题，与澜湄合作机制下的基础设施和产能合作规划统筹协调，在现有合作项目基础上进一步加强水利基础设施建设合作，在湄公河国家参与建设一批水电站、水库、灌溉和饮水工程。同时，要高度重视并尽快开展对流域水文、水生生物和生态环境的联合勘察。20 世纪 50 年代，下湄公河流域调查协调委员会成立后，曾组织过三次流域调查活动，由此制订湄公河开发计划。如今，中国与湄公河国家的水安全合作也应建立在对流域高度了解的基础之上，摸清河流水文特征、生态系统的脆弱性和需要保护的关键河段等，使科学技术、对自然的认知和对资源的管理跟上水资源开发的节奏。流域联合勘察还有助于全面了解流域环境降级的原因，回应西方对中国建坝的不公正指责，比如，越南三角洲河岸和海岸线土壤盐碱化现象越来越严重，其原因之一是当地人过度开采地下水；三角洲泥沙沉积量减少，其原因之一是河岸非法采砂。[1]

面对气候变化的严峻威胁，应加大对流域的科学协同研究，并在局部地区开展适应气候变化试点项目。应肯定湄委会作为流域水资源知识中心的地位，鼓励湄委会在澜湄合作中起建设性作用，在流域水文信息收集、环境监测和科学分析上实现与湄委会的对接。

二　中期建立合理利用和保护跨界水合作机制

联合国《2030 年可持续发展议程》目标之一就是"为所有人提供水和环境卫生并对其进行可持续管理"，《中国—东盟战略伙伴关系 2030 愿景》也提到"加强环保、水资源管理、可持续发展、气候变化合作"。联合国 2019 年的报告显示，湄公河国家在水设施、环境卫生和个人卫生方面均处于世界低水平。[2] 实现流域用水安全，确保所有人享有水和环境卫生，实

---

[1] "Mekong Delta Province Works to Prevent Coastal Erosion", VietnamNet, June 8, 2018, http://english. vietnamnet. vn/fms/environment/206358/mekong – delta – province – works – to – prevent – coastal – erosion. html（登录时间：2019 年 9 月 10 日）.

[2] *Progress on Household Drinking Water*, *Sanitation and Hygiene 2000 – 2017*：*Special Focus on Inequalities*, United Nations Children's Fund（UNICEF）and World Health Organization（WHO），2019.

现水和环境卫生的可持续管理，是澜沧江—湄公河流域国家的共同利益所在。

就中国国内而言，2030 年也是实现水资源可持续发展的战略节点。2010 年，八个部委联合出台《全国水资源综合规划》（2010 – 2030 年），从节约用水、水资源保护、水生态保护与修复、水资源开发利用等方面，全面提出了水资源可持续利用的对策与措施，计划"用 20 年左右的时间，逐步完善城乡水资源合理配置和高效利用体系，农村饮水安全问题全面解决，城镇供水安全得到可靠保障，节水逐步接近或达到世界先进水平，用水总量保持微增长，抗御干旱能力明显增强，最严格的水资源管理制度基本完善；逐步建立水资源保护和河湖生态健康保障体系，江河湖泊水污染有效控制，河流的生态用水基本保障，地下水超采得到有效治理，重点地区水环境状况明显改善"。[①]

由此，在上述防灾应急合作机制建立并顺利推进的条件下，中国可在 2030 年左右与下游国家签署保护跨境水协定，内容包括制订统一的跨境水水质指标、标准和跨境水监测办法；相互通报在建的和拟建的可能导致重大跨境影响的水利工程，并采取必要措施，以预防、控制和减少该影响；确定有可能对跨境水水文状况产生重大跨境影响的污染源，采取措施，以预防、控制和减少跨境影响，等等。

三　远期建立全流域水资源综合管理机制

按照"两个一百年"的奋斗目标，中国将于 2035 年基本实现社会主义现代化，"从 2035 年到本世纪中叶，在基本实现现代化的基础上，再奋斗 15 年，把我国建成富强民主文明和谐美丽的社会主义现代化强国"。[②]届时的中国，将普及绿色发展方式和生活方式，并具备引领周边国家开展全流域水资源综合管理的能力。

---

① 《促进水资源可持续利用 保障国家水资源安全——水利部副部长矫勇解读〈全国水资源综合规划〉》，水利部网站，2010 年 12 月 7 日，http：//www. mwr. cn/zw/zcfg/zcjd/201707/t20170712_955481. html（登录时间：2019 年 9 月 10 日）。

② 《决胜全面建成小康社会 夺取新时代中国特色社会主义伟大胜利》，《人民日报》2017 年 10 月 28 日，第 3 版。

与此同时，到21世纪中叶湄公河流域面临的水压力将进一步加大，建立全流域合作管理机制，协调各经济领域在水资源利用中的结构性矛盾，将成为湄公河各国的迫切需求。一方面，老挝和柬埔寨均在加快干流水电站建设和规划进度，规划的11座下游干流水电站预计到21世纪中叶将全部竣工。如果这些干流水电站的累积影响如国际环境管理中心2010年发布的《湄公河干流水电站战略环境评估报告》[1] 预测的那么严重，将进一步造成湄公河国家之间的矛盾升级，因大坝建设而蒙受损失的移民和沿河居民的不满情绪也会加剧。另一方面，气候变化会对水循环的更替期长短、水量、水质、水资源的时空分布和水旱灾害的频率与强度产生重大影响，对全球水资源供应造成越来越大的压力，继而导致各种政治不安全和各个层面的冲突。在西方国家加大对中国周边河流问题介入力度的背景下，中国作为流域国家和上游大国，如果能积极推动建立水资源综合管理机制，更容易把握水资源议题选择、相关规则制订和标准设定的主动权，实现从关注防洪效果、治理流域污染，到保护生态环境、保护鱼类种群、维护航道健康、建立区域电网等的全覆盖，最终达到流域社会经济可持续发展以及资源的合理利用与环境保护目标。

在澜湄水资源合作由浅向深的推进过程中，要重视以下三个方面的工作。

一是构建"周边水安全"话语体系。当前 "水安全"（water security）一词是西方学界和智库有关中国周边河流问题的文章中用得最多的关键词之一，也是中国周边水外交话语中无法绕开的关键词。中国 "周边水安全"话语的构建，应主要围绕两个问题展开：什么是水安全？要保障谁的水安全？对于第一个问题，西方已经给出明确回答，即水安全不仅仅是保障人类和经济发展所需的水量和水质，还是 "平衡人类和环境用水需求，同时维护重要的生态系统服务功能和生物多样性"。[2] 而对于第二个问题，西方表现出逻辑矛盾。他们认识到中国也是一个缺水国家，农业、工业和居民用水均面临严峻的水安全问题，然而他们在讨论中国国际河流问题上只批

[1]　*Strategic Environment Assessment of Hydropower on the Mekong Mainstream*：*Summary of the Final Report*，ICEM，October，2010.

[2]　Karen Bakker，"Water Security：Research Challenges and Opportunities"，*Science*，Vol. 337，Issue 6097，August 24，2012，pp. 914 – 915.

评中国作为上游国"控制水龙头"给下游国家带来的不安全因素,而无视中国在国际河流中应该获得的水权益。针对西方的这种有意行为,中国应在科学的语境下提出自己的"周边水安全合作"观,即:中国作为经济大国,其水安全与地区安全乃至全球安全之间存在密切联系,因此实现中国水安全以及与水相关的粮食安全、能源安全、生态安全和发展安全,不仅旨在保障中国的国家安全,还是为了保障地区安全和全球安全;同时,中国致力于改变落后的水资源管理方式,向更先进的绿色进程和能力建设迈步,并通过政策倡议、技术进步或基础设施发展,引领周边国家应对水安全挑战。

二是增强对流域的科学认知。在澜湄流域,现有科学技术、对自然的认知和对资源的管理跟不上水资源开发的节奏。中国应加大对流域的科学协同研究,肯定湄委会作为流域水资源知识中心的地位,鼓励湄委会在澜湄合作中起建设性作用,在流域水文信息收集、环境监测和科学分析上实现与湄委会的对接,共同应对气候变化和时代发展带来的挑战。探讨合理利用的技术,提高灌溉效率和能源使用效率,减少水电输送过程中的损耗等。

三是提升公共外交水平。以女性交流、青年交流、媒体交流为突破口,加强与下游国家社区、非政府组织的沟通和联系,争取有利于流域发展的政策和舆论环境。在建立政府间合作机制的同时,鼓励流域国家的学术和专业研究机构之间建立合作网络,借助传统媒体、网络以及国际环保交流会等平台,客观、全面地突出中国在流域水资源开发中的经济贡献和在环境保护方面所起的推动作用,实现增信释疑的效果。

小　结

2016 年中国倡导建立了澜湄合作机制,这是中国自 2013 年提出"一带一路"倡议并首次召开周边外交工作座谈会后,积极运筹周边外交的重要举措。中国与湄公河国家深化合作面临的主要矛盾"集中在水资源开发和利用这一领域",必须找到突破障碍的有效途径。[1] 澜湄流域丰富的可用

---

[1]　张锡镇:《中国参与大湄公河次区域合作的进展、障碍与出路》,《南洋问题研究》2007年第 3 期,第 1 - 10 页。

水资源和水资源管理的缺位形成了鲜明的对比，造成沿岸国家无序开发的现状和矛盾的升级，影响流域的长期稳定与可持续发展。为服务于周边外交战略，中国需要从被动地应对"中国水威胁论"转为主动地构建地区水资源治理平台，解决流域水安全与发展问题。从全球实践来看，水资源合作会经历个体行动—协调—合作—联合行动等不同阶段的演变。[①] 澜湄水资源合作应按照"需求决定合作"的原则，根据流域国家需求的轻重缓急，结合中国国内的水资源管理进程，分步骤分阶段实施和深化：首先，建立风险防控协调机制；其次，建立跨境水资源合作保护机制；最后，在流域国家发展成熟、环保观念全面提升时，建立水资源综合管理机制，全面实现流域可持续发展。

[①] Claudia Sadoff and David Grey, "Cooperation on International Rivers: A Continuum for Securing and Sharing Benefits", *Water International*, Vol. 30, Issue 4, 2005, pp. 420 – 427.

尾论

利益交织超越分歧

　　"我住江之头，君住江之尾"。澜沧江—湄公河这条蓝色的水带，纵贯中国西南和中南半岛，是上下游六国共同的宝贵财富。近代，受外来入侵和战乱等多种因素影响，大湄公河次区域经济和社会发展相对落后。湄公河真正意义上的水资源合作开发与管理始于二战之后，先后经历了下湄公河流域调查协调委员会（1957–1975年）、下湄公河流域调查协调临时委员会（1978–1995年）、湄公河委员会（1995年至今）三个时期，湄公河水政治受国际形势和地区政治局势的影响，但又具有一定的独立性。

　　湄公河水政治受国际形势和地区政治局势的影响，表现有三。第一，它是冷战的产物。湄公河流域所在的中南半岛地处三亚（东亚、东南亚、南亚）、两洋（太平洋、印度洋）交汇的战略要冲，二战后成为大国博弈和国际社会关注的重点地区。冷战期间，这里成为两大阵营的对峙前沿，冷战中唯一的实战——越南战争就发生在这一地区。为了不让中南半岛国家在政治经济上依附于共产主义集团，西方国家在不断增加对该地区国家反共亲美势力军事援助的同时，实施了大规模的经济和技术援助，希望通过满足该地区的经济社会要求，使它们走上西方的经济发展模式。致力于湄公河合作开发与管理的下湄公河流域调查协调委员会正是在这样的背景下于1957年成立，其成员国包括泰国、老挝、柬埔寨和越南。第二，它的兴衰受到地区局势变化和美国战略调整的主导。20世纪60年代，美国是向下湄公河流域调查协调委员会捐助最多的域外国家。1965年，在越战升级的背景下，美国总统约翰逊在霍普金斯大学发表演讲，宣布向湄公河次区域投资 10 亿美元，将湄公河开发计划推向高潮。至 20 世纪 70 年代早期，湄公河流域水文资料的收集和项目可行性研究取得丰富的成果，共有14 个水电项目完工，包括被称为"国际合作典范"的老挝南俄水电站。1970 年，下湄公河流域调查协调委员会出台《1970 年流域指导性规划》，为未来 30 年的流域开发制定了一个雄心勃勃的总体框架。然而，1975 年，随着南越解放，以及共产党在老挝和柬埔寨上台，湄公河次区域的政治局势发生了翻天覆地的变化，美军撤出中南半岛，美国停止对下湄公河流域调查协调委员会的援助。再加上柬埔寨的退出，致使下湄公河流域调查协调委员会会议和行动中断 3 年。湄公河管理也从此陷入长达 20 年的低谷。第三，20 世纪 90 年代初期，随着地区局势的稳定，湄公河合作开发与管理重新提上议程。湄公河下游四国以"经济发展需求"取代"政治需求"的意图日益明显，包含四个成员国在内的湄公河委员会最终取代临时委员会。

湄公河水政治独立于地区总体政治。第一，冷战期间，水外交没有随着国家外交关系的中断而中断。在老湄委会成立后的头 14 年里（1957 - 1971 年），湄委会总共召开了 50 次会议，而其中有 9 年（1961 - 1970年），有两个成员国之间没有建立外交关系（1961 年 10 月，柬埔寨与泰国断交，直至 1970 年才恢复；1963 年 8 月柬埔寨与越南断交，直至 1970 年3 月重新建交）。第二，成员国之间在意识形态对立的情况下，并没有放弃湄委会这一组织。1978 年，在柬埔寨退出的情况下，泰国和越南、老挝虽然在意识形态和政治制度上对立，但仍就成立"下湄公河流域调查协调临时委员会"达成一致，旨在维持湄公河管理机制以获得外部援助，促进湄公河水资源开发，直到 20 世纪 90 年代柬埔寨的回归。第三，1995 年新湄委会成立后，虽然成员国之间时有冲突发生，如泰国和柬埔寨 2008 年爆发柏威夏寺冲突、2009 年两国因柬埔寨任命泰国前总理他信为经济顾问而导致关系进一步恶化，互相召回大使，但在湄公河水资源管理方面一直保持着良好的关系，湄委会理事会会议从未因国家之间的矛盾而中断。

总的来看，湄委会 60 年的运作，及湄公河 60 年的开发进程，取决于地缘政治纷乱与否，有无霸权力量的支持，以及成员国各自的利益考量等诸因素的合力。同时，湄公河水政治又显示出以合作为主的特征。美国俄勒冈州立大学"跨境淡水争端数据库"（TFDD）记录了 1948－2008 年湄公河流域共 16 起涉及水资源的国家间争端事件，而同一时期，合作事件有 110 起。除了一起被列为次低的"强烈或官方口头对抗"级别外，其他的争端事件都被列为最低的"温和或非官方口头对抗"级别。"考虑到该地区充满战争和强烈的互相猜忌的动荡和对抗的历史，这个记录给人留下的印象非常深刻"。① 这是因为，第一，在后冷战时代，东南亚地缘政治和经济环境发生巨大变化，所有流域国家不得不重新思考和重塑其国内政治和对外关系。过去的敌意开始让位于就一些共同关心的问题进行谨慎的合作。湄公河流域国家都有和平发展的愿望，而和平发展离不开良好的地缘政治环境。构筑一个和平与繁荣的湄公河次区域是中国和中南半岛各国政府与人民的共同愿望。第二，在湄公河流域国家中，经济发展都被放在首要地位。因此，出于推动经济发展和现代化的目的，流域国家政府总体视湄公河流域的资源是可开发的。通过合作，或者简单地克制住对另一国的干涉，每个国家都能从湄公河水资源开发中获得一些经济利益。第三，历史数据表明，只有在一些特定的环境和条件下，国际水资源争端才会引发国际冲突，甚至升级为国际水资源战争，如跨境流域相关国家和地区缺水严重。这一因素在湄公河流域不存在。第四，根据阿朗·沃尔夫等人的理论，流域管理机构具有相当大的弹性，它们的存在会大幅减少流域国家间关于水相关资源的争端。② 尽管湄委会本身具有软弱性，但它至少为流域国家间分享和讨论水资源问题提供了外交平台和技术支持。第五，也是最重要的一点：流域国家间存在现实经济利益的交织。在湄公河流域，尽管柬埔寨和老挝需要增加国内的电力供应，但促使它们开发干流水力项目的真正驱动力是泰国和越南的市场。反过来，柬埔寨和老挝将获得外汇和税收，同时促进国内工业的发展。这些互相交织的共同利益与每个国家的经济发展需求密切相连。"这就解释了为什么尽管水力开发对成百上千万的

---

① Scott W. D. Pearse-Smith, "'Water War' in the Mekong Basin?", *Asia Pacific Viewpoint*, Vol. 53, No. 2, 2012, pp. 147－162.

② A. T. Wolf, S. B. Yoffe and M. Giordano, "International Waters: Identifying Basins at Risk", *Water Policy* 5, 2003, pp. 29－60.

流域居民的生活会造成影响，但流域国家间对彼此水力开发计划的相互批评和反对相对有限"。① 越南在湄公河支流桑河上建设亚历瀑布水电站案例就能说明流域国家政府不愿意公开批评他国水资源开发项目的立场。尽管亚历瀑布大坝自 2001 年完工以来，对下游的柬埔寨沿河居民存在严重影响，但柬埔寨政府对于是否问责越南政府一直持犹豫态度，"因为它自己也希望在湄公河干流上修建上丁和松博两个大坝"。② 中国和下游国家也存在着密切的经济联系和利益关系，尽管下游国家对中国在澜沧江干流的梯级水电站建设表示担忧，但政府方面的措辞一直比较谨慎，"泰国和越南这两个中南半岛的大国实际上准备在云南梯级大坝建成后的地区电力贸易中获利"。③ 除了流域国家间的电力进出口协议数量增加外，流域国家间对彼此电力工业的投资也普遍增长。这些投资计划是多向的，如中国公司投资老挝、越南和柬埔寨水电开发，越南和泰国公司投资中国的水电开发。而在水资源利用的另一个领域——航道开发上，中、泰、老、缅更是有疏浚湄公河上游航道、维护和改善航道通航条件、促进贸易和旅游的一致需求。

2016 年 3 月，首个由中、缅、泰、老、柬、越六个流域国家发起的大湄公河次区域合作机制"澜沧江—湄公河合作"（简称"澜湄合作"）正式启动。澜湄合作初期确定了五个优先领域，即互联互通、产能合作、跨境经济合作、水资源合作、农业和减贫合作。在这五个领域中，由于水是人类生存之本，也是国家的战略资源，具有突出重要性，因此《三亚宣言》特别强调"通过各种活动加强澜湄国家水资源可持续管理及利用方面合作"，并决定建立澜湄流域水资源合作中心。澜湄合作机制因"水"而生，中国与湄公河国家在澜沧江—湄公河跨境水资源管理方面的合作能否顺利开展，对于彼此之间的经济合作和政治互信有着重要的意义。

区域开发合作进入快速发展期的同时，也进入了矛盾多发期。流域各

① Scott W. D. Pearse – Smith, "'Water War' in the Mekong Basin?", *Asia Pacific Viewpoint*, Vol. 53, No. 2, 2012, pp. 147 – 162.

② Scott W. D. Pearse – Smith, "'Water War' in the Mekong Basin?", *Asia Pacific Viewpoint*, Vol. 53, No. 2, 2012, pp. 147 – 162.

③ K. Mehtonen, "Do the Downstream Countries Oppose the Upstream Dams?", in M. Kummu, M. Keskinen and O. Varis (eds.), *Modern Myths of the Mekong*, Helsinki: Helsinki University of Technology, 2008, pp. 161 – 172.

国不同的利益需求，使澜沧江—湄公河水资源合作面临挑战。而域外大国尤其是美国在这一地区咄咄逼人的竞争态势，增加了中国的战略压力。然而，纵观全球跨境河流的开发与管理历史，总的来说是合作多于冲突，水关系有时甚至走在总体政治关系之前，如印度和巴基斯坦分治后，一直处于敌对状态，更因克什米尔问题爆发两次战争，但于 1960 年达成关于印度河水系分配的《印度河水资源协议》；20 世纪 90 年代初，中东和谈中的多边谈判，从一开始就把水资源问题作为一个重要课题加以研究，1994 年 10 月约以签署和平条约，全面规划了约以之间水资源分配的数量以及合作的方式。[①] 事实证明，通过利益共享，辅以科技开发、制度创新等办法，澜湄国家之间是能够建立良好的水关系的。

对于上游国家中国而言，实现澜沧江—湄公河流域水安全不仅仅是水问题，还关系到中国未来的周边安全态势乃至整个和平发展的战略大局。澜湄国家经济发展趋势不可逆转，实现流域水安全不是要放弃开发，而是要加强管理，对水电规划、投资和建设，农业灌溉，休闲旅游，航道开发，生态保护，移民补偿和替代生计等问题进行系统管理。中国应更加主动地发挥流域大国作用，与下游国家一道参考国际通行的最佳做法，综合、全面地考虑各种因素，将澜沧江—湄公河流域生态环境视为一个整体，通过制度保障，将水资源开发的潜在负面影响降到最低程度，避免这一问题影响到中国与周边国家关系，实现周边的稳定与共同发展。针对下游国家对"水霸权"的疑虑，中国可与下游国家在防洪控洪、灌溉、航运和水电等水资源开发领域建立一揽子利益关系，用广泛深入的合作来消除下游国家的戒备，在对利益的权衡取舍中实现各自的需求。当各方结成紧密的利益共同体时，才会想办法解决争端，而不是激化矛盾。

从地理上看，湄公河是中国与中南半岛各国相互依存的自然条件；从经济上看，这是中国西南腹地走向海洋的通道，是"西部大开发"和"走出去"的战略重叠区；从政治上看，中国与东盟地区国家致力于建设战略伙伴关系，承诺与本区域欠发达国家一道发展；从安全上看，这是一片在经济互动中告别冲突的土地，它理应成为"中国威胁论"的消弭之地。

---

① 宫少鹏：《阿以和平进程中的水资源问题》，《世界民族》2002 年第 3 期，第 10 - 20 页。

参考文献

一　英文文献

(一) 英文档案

1. 美国对外关系文件（Foreign Relations of the United States，FRUS）

NSC 48/2，FRUS，The Far East and Australasia（in two parts），Volume VII，Part 2，1949.

Memorandum From the Deputy Under Secretary of State for Political Affairs（Johnson）to Secretary of State Rusk，June 9，1962，FRUS，1961 – 1963，Volume XXIV，Laos Crisis，Document 393.

Memorandum From the President's Special Assistant（Rostow）to President Johnson，November 11，1966，FRUS，1964 – 1968，Volume XXVII，Mainland Southeast Asia；Regional Affairs，Document 79.

Letter From Secretary of State Rusk to the Chairman of the Senate Foreign Relations Committee（Fulbright），April 21，1967，FRUS，1964 – 1968，Volume XXVII，Mainland Southeast Asia；Regional Affairs，Document 91.

Memorandum From William Stearman of the National Security Council Staff to Secretary of State Kissinger，February 19，1975，FRUS，1969 – 1976，Volume X，Vietnam，January 1973 – July 1975，Document 174.

2. 美国政府解密文件参考系统数据库（Declassified Documents Reference System，DDRS）

Operations Coordinating Board Report (May 28, 1958) on U. S. Policy in Mainland Southeast Asia (NSC 5612/1 and NSC 5809), Report, National Security Council, SECRET, Issue Date: May 28, 1958, Date Declassified: July 31, 1997.

Eisenhower and Dulles go over draft of Eisenhower's speech for the opening of the Colombo Plan conference in Seattle: discuss threat to U. S. economy posed by the massive regimentation being accomplished in the U. S. S. R. and Communist China, Miscellaneous, Department of State, SECRET, Issue Date: November 4, 1958, Date Declassified: June 8, 1982.

NSC meeting of 12/3/58 outlined: status of national security programs as of 6/30/58; U. S. security effort overseas FY 1958 and FY 1959; and policy issues relating to the Mutual Security Program, Miscellaneous, National Security Council, TOP SECRET, Issue Date: December 3, 1958, Date Declassified: July 18, 1989.

U. S. Policy in Mainland Southeast Asia, Miscellaneous, National Security Council, SECRET, Issue Date: January 7, 1959, Date Declassified: February 13, 1987.

U. S. Policy in Mainland Southeast Asia (NSC 6012), Agenda, SECRET, July 25, 1960, Released date not given.

Cable from Walt Rostow to President Johnson regarding Poland's Hanoi meetings to discuss the U. S. position on negotiations, bombing suspensions, and other types of de-escalation of the war in Vietnam, Cable, White House, TOP SECRET, Issue Date: December 20, 1966, Date Declassified: January 3, 1997.

Background paper on U. S. economic assistance to Laos in preparation for Prince Souvanna Phouma's visit, Memo, Department of State, CONFIDENTIAL, Issue Date: October 11, 1967, Date Declassified: June 23, 1997.

Talking paper regarding U. S. economic assistance to Laos in preparation for Crown Prince Vong Savang's visit. Memo, Department of State, CONFIDENTIAL, Issue Date: October 25, 1967, Date Declassified: June 23, 1997.

Cable from Secretary Rusk regarding the Lilienthal proposal for appraisal of the lower Mekong Basin program, Cable, Department of State, CONFIDEN-TIAL, Issue Date: March 27, 1968, Date Declassified: July 31, 1998.

Memo from Ed Hamilton to Walt Rostow on Eugene Black's meeting on the IDA/ADB money problem and U. S. aid to Southeast Asia, Miscellaneous, White House, CONFIDENTIAL, Issue Date: April 25, 1968, Date Declassified: November 19, 1993.

Memorandum regarding the $800 million Pa Mong Dam project on the Mekong between Laos and Thailand, Attached is a list of appropriations including the requested amounts and cuts, Memo, White House, CONFIDENTIAL, Issue Date: April 25, 1968, Date Declassified: August 7, 1998.

Cable from Ambassador Sullivan to Secretary Rusk on informing Souvanna that consideration is being given to visit by Eugene Black to Cambodia, Publicity would be adverse to whole Mekong development program, Cable, Department of State, SECRET, Issue Date: August 16, 1968, Date Declassified: March 19, 1996.

Intelligence information on the deteriorating situation in Cambodia: Cambo-dian military forces continue to fight the Khmer Communists (KC) who are now in control of the Mekong River, Memo, Central Intelligence Agency, TOP SE-CRET, Issue Date: February 26, 1975, Date Declassified: June 22, 2004.

3. 美国国会文献 (U. S. Congressional Serial Set)

RL32688, CRS Report for Congress, China-Southeast Relations: Trends, Issues, and Implications for the United States, Updated February 8, 2005.

RL32688, CRS Report for Congress, China-Southeast Relations: Trends, Issues, and Implications for the United States, Updated April 4, 2006.

CRS Report RS21478, Thailand-U. S. Economic Relations: An Overview, January 23, 2006.

CRS Report RL33653, East Asia Architecture: New Economic and Securi-ty Arrangements and U. S. Policy, January 4, 2008.

CRS Report RL31362, U. S. Foreign Aid to East and South Asia: Selected Recipients, Updated October 8, 2008.

CRS Report RL34320, Laos: Background and U. S. Relations, January 4, 2010.

S. HRG. 111 – 710, Challenges to Water and Security in Southeast Asia, September 23, 2010.

S. RES. 227, Calling for the Protection of the Mekong River Basin and Increased United States Support for Delaying the Construction of Mainstream Dams along the Mekong River, 112th Congress 1[st]Session, December 1, 2011.

S. 537, To Require the Secretary of the Treasury to Instruct the United States Executive Directors of the World Bank and the Asian Development Bank to Use the Voice and Vote of the United States to Oppose the Provision of Any Loan or Financial or Technical Assistance for a Project for the Construction of Hydroelectric Dams or Electricity Transmission Systems in the Mekong River Basin unless the Secretary Makes Certain Assurances with Respect to the Project, and for other Purposes, 112th Congress 1[st]Session, March 9, 2011.

4. 国际机构报告

MRC Annual Report 1967 – 2018

MRC, State of the Basin Report 2003/2008/2013/2018

UN, World Water Development Report 2003 – 2018

Summary of the Final Report: Strategic Environmental Assessment of Hydropower on the Mekong Mainstream, ICEM, October, 2010.

Philip Hirschand Cheong G. , Final Overview Report to AusAID: Natural Resource Management in the Mekong River Basin: Perspectives for Australian Development Cooperation, 1996.

A Study of the Downstream Impacts of the Yali Falls Dam in the Se San River Basin in Ratanakiri Province, Northeast Cambodia, Prepared by the Fisheries Office, Ratanakiri Privince. in Cooperation with the Non-Timber Forest Products (NTFP) Project, Ratanakiri Province, May 29, 2009.

World Commission on Dams, Dams and Development: A New Framework for Decision-making, 2000.

（二）英文专著

Anton Earle, Anders Jagerskok and Joakim Ojendal (eds.), *Transboundary Water Management: Principles and Practice*, London: Earthscan, 2010.

Arun P. Elhance, *Hydropolitics in the Third World: Conflict and Cooperation in International River Basin*, United States Institute of Peace Press, 1999.

Ashok Swain, *Managing Water Conflict: Asia, Africa and the Middle East*, Routledge, 2004.

Asit K. Biswas and Tsuyoshi Hashimoto (eds.), *Asian International Waters: From Ganges-Brahmaputra to Mekong*, Bombay, 1996.

Daniel Oakman, *Facing Asia: A History of the Colombo Plan*, the Australian National University E Press, 2010.

Francois Molle, Tira Foran and Mira Kakonen (eds.), *Contested Waterscapes in the Mekong Region: Hydropower, Livelihoods and Governance*, Earthscan, London, 2009.

Guy Oliver Faure and Jeffrey Z. Rubin (eds.), *Culture and Negotiation: The Resolution of Water Disputes*, Sage Pulications Inc, 1993.

Hart C. Schaaf and Russell H. Fifield, *The Lower Mekong: Challenge to Cooperation in Southeast Asia*, Van Nostrand, 1963.

Jerome Delli Priscoli and Aaron Wolf, *Managing and Transforming Water Conflicts*, International Hydrology Series, Cambridge, 2009.

Joakim Öjendal, Stina Hansson and Sofie Hellberg (eds.), *Politics and Development in a Transboundary Watershed: The Case of the Lower Mekong Basin*, Springer, 2012.

Joseph Romm, *Defining National Security: The Nonmilitary Aspects*, New York: Council on Foreign Relations Press, 1993.

Kate Lazarus, Bernadette P. Resurreccion et al. (eds.), *Water Rights and Social Justice in the Mekong Region*, Routledge, 2011.

Louis Lebel, John Dore et al. (eds.), *Democratizing Water Governance in the Mekong Region*, Mekong Press, 2007.

Nathanial Matthews（eds.），*Hydropower Development in the Mekong Region：Political, Social-economic and Environmental Perspectives*，Routledge，2015.

Nguyen Thi Dieu，*The Mekong River and the Struggle for Indochina：Water, War and Peace*，Praeger，1999.

Nevelina I. Pachva，Mikiyasu Nakayama and Libor Jansky（eds.），*International Water Security：Domestic Threats and Opportunities*，United Nations University Press，2008.

Olli Varis，Cecilia Tortajada and Asit Biswas（eds.），*Management of Transboundary Rivers and Lake*，Springer-Verlag，2008.

Philip Hirsch and Kurt Morck Jensen，*National Interests and Transboundary Water Governance in the Mekong*，Australian Mekong Resource Centre：University of Sydney，2006.

Shlomi Dinar，*International Water Treaties：Negotiation and Cooperation along Ttransboundary Rivers*，*Studies in the Modern World Economy*，Routledge，2008.

Victor J. Croizat，*The Mekong River Development Project*，RAND Corporation，1967.

Vinayak Vijayshanker Bhatt et al. ，*A Framework for Planned Economic Development of Lower Mekong Basin Countries*，United Nations Asian Institute for Economic Development and Planning，1966.

William J. Duiker，*U. S. Containment Policy and the Conflict in Indochina*，Standford University Press，1994.

（三）英文博士学位论文

Christian M. Dufournaud，*The Lower Mekong Basin Scheme：The Political and Economic Opportunity Costs of Cooperative and Sovereign Development Strategies*，1957 – 2000，Ph. D. Dissertation，University of Toronto，Toronto，Canada，1980.

Le-Thi-Tuyet，*Regional Cooperation in Southeast Asia：The Mekong Project*，Ph. D. Dissertation，The City University of New York，1973.

（四）英文期刊文章

Aaron T. Wolf, "Conflict and Cooperation along International Waterway", *Water Policy*, Vol. 1, Issue 2, 1998.

Aaron T. Wolf et al., "Conflict and Cooperation within International River Basins: The Importance of Institutional Capacity", *Water Resources Update*, 125, Universities Council on Water Resources (UCOWR), 2003.

Aaron T. Wolf, "Water and Human Security", *Journal of Contemporary Water Research and Education*, Vol. 118, No. 1, 2001.

Abigail Makim, "Resources for Security and Stability? The Politics of Regional Cooperation on the Mekong, 1957 – 2001", *The Journal of Environment Development*, Vol. 11, No. 1, 2002.

Christina Cook and Karen Bakker, "Water Security: Debating an Emerging Paradigm", *Global Environmental Change*, Vol. 22, Issue 1, 2012.

Claudia W. Sadoff and David Grey, "Beyond the River: the Benefits of Cooperation on International Rivers", *Water Policy*, Vol. 4, Issue 5, 2002.

Claudia W. Sadoff and David Grey, "Cooperation on International Rivers: A Continuum for Securing and Sharing Benefits", *Journal of Water International*, Vol. 30, Issue 4, 2005.

Daming He, Ruidong Wu et al., "China's Transboundary Waters: New Paradigms for Water and Ecological Security through Applied Ecology", *Journal of Applied Ecology*, Vol. 51, Issue 5, 2014.

David Jenkins, "The Lower Mekong Scheme", *Asian Survey*, Vol. 8, No. 6, 1968.

Donald E. Weatherbee, "Cooperation and Conflict in Mekong", *Studies in Conflict and Terrorism*, Vol. 20, Issue 2, 1997.

Frederick W. Frey, "The Political Context of Conflict and Cooperation over International River Basins", *Water International*, Vol. 18, Issue 1, 1993.

Greg Browder, "An Analysis of the Negotiations for the 1995 Mekong Agreement", *International Negotiation*, Vol. 5, Issue 2, 2000.

Greg Browder, "The Evolution of an International Water Resources Management Regime in the Mekong River Basin", *Natural Resources Journal*, Vol. 40, No. 3, 2000.

Heejin Han, "China, An Upstream Hegemon: A Destabilizer for the Governance of the Mekong River?", *Pacific Focus*, Vol. XXXII, No. 1, 2017.

He Yanmei, "China's Practice on the Non-navigational Uses of Transboundary Waters: Transforming Diplomacy through Rules of International Law", *Water International*, Vol. 40, Issue 2, 2015.

Hongzhou Zhang and Mingjiang Li, "A Process-based Framework to Examine China's Approach to Transboundary Water Management", *International Journal of Water Resources Development*, Vol. 34, No. 5, 2018.

Jeffrey Jacobs, "Mekong Committee History and Lessons for River Basin Development", *The Geographical Journal*, Vol. 161, No. 2, 1995.

Jeffrey W. Jacobs, "The Mekong River Commission: Transboundary Water Resources Planning and Regional Security", *The Geographical Journal*, Vol. 168, No. 4, 2002.

Karen Bakker, "Water Security: Research Challenges and Opportunities", *Science*, vol. 337, August 24, 2012.

Kayo Onish, "Reassessing Water Security in the Mekong: The Chinese Approchment with Southeast Asia", *Journal of Natural Resources Policy Research*, Vol. 3, Issue 4, 2011.

Mark Zeitoun and Naho Mirumachi, "Transboundary Water Interaction: Reconsidering Conflict and Cooperation", *International Environmental Agreement: Politics, Law and Economics*, Vol. 8, Issue 4, 2008.

Oliver Hensengerth, "Transboundary River Cooperation and the Regional Public Good: The Case of the Mekong River", *Contemporary Southeast Asia*, Vol. 31, No. 2, 2009.

Patrick MacQuarrie, Vitoon Viriyasakultorn and Aaron T. Wolf, "Promoting Cooperation in the Mekong Region through Water Conflict Management, Regional Collaboration, and Capacity Building", *GMSARN International Journal 2*

(2008).

Richard P. Cronin, "Mekong Dams and the Perils of Peace", *Survival*, Vol. 51, Issue 6, 2010.

Salman M. A. Salman, "The Helsinki Rules, the UN Watercourses Convention and the Berlin Rules: Perspectives on International Water Law", *Water Resources Development*, Vol. 23, No. 4, 2007.

Scott Moore, "China's Domestic Hydropolitics: An Assessment and Implications for International Transboundary Dynamics", *International Journal of Water Resources Development*, Vol. 34, No. 5, 2018.

Scott W. D. Pearse-Smith, "Water War in the Mekong Basin?", *Asia Pacific Viewpoint*, Vol. 53, No. 2, 2012.

Sebastian Biba, "Desecuritization in China's Behavior towards Its Transboundary Rivers: The Mekong River, the Brahmaputra River, and the Irtysh and Ili Rivers", *Journal of Contemporary China*, Vol. 23, No. 85, 2014.

Seungho Lee, "Benefit Sharing in the Mekong River Basin", *Water International*, Vol. 40, No. 1, 2015.

Shira Yoffe, Aaron T. Wolf and Mark Giordano, "Conflict and Cooperation over International Freshwater Resources: Indicators of Basins at Risk", *Journal of the American Water Resources Association*, Vol. 31, Issue 5, 2003.

Shlomi Dinar, "Scarcity and Cooperation along International Rivers", *Global Environmental Politics*, Vol. 9, No. 1, 2009.

Su Yu, "Contemporary Legal Analysis of China's Transboundary Water Regimes: International Law in Practice", *Water International*, Vol. 39, Issue 5, 2014.

Thomas F. Homer-Dixon, "Environmental Scarcities and Violent Conflict: Evidence from Case", *International Security*, Vol. 19, No. 1, 1994.

Timo Menniken, "China's Performance in International Resource Politics: Lessons from the Mekong", *Contemporary Southeast Asia*, Vol. 29, No. 1, 2007.

Undala Alam et al., "The Benefit-sharing Principle: Implementing Sovereignty Bargains on Water", *Political Geography*, Vol. 28, Issue 2, 2009.

W. R. Derrick Sewell and Gilbert F. White, "The Lower Mekong", *International Conciliation*, No. 558, 1966.

W. R. Derrick Sewell, "The Mekong Scheme: Guideline for a Solution to Strife in Southeast Asia", *Asian Survey*, Vol. 8, No. 6, June 1968.

Yong Zhong, Fuqiang Tian et al., "Rivers and Reciprocity: Perceptions and Policy on International Watercourses", *Water Policy*, Vol. 18, Issue 4, 2016.

二　中文文献

（一）中文著作

何大明、冯彦：《国际河流跨境水资源合理利用与协调管理》，科学出版社，2006。

何艳梅：《国际水资源利用和保护领域的法律理论与实践》，法律出版社，2007。

孔令杰、田向荣：《国际涉水条法研究》，中国水利水电出版社，2011。

李志斐编著《国际河流河口：地缘政治与中国权益思考》，海洋出版社，2014。

李志斐：《水与中国周边关系》，时事出版社，2015。

水利部国际经济技术合作交流中心编著《跨界水合作与发展》，社会科学文献出版社，2018。

〔英〕巴里·布赞：《人、国家与恐惧：后冷战时代的国际安全研究议程》，闫健、李剑译，中央编译出版社，2009。

（二）期刊论文

陈霁巍：《中国跨界河流合作回顾与展望》，《边界与海洋研究》2019年第5期。

郭延军：《"一带一路"建设中的中国周边水外交》，《亚太安全与海洋研究》2015 年第 2 期。

韩叶：《非政府组织、地方治理与海外投资风险——以湄公河下游水电开发为例》，《外交评论》2019 年第 1 期。

胡文俊：《国际水法的发展及其对跨界水国际合作的影响》，《水利发展研究》2007 年第 11 期。

李昕蕾：《冲突抑或合作：跨国河流水治理的路径和机制》，《外交评论》2016 年第 1 期。

李志斐：《中印领土争端中的水资源安全问题》，《南亚研究季刊》2013 年第 4 期。

刘华：《以软法深化周边跨界河流合作治理》，《北京理工大学学报》（社会科学版）2017 年第 4 期。

张长春等：《跨界水资源利益共享研究》，《边界与海洋研究》2018 年第 6 期。

张励、卢光盛：《从应急补水看澜湄合作机制下的跨境水资源合作》，《国际展望》2016 年第 5 期。

郑晨骏：《"一带一路"倡议下中哈跨界水资源合作问题》，《太平洋学报》2018 年第 5 期。

图书在版编目（CIP）数据

　　湄公河水资源 60 年合作与治理 / 屠酥著. -- 北京：
社会科学文献出版社，2021.10
　　（武汉大学边界与海洋问题研究丛书）
　　ISBN 978 - 7 - 5201 - 8147 - 1

　　Ⅰ.①湄… 　Ⅱ.①屠… 　Ⅲ.①湄公河 - 流域 - 水资源
管理 - 国际合作 - 研究 　Ⅳ.①TV213.4

　　中国版本图书馆 CIP 数据核字（2021）第 169824 号

·武汉大学边界与海洋问题研究丛书·
湄公河水资源 60 年合作与治理

著　　者／屠　酥

出 版 人／王利民
组稿编辑／高明秀
责任编辑／许玉燕
责任印制／王京美

出　　版／社会科学文献出版社·国别区域分社（010）59367078
　　　　　　地址：北京市北三环中路甲 29 号院华龙大厦　邮编：100029
　　　　　　网址：www. ssap. com. cn
发　　行／市场营销中心（010）59367081　59367083
印　　装／三河市尚艺印装有限公司

规　　格／开 本：787mm×1092mm　1/16
　　　　　　印 张：21.25　字 数：336 千字
版　　次／2021 年 10 月第 1 版　2021 年 10 月第 1 次印刷
书　　号／ISBN 978 - 7 - 5201 - 8147 - 1
定　　价／118.00 元